高等院校计算机任务驱动教改教材

C语言程序设计任务驱动教程

陈承欢　编　著

清华大学出版社
北京

内 容 简 介

C语言是一种成熟的结构化程序设计语言,它具有高级程序设计语言的优点,同时面向硬件的底层编程能力很强,在硬件驱动程序开发和嵌入式应用程序设计等方面应用较广。

本书以"C语言程序主要应用场合与所处理数据的特征"为主线系统地设计教学单元,全书分为9个教学单元:简单数学运算编程、日常数据处理编程、批量数据处理编程、字符数据处理编程、构造数据处理编程、文件内容处理编程、趣味数学运算编程、经典算法实现编程、硬件与嵌入式编程。

本书注重教学方法的改革与创新,以完成系列渐进式的程序编写任务为主线,在程序编写过程中理解与掌握C语言的语法知识,领悟编程技巧和方法,在训练编程技能过程中掌握知识和形成能力,将学习知识、训练技能、养成态度、提高能力有机结合,每一个教学单元设置了7个教学环节:教学导航、引例剖析、编程实战、知识探究、小试牛刀、单元小结、单元习题。以"引例剖析→编程实战→小试牛刀"三个层次进行编程训练,让学生在反复动手实践中,学会运用所学知识去解决实际问题。

本书强调动脑、动手,强调"做中学、做中会"。每个教学单元的语法知识条理化,程序编写渐进化,通过"知识标签"将实例程序与程序设计中运用的知识点链接起来,形成了行之有效的理论实践一体化教学解决方案。

本书可以作为本科及职业院校计算机各专业和非计算机专业"C语言程序设计"课程的教材,也可以作为程序设计的培训教材以及自学教材。

图书在版编目(CIP)数据

C语言程序设计任务驱动教程/陈承欢编著.--北京:清华大学出版社,2015

高等院校计算机任务驱动教改教材

ISBN 978-7-302-39126-5

Ⅰ.①C… Ⅱ.①陈… Ⅲ.①C语言—程序设计—高等学校—教材 Ⅳ.①TP312

中国版本图书馆CIP数据核字(2015)第017688号

责任编辑:张龙卿
封面设计:徐日强
责任校对:刘 静
责任印制:沈 露

出版发行:清华大学出版社
  网　　　址:http://www.tup.com.cn,http://www.wqbook.com
  地　　　址:北京清华大学学研大厦A座　　　邮　　编:100084
  社 总 机:010-62770175　　　　　　　　　邮　　购:010-62786544
  投稿与读者服务:010-62776969,c-service@tup.tsinghua.edu.cn
  质 量 反 馈:010-62772015,zhiliang@tup.tsinghua.edu.cn
  课 件 下 载:http://www.tup.com.cn,010-62795764
印 刷 者:北京季蜂印刷有限公司
装 订 者:三河市溧源装订厂
经　　销:全国新华书店
开　　本:185mm×260mm　　　印　张:22　　　字　数:525千字
版　　次:2015年4月第1版　　　　　　　　印　次:2015年4月第1次印刷
印　　数:1~2500
定　　价:39.80元

产品编号:059760-01

前　言

　　C语言是一种成熟的结构化程序设计语言,它具有高级程序设计语言的优点,其结构严谨、数据类型完整、语句简练灵活、运算符丰富。同时面向硬件的底层编程能力很强,在硬件驱动程序开发和嵌入式应用程序设计等方面应用较广。

　　以前面向过程的程序设计语言有多种,如今大都退出程序开发的舞台,唯有C语言仍然雄风犹在,但其主要应用领域有所变化。除了基础语言特征外,在底层硬件嵌入式开发方面C语言程序设计有其优势。由于C语言的主要应用领域发生了变化,C语言程序设计方面的教材不能一成不变,应顺势改变,突出C语言新的应用,简化其语法复杂性,降低其学习难度,增加其实用性。传统的C语言程序设计教材主要以传授陈述性知识,即理论知识为主体,通常以"提出概念、解释概念、举例说明"方式组织教学,教材章节的编排主要以学习语法知识为主线,列举实例验证与说明语法知识,在理解语法知识过程中学习编程。本书作者重新审视C语言的实际应用领域,关注C语言的基础性,也关注C语言的实用性,同时将近年来的教学改革成果运用到本教材中,力求开发一本有特色的C语言程序设计教材。

　　本书具有以下特色和创新。

　　(1) 以"C语言程序主要应用场合与所处理数据的特征"为主线系统性设计教学单元。

　　C语言程序主要应用于数据处理、数学运算、算法实现和硬件控制,数据处理的主要类型分为简单数据、批量数据、字符数据、构造数据和文件内容等,综合考虑C语言程序应用场合和数据处理类型设计教学单元,本书分为9个教学单元。单元1通过简单数学运算程序的编写,主要认识C语言程序的基本结构和主要特点,熟悉C语言的基本概念,学习数据类型以及数据类型的转换、常量和变量、运算符、算术表达式、赋值表达式和赋值语句、输入与输出语句、顺序结构等C语言的基础语法知识。单元2通过日常数据处理程序的编写,主要学习关系运算符和关系表达式、逻辑运算符和逻辑表达式、选择结构、循环结构,初步认识嵌套结构。单元3通过批量数据处理程序的编写,主要学习整型、实型数组。单元4通过字符数据处理程序的编写,主要学习字符数组(字符串)。单元5通过构造数据处理C语言程序的编写,主要学习结构体类型。单元6通过文件内容处理程序的编写,主要学习文件操作。单元7通过趣味数学运算程序的编写,主要学习递归,综合运用C语言解决实际问题。单元8通过经典算法实现程序的编写,主要学习算法以及算法的程序实现。单元9通过硬件与嵌入式程序的编写,主要学习位运算,认识嵌入式程序的设计方法。另外,函数和指针没有单列,根据需要由浅入深地分散到各单元中进行介绍与运用。

(2)以完成系列渐进式的程序编写任务为主线,在编写程序过程中领悟与应用语法知识,在训练编程技能过程中掌握知识和形成能力。

将数据输入与输出、数据存储、数据处理、程序的模块化设计、指针运用等理论知识通过实际程序分析设计来领悟和掌握,在完成实际程序设计过程中熟悉C语言的应用,理解复杂的语法知识,训练程序设计能力。将学习知识、训练技能、养成态度、提高能力有机结合,每一个教学单元设置了7个教学环节:教学导航、引例剖析、编程实战、知识探究、小试牛刀、单元小结、单元习题。以"引例剖析→编程实战→小试牛刀"三个层次进行编程训练,让学生在反复动手实践过程中,学会运用所学知识去解决实际问题。

(3)创新教学方法,为理论实践一体化教学提供了一种新的解决方案,强调动脑、动手,强调"做中学、做中会"。

程序设计不是听会的,也不是看会的,而是练会的。写在纸上的程序,看上去是正确的,可是一上机操作,却发现漏洞不少,上机运行能得出正确的结果是检验程序正确性的标准。只有让学生动手,才会有成就感,进而对程序设计课程产生浓厚的兴趣,才会主动学习。课堂教学应让学生多动手、动脑,更多地上机实践。学生只有在编写大量程序之后,才能获得真知灼见,直至感到运用自如。

每个教学单元的语法知识讲究条理化,程序编写注重渐进化,通过"知识标签"将实例程序与程序设计中运用的知识点链接起来,形成了行之有效的理论实践一体化教学解决方案。让学生在课堂上学到一些知识点、一些具体的语法规则固然重要,但是更重要的是,要训练学生解决实际问题的方法,在教学过程中培养学生的思维能力,把训练编程思路放在主体地位,提高学生分析问题和解决问题的能力,实现"学会了"和"会学了"的教学目标。

(4)强化良好编程习惯的培养。

本书所有的程序都注重规范性、可读性,有好的示范作用,引导学生在程序编写过程中养成良好的编程习惯,因为良好的编程习惯、严谨的设计思路、认真的工作态度,能使学生终身受益。

本书由陈承欢教授编著,湖南铁道职业技术学院的颜谦和、冯向科、林东升、刘荣胜,新疆大学的热依曼·吐尔逊,湖南工业职业技术学院的刘曼春,济源职业技术学院的陈平,四川航天职业技术学院的郭华,四川工业科技学院的唐小玲、吕莉,长沙职业技术学院的殷正坤,安徽水利水电职业技术学院的方跃胜,山东城市建设职业学院的贾芳,日照职业技术学院的费琳琳,淄博市技师学院的翟群等老师参与了部分章节的编写工作。

由于编者水平有限,书中的疏漏之处敬请专家与读者批评指正,编者的QQ为1574819688。本书免费提供电子教案、源代码等相关教学资源。

编　者
2015年2月

各单元 C 语言程序的编译、运行与其他说明

1. 在 Visual C++ 6.0 开发环境中创建、编写、编译与运行 C 语言程序

单元 1 至单元 8 中所有的 C 语言程序都是在 Visual C++ 6.0 集成开发环境中创建、编写、编译与运行的,大家学习时应先按照附录 H 中介绍的方法熟悉 Visual C++ 6.0 的集成开发环境,再在 Visual C++ 6.0 的集成开发环境中创建 C 语言程序,打开代码编辑窗口,在代码编辑窗口中输入 C 语言程序的代码,然后进行保存操作,将编写好的 C 语言程序保存到指定的文件夹中。C 语言程序保存完成后,再进行编译和运行操作。C 语言程序能成功运行时,会打开一个运行结果窗口,在该窗口可以观察程序运行结果是否正确,从而判断编写的 C 语言程序是否正确。

单元 1 至单元 8 中所有的 C 语言程序也可以在 WIN-TC、Turbo C 的开发环境中完成。本书中所有的 C 语言程序都在 WIN-TC 开发环境中调试、运行过,由于 WIN-TC 使用比较简单,本书不再加以介绍,请读者参考有关资料。

2. 在 Keil C51 开发环境中编写嵌入式 C 语言程序

单元 9 中所有的 C 语言程序在 Keil C51 开发环境中完成,请大家学习时参考附录 L,学会创建工程、编写 C 语言程序、编译与运行 C 语言程序的过程和方法。

3. 提示

本书所有源代码中的"＋"、"－"、"＋＋"、"－－"等运算符均为半角字符。为了便于阅读,在不引起误解的前提下,描述性文字中出现的上述运算符使用了全角字符,敬请读者留意。

"C 语言程序设计" 课程设计

1. 教学单元设计

C 语言程序设计的教学单元设计如下表所示。

单元序号	单元名称	计划课时	考核分值
单元 1	简单数学运算编程	12	20
单元 2	日常数据处理编程	12	20
单元 3	批量数据处理编程	8	15
单元 4	字符数据处理编程	4	5
单元 5	构造数据处理编程	4	5
单元 6	文件内容处理编程	4	10
单元 7	趣味数学运算编程	6	10
单元 8	经典算法实现编程	8	10
单元 9	硬件与嵌入式编程	6	5
总　　计		64	100

2. 教学流程设计

C 语言程序设计的教学流程设计如下表所示。

教学环节序号	教学环节名称	说　明
1	教学导航	通过对本单元核心内容的总结,让大家对学习的内容有一个全面的了解
2	引例剖析	通过对引例的分析与编程,对本单元的程序设计方法有一个整体印象,同时引出本单元主要涉及的教学内容
3	编程实战	完成系列渐进式的编程训练任务,在程序编写过程中理解与掌握 C 语言的语法知识,领悟编程技巧和方法,通过"知识标签"将实例程序与程序设计中运用的知识点链接起来
4	知识探究	归纳每个单元所涉及的语法知识,提供基本方法支持
5	小试牛刀	自主完成类似的编程任务,在动手实践过程中,进一步巩固语法知识、领悟编程方法,学会运用所学知识去解决实际问题
6	单元小结	对本单元所学习的知识和训练的技能进行简要归纳总结
7	单元习题	通过习题测试理论知识的掌握情况和操作技能的熟练情况

3. C 语言程序设计的任务设计

C 语言程序设计任务共计一百多个,具体参考目录。

目　录

单元 1　简单数学运算编程

　　函数是 C 语言程序的基本构成模块,C 语言程序由一个或多个函数组成,其中必须有且只有一个主函数 main()。简单的 C 语言源程序通常只由一个主函数组成。除了主函数,还可以调用系统提供的库函数,也可以编写自定义函数。如果程序中需要调用库函数,通常第一行为预处理命令。

　　使用 C 语言编写的程序主要做两件事:一是描述数据,二是针对这些数据进行操作。前者通过定义语句实现,后者通过若干语句实现。C 语言程序中每个数据都属于一个确定的、具体的数据类型,定义语句中必须声明类型。不同类型的数据在数据表示形式、合法的取值范围、占用内存空间的大小以及可以参与的运算种类等方面会有所不同。

　　C 语言提供了丰富的运算符和表达式,这为程序编写带来了方便和灵活,运算符的主要作用是与操作数构造表达式,实现某种运算,表达式是 C 语言中用于实现某种操作的算式。顺序结构是 C 语言程序中最简单、最基本的一种程序结构,也是进行复杂程序设计的基础。顺序结构的特点是完全按照语句出现的先后顺序执行。赋值操作和输入/输出操作是顺序结构中最典型的操作。

　　本单元通过简单数学运算的程序设计,主要学习 C 语言数据类型、运算符、表达式、变量声明语句、赋值语句和输入/输出语句、顺序结构、简单自定义函数等 C 语言的基本知识,为以后各单元的学习奠定基础。

教 学 导 航

教学目标	通过编程训练领悟编程技巧和方法,在程序编写过程中理解与掌握 C 语言的语法知识: (1) 理解 C 语言的基本概念,熟悉 C 语言程序的基本结构和特点,认识与了解 main 主函数 (2) 熟悉 C 语言的数据类型以及数据类型转换 (3) 掌握 C 语言的常量与变量 (4) 掌握 C 语言的算术运算符、赋值运算符、条件运算符、算术表达式、赋值表达式 (5) 掌握变量定义语句、数据输入语句、数据输出语句、赋值语句 (6) 掌握预处理指令、符号常量的声明 (7) 理解与掌握库函数和简单的自定义函数的应用
知识要点	保留字　标识符　预处理命令　基本数据类型　常量与变量　数据输入与输出　运算符　类型转换　算术表达式　赋值表达式　变量定义语句　赋值语句　函数　顺序结构
参考资料	本书附录 A～附录 J
教学方法	任务驱动法、分组讨论法、探究学习法、理论实践—体教学法、讲授法
课时建议	12 课时

引 例 剖 析

任务 1-1 编写程序计算选购商品的金额

【任务描述】

编写 C 语言程序 c1_1.c,其功能是根据商品价格、购买数量和折扣率计算选购商品应支付的金额和所优惠的金额。该程序的变量表如表 1-1 所示。

表 1-1 C 语言程序 c1_1.c 的变量表

变量名称	含　义	数据类型	取值或计算公式
quantity	购买数量	int	2
price	商品价格	double	38.80
rate	折扣率	double	0.71
discount	优惠金额	double	quantity * price * (1-rate)
amount	商品金额	double	quantity * price * rate

【程序编码】

计算选购商品应支付金额和优惠金额的 C 语言程序 c1_1.c 如表 1-2 所示。

表 1-2 C 语言程序 c1_1.c 的代码

序号	代　　码
01	#include <stdio.h>
02	main()
03	{
04	int　quantity;
05	double price,rate;
06	double discount,amount;
07	quantity = 2;
08	price = 38.80;
09	rate = 0.71;
10	amount = quantity * price * rate;　　　　/* 计算应支付金额 */
11	discount = quantity * price * (1- rate);　/* 计算优惠金额 */
12	printf("amount = %.3f\n",amount);
13	printf("discount = %.3f\n",discount);
14	}

【运行结果】

C 语言程序 c1_1.c 的运行结果如图 1-1 所示。

图 1-1　C 语言程序 c1_1.c 的运行结果

【指点迷津】

程序 c1_1.c 的功能是计算选购商品应支付金额和优惠金额,代码有 14 行,只有 10 条语句(C 语言程序每一条语句都必须以分号";"结束),但该程序中涉及 C 语言的 main()函数、C 语言保留字、C 语言标识符、头文件、include 命令、基本数据类型、输入语句、输出语句、变量声明语句、赋值语句、运算符、表达式、格式说明符、注释等诸多的语法知识。

第 1 行包含标准库文件 stdio.h。include 称为文件包含命令,扩展名为".h"的文件称为头文件。由于不是 C 语言程序的语句,所以结束位置没有";"。

第 2 行定义名称为 main 的主函数,mian 后面"()"是函数的标识,main 函数体中的语句都被括在花括号{}(第 3 行和第 14 行)中。

第 4 行定义 1 个 int 类型的变量。

第 5 行定义 2 个 double 类型的变量。

第 6 行定义 2 个 double 类型的变量。

第 7、8、9 行都为赋值语句,分别为数量、价格和折扣率变量赋初值。

第 10 行为赋值语句,将表达式的计算结果(金额)赋给变量 amount。

第 11 行为赋值语句,将表达式的计算结果(优惠金额)赋给变量 discount。

第 12 行为输出语句,调用库函数 printf 以指定格式输出变量 amount 的值。

第 13 行为输出语句,调用库函数 printf 以指定格式输出变量 discount 的值。

第 14 行结束 main 函数,花括弧必须成对出现。

编 程 实 战

任务 1-2　编写程序输出指定内容

【任务描述】

编写 C 语言程序 c1_2.c,其功能是使用库函数 printf()输出指定内容。

【程序编码】

程序 c1_2.c 的代码如表 1-3 所示。

3

表 1-3　程序 c1_2. c 的代码

序号	代　　码
01	# include < stdio. h>
02	main()
03	{
04	printf("The perimeter of the square is 20");
05	}
知识标签	新学知识: include 命令　头文件　库函数　main()函数　保留字　printf()函数　输出语句 C 语言程序的基本结构　C 语言的基本特点

【运行结果】

C 语言程序 c1_2. c 的运行结果如下:

The perimeter of the square is 20

【指点迷津】

本程序运行时,执行 main()函数的函数体(一对大括号括起来的部分)中的语句,本程序只有一条语句,即输出语句,C 语言程序每一条语句都必须以分号";"结束。该语句调用了 C 语言编译系统提供的库函数 prinf(),将用双引号括起来的句子(字符串)原样在窗口中输出,这里的字符串可以起到提示作用。printf 函数是一个标准库函数,它的函数原型在头文件 stdio. h 中。但作为一个特例,不要求在使用 printf 函数之前必须包含 stdio. h 文件,即允许省略包含 stdio. h 文件的命令。

C 语言程序中可以有预处理命令(include 命令仅为其中的一种),预处理命令通常应放在源文件或源程序的最前面。例如,C 语言程序 c1_2. c 第一行 # include <stdio. h>用于告诉编译器在本程序中包含标准输入/输出库,许多 C 语言源程序的开始处都包含这一行命令。

【举一反三】

C 语言程序 c1_2. c 中的 printf()函数将双引号括起来的内容原样输出,事实上 printf()函数经常用于输出程序的计算结果,而计算结果通常使用变量予以存储。使用 printf()函数输出变量中存储的数据的 C 语言程序 c1_2_1. c 如表 1-4 所示。

表 1-4　使用 printf()函数输出变量中存储的数据

序号	代　　码	
01	# include < stdio. h>	
02	main()	
03	{	
04	int perimeter;	/＊定义变量＊/
05	perimeter = 20;	/＊给变量赋值＊/
06	printf("The perimeter of the square is ％d",perimeter);	/＊输出变量的值＊/
07	}	

程序 c1_2_1.c 的运行结果为：

The perimeter of the square is 20

程序说明如下：

① 第 4 行为变量声明语句，定义了 1 个变量，其中 int 表示数据类型为整型，perimeter 为变量名称。C 语言中 int 类型的变量分配 2 个字节的内存空间，可以存放一个 $-32768\sim$ 32767 范围内的整数。定义变量时，类型名 int 与变量名 perimeter 之间用空格分开。

② 第 5 行为赋值语句，将整数 20 送到变量 perimeter 中存储起来。

③ 第 6 行调用 printf() 函数，输出变量 perimeter 中存储的数据，由于变量 perimeter 中存储的值为整型，所以使用格式说明符%d。格式说明符"%d"虽然位于双引号内，却不是原样输出它，输出时被双引号后面的变量 perimeter 的值替代，即在屏幕上显示 20，printf 函数双引号中其他内容原样输出。

④ 第 4～6 行都使用/*　*/标记，该标记是注释的标记。/*　*/连同其间的内容是注释信息，C 语言程序编译和运行时注释信息不编译，也不运行，只起说明的作用，使程序可读性增强。

任务 1-3　编写程序计算正方形的周长

【任务描述】

编写 C 语言程序 c1_3.c，计算与输出正方形的周长（正方形的边长为 5），并通过赋值方式存储在变量中。

【程序编码】

程序 c1_3.c 的代码如表 1-5 所示。

表 1-5　程序 c1_3.c 的代码

序号	代　　码
01	# include < stdio. h>
02	main()
03	{
04	int length, perimeter;
05	length = 5;
06	perimeter = length * 4;
07	printf("The perimeter of the square is % d\n", perimeter);
08	}
知识标签	新学知识：基本数据类型　整型　变量声明　赋值表达式　赋值语句　格式说明符　转义字符 复习知识：include 命令　头文件　库函数　main()函数　printf()函数　输出语句

【运行结果】

C 语言程序 c1_3.c 的运行结果如下：

The perimeter of the square is 20

【指点迷津】

程序 c1_3.c 中包含了 4 条语句,分别为变量定义语句、赋值语句和输出语句。

① 第 4 行在一行中定义了 2 个变量,这两个变量都为整型,其变量名不同,两个变量之间使用半角",",分隔,不能使用空格分隔。

② 第 5 行给变量 length 赋初值,由于该变量中存储的数据为整型,所以这里只能赋整型数据。

③ 第 6 行将表达式的计算结果赋给变量 perimeter,其中"length * 4"为算术表达式,其功能是计算正方形的周长。

④ 第 7 行输出计算结果,即存储在变量 perimeter 中的值,同样输出时双引号中的格式说明"%d"被双引号后面的变量 perimeter 的值代替,双引号中的字符串 The perimeter of the square is 原样输出。双引号还有一个转义字符"\n",其作用是将屏幕上的光标移至下一行开头,使得光标停在下一行。

【举一反三】

程序 c1_3.c 中正方形的边长定义为 int 类型,printf 函数中的格式符使用%d。实际上边长通常都为小数,此时将边长定义为 double 类型,printf 函数中格式符应使用%f,程序 c1_3_1.c 的代码如表 1-6 所示。

表 1-6　程序 c1_3_1.c 的代码

序号	代　　码
01	# include < stdio.h >
02	main( )
03	{
04	double length,perimeter;
05	length = 5.2;
06	perimeter = length * 4;
07	printf("The perimeter of the square is % f\n",perimeter);
08	}

程序 c1_3_1.c 的输出结果为:

The perimeter of the square is 20.800000

程序 c1_3_1.c 的 printf 函数中的格式符%f 可以更改为限制精度的格式符,例如%.2f,程序 c1_3_2.c 的代码如表 1-7 所示。

表 1-7　程序 c1_3_2.c 的代码

序号	代　　码
01	# include < stdio.h >
02	main( )
03	{
04	double length,perimeter;
05	length = 5.2;
06	perimeter = length * 4;
07	printf("The perimeter of the square is % .2f\n",perimeter);
08	}

程序 c1_3_2.c 的输出结果为：

The perimeter of the square is 20.80

即输出结果的有效数字保留 2 位。

任务 1-4　编写程序计算圆形面积和球体体积

【任务描述】

编写 C 语言程序 c1_4.c,计算圆形面积和球体体积,要求圆的半径需调用 scanf 函数并通过键盘输入,圆周率定义为符号常量 PI。计算结果调用 printf 函数输出,输出结果的长度为 5,精度为 2。

【程序编码】

程序 c1_4.c 的代码如表 1-8 所示。

表 1-8　程序 c1_4.c 的代码

序号	代　　码
01	＃define PI 3.14159
02	＃include < stdio. h>
03	main(){
04	float r,area,volume;
05	printf("intput r:");
06	scanf(" % f",&r);　　　　　　　　　/ * 输入 r 为 8.5 * /
07	area = PI * r * r;　　　　　　　　　/ * 圆的面积 * /
08	volume = 3.0/4 * r * r * r;　　　　　/ * 球的体积 * /
09	printf("area is % 5.2f,volume is % 5.2f\n",area,volume);
10	}
知识标签	新学知识：实型数据类型　符号常量　scanf()函数　取地址运算符　数据类型转换　算术运算符 复习知识：包含命令　头文件　变量定义　格式说明符　printf()函数　赋值语句

【运行结果】

运行程序 c1_4.c,先显示：

input r:

此时如果输入：

8.5↙(表示按回车键)

则输出为：

area is 226.98,volume is 460.59

【指点迷津】

① 程序 c1_4.c 中第 1 行声明了一个符号常量,其后的代码可以使用标识符 PI 代表常

量 3.14159。

② 第 5 行和第 9 行调用了 printf 输出函数，第 9 行的格式输出函数中使用了格式控制符％5.2f。格式控制串是一个字符串，简称为格式符，它必须位置双引号中，它表示了输出量的数据类型。格式说明符中的"5"表示最小宽度（整数位数＋小数位数）为 5，如果数据的宽度少于 5 位，输出时左侧添加空格；如果数据的宽度多于 5 位时，则按实际位数输出。"2"表示小数部分的有效位数 2，即保留 2 位有效位。"f"表示输出数据的类型为 float 类型。

printf 函数中可以在格式控制串内出现非格式控制字符，例如 area is 和 volume is，这时在显示屏幕上会显示这些源字符串。

③ 第 9 行 printf 函数的参数表中给出了输出的变量 area 和 volume，由于有 2 个变量，用半角逗号"，"予以分隔。第 9 行 printf 函数中还使用了转义字符"\n"，其作用是将光标移至下一行开始位置，它影响后面输出结果的位置。

④ 第 6 行使用了 scanf 输入函数，该函数的作用是通过键盘向程序的变量输入数据。该函数中使用的格式控制串％f，表示要求输入浮点数据。变量 r 前面的符号 & 表示取变量的地址，这是 scanf 输入函数要求的。scanf 函数是一个标准库函数，它的函数原型在头文件"stdio.h"中。与 printf 函数相同，C 语言也允许在使用 scanf 函数之前不必包含 stdio.h 文件，即允许省略包含 stdio.h 文件的命令。

⑤ 第 7 行为赋值语句，将赋值运算符"＝"右侧表达式"PI＊r＊r"的运算结果赋给左侧的变量，该表达式为算术表达式，其中 PI 为符号常量，代表 3.14159，r 变量中存储了半径数据，运算符"＊"为乘法运算，这里不能写成"×"，否则程序编译和运行时会出现错误。程序中"＊"不能使用"×"替代，这与平常书写时不同。

由于 C 语言中实型常数不分单、双精度，都按双精度 double 型处理。第 7 行的 PI 为实型，area 和 r 为整型。在计算"PI＊r＊r"这个算术表达式时，PI 和 r 都会转换成 double 类型计算，其计算结果也为 double 类型。但赋值表达式左侧的变量 area 为 float 类型，这时会自动将 double 类型转换为 float 类型，并按 float 类型存储计算结果，这时计算精度会降低。

⑥ 第 8 行的表达式"3.0/4＊r＊r＊r"中包含了乘法运算和除法运算，其 3.0 为 double 类型，4 为 int 类型，r 为 float 类型的变量。运算时，先将 4 和 r 都转换成 double 类型，再进行计算。这里要注意不能将"3.0"写成"3"，否则会出现计算结果为 0 的现象，其原因是除法运算中参与运算量均为整型时，其结果也为整型，舍去小数。

任务 1-5　编写程序求一元二次方程的根

【任务描述】

编写 C 语言程序 c1_5.c，求解一元二次方程 $ax^2 + bx + c = 0$ 的根，方程的系数通过键盘输入，方程的根使用 printf() 函数输出。这里只考虑 $a \neq 0$ 且 $b^2 - 4ac \geq 0$ 的情况。

【程序编码】

程序 c1_.c 的代码如表 1-9 所示。

表 1-9　程序 c1_.c 的代码

序号	代　　码
01	#include < stdio.h >
02	#include < math.h >
03	void main()
04	{
05	float a,b,c;　　　　　　　　　　/* 定义系数变量 */
06	double x1,x2,p;　　　　　　　　 /* 定义根变量和表达式的变量值 */
07	printf("Please input:a,b,c:");　　/* 提示用户输入三个系数 */
08	scanf("%f,%f,%f",&a,&b,&c);　　 /* 接收用户输入的系数 */
09	p = b * b − 4 * a * c;　　　　　　 /* 给表达式赋值 */
10	x1 = (− b + sqrt(p))/(2 * a);　　 /* 计算根 1 的值 */
11	x2 = (− b − sqrt(p))/(2 * a);　　 /* 计算根 2 的值 */
12	printf("x1 = %.2f\nx2 = %.2f\n",x1,x2); /* 输出两个根的值 */
13	}
知识 标签	新学知识：math.h 头文件　　数学函数　　包含函数的表达式　　除法运算符　　复杂的算术表达式 复习知识：变量声明语句　　printf()函数　　scanf()函数　　赋值语句　　算术表达式

【运行结果】

C 语言程序 c1_5.c 的运行结果如图 1-2 所示。

图 1-2　C 语言程序 c1_5.c 的运行结果

【指点迷津】

① 程序 c1_5.c 没有考虑有无实根的情况,只考虑 $a \neq 0$ 且 $b^2 − 4ac \geqslant 0$ 的情况求一元二次方程的根。

② 第 5 行和第 6 行将多个变量声明为不同数据类型,系数的数据类型声明为 float 类型,根和判别式变量的数据类型声明为 double 类型。

③ 第 8 行调用 scanf()函数从键盘输入方程的系数,由于使用的格式符为%f,表示可以输入实数。scanf()函数双引号内"%f"之间的","表示从键盘输入数据时,各数据之间需要输入分隔符",",否则会无法输入正确的实型数据。这里输入了"2,7,3"三个值。

④ 第 9 行中算术表达式"b * b − 4 * a * c"是书面书写形式"$b^2 − 4ac$"在程序中的表示方式,各个变量之间一定要使用" * ",该符号不省略。

⑤ 第 10 行的表达式"(−b+sqrt(p))/(2 * a)"是一个比较复杂的算术表达式,该表达式中包含了常量 2、变量 b、a 和 p,还有函数 sqrt,也包含了"()"、"−"、"+"、"/"和" * "等 5 种算术运算符。函数 sqrt 是一个数学函数,其功能是计算一个非负实数的平方根,该函数

9

的原型位于头文件"math. h"中，所以第 2 行使用♯include 命令，包含头文件＜math. h＞。

⑥ 第 12 行中调用 printf（）函数输出方程两个根的值，双引号中使用了两个格式符"％.2f"，分别对应两个变量 x1 和 x2，其中".2"表示保留两位有效位数，这里小数点前面没有数字，也就是对输出数字的最小宽度没有进行限制。printf（）函数的双引号中使用了两个转义字符"\n"，中间的一个表示两个根分两行输出，后一个"\n"表示第 2 个根输出后换行，屏幕光标停在新的一行的开始位置。

任务 1-6　编写程序分解三位整数的各位数字

【任务描述】

编写 C 语言程序 c1_6.c，通过键盘输入一个 3 位整数，求该数的个位、十位和百位数字，并在屏幕输出这些数字。

【程序编码】

程序 c1_6.c 的代码如表 1-10 所示。

表 1-10　程序 c1_6.c 的代码

序号	代　　码
01	♯ include ＜ stdio. h＞
02	void main（）{
03	int number;
04	int hundred,ten,digit;
05	printf("Plese input number(100～999):");
06	scanf(" ％ d",&number);　　　/＊输入三位的整数＊/
07	hundred = number/100;　　/＊百位的数字＊/
08	ten = number/10％10;　　　/＊十位的数字＊/
09	digit = number％10;　　　　/＊个位的数字＊/
10	printf("hundred is ％d,ten is ％d,digit is ％d\n",hundred,ten,digit);
11	}
知识标签	新学知识：求余运算符　除法运算符与求余运算符组成的算术表达式 复习知识：变量声明　printf（）函数　scanf（）函数　赋值语句

【运行结果】

C 语言程序 c1_6.c 的运行结果如图 1-3 所示。

图 1-3　C 语言程序 c1_6.c 的运行结果

【指点迷津】

① 第 6 行调用 scanf() 函数从键盘输入要分解的 3 位数。

② 第 7 行使用"/"运算符求百位上的数字,例如对于三位数 567,567/100 的结果为 5。由于除法运算表达式中参与运算量均为整型时,结果也为整型,舍去小数。

③ 第 8 行使用"number/10"表达式求出三位数中百位和十位数字组成的二位数,例如对于三位数 567,567/10 的结果为 56。然后再使用求余运算符"％"求出二位数的个位数,例如对于二位数 56,56％10 的结果为 6。也可以使用算术表达式"number％100/10"求三位数中的十位上的数字。

④ 第 9 行使用求余运算符"％"求出三位数中个数上的数字,例如对于三位符 567,567％10 的结果为 7。

⑤ 第 10 行调用 printf() 函数输出三位数中的百位、十位和个数上的数字,由于有 3 个变量,在双引号中需要使用 3 个格式符"％d"。

任务 1-7　编写程序将小写字母转换为大写字母

【任务描述】

编写 C 语言程序 c1_7.c,将小写字母转换为大写字母,小写字母通过键盘输入,大写字母在屏幕上显示。

【程序编码】

程序 c1_7.c 的代码如表 1-11 所示。

表 1-11　程序 c1_7.c 的代码

序号	代　码
01	＃include ＜ stdio.h ＞
02	void main()
03	{
04	char c1,c2;　　　　　　　　　　　　　　 /＊定义字符变量＊/
05	printf("Enter a lowercase character:"); /＊输出提示信息,提示用户输入一个字符＊/
06	c1 = getchar();　　　　　　　　　　　 /＊将这个字符赋给变量 c1＊/
07	c2 = c1 − 32;
08	printf("Before the conversion of character:％c,％d\n",c1,c1); /＊输出这个大写字符＊/
09	printf("Conversion characters are:％c,％d\n",c2,c2);　　　　 /＊输出这个大写字符＊/
10	}
知识标签	新学知识:字符数据　ASCII 编码　getchar() 函数　字符数据与整型数据运算 复习知识:printf() 函数　格式说明符　赋值表达式

【运行结果】

C 语言程序 c1_7.c 的运行结果如图 1-4 所示。

图 1-4　C 语言程序 c1_7.c 的运行结果

【指点迷津】

① C 语言中区分大小写的,ASCII 码中大写字母和小写字母之间的差值为 32,例如大写字母 B 的 ASCII 编码为 66,小写字母 b 的 ASCII 编码为 97,二者的 ASCII 编码值相差 32。

② 利用 ASCII 码中大写字母和小写字母之间的差值为 32,可以将小写字母转换为大写字母,或者将大写字母转换为小写字母。将小写字母转换为大写字母的方法就是将小写字母的 ASCII 编码值减去 32 即可。

③ 第 4 行声明 2 个字符类型的变量 c1 和 c2。

④ 第 6 行使用 getchar()函数通过键盘输入一个小写字母。

⑤ 第 7 行将小写字符对应的 ASCII 值减去 32 得到大写字符的 ASCII 值,C 语言允许字符变量参与数值运算,即用字符的 ASCII 码参与运算,如果通过键盘输入的小写字母为"b",则其 ASCII 码值为 97,所以表达式"c1-32"等价于"97-32",其计算结果为 32,即变量 c2 中存储了 ASCII 码值为 32 的字符,也就是存储了大写字母"B"。

⑥ 对于字符类型的变量,使用 printf()函数输出,该变量中存储的字符常量,输出时可以为字符,也可以为对应的 ASCII 值。如果需要输出字符则使用格式符"%c",如果需要输出该字符对应的 ASCII 编码值,则使用格式符"%d"。

任务 1-8　编写程序利用函数输出两个数中的最大值

【任务描述】

编写 C 语言程序 c1_8.c,利用函数输出两个数中的最大值,该程序中设计一个求最大值的自定义函数 max(),通过键盘输入 2 个数,然后输出其中最大值。

【程序编码】

程序 c1_8.c 的代码如表 1-12 所示。

表 1-12　程序 c1_8.c 的代码

序号	代　码	
01	# include < stdio. h>	
02	int max(int x, int y)	/＊定义一个求最大值的函数＊/
03	{	
04	int z;	/＊声明一个变量＊/
05	z = x > y?x:y;	/＊求两个数中的最大值＊/
06	return z;	/＊函数返回最大值＊/

续表

序号	代　　码
07	}
08	int main()
09	{
10	int a,b,c;　　　　　　　　　/ * 定义 3 个变量 * /
11	printf("Input two number:\n");　　/ * 输出提示字符串 * /
12	scanf("％d％d",&a,&b);　　　/ * 接收键盘输入的两个数字 * /
13	c＝max(a,b);　　　　　　　/ * 调用函数求最大值 * /
14	printf("max is ％d\n",c);　　/ * 输出最大值 * /
15	}
知识 标签	新学知识：自定义函数　函数定义　函数调用　函数的参数　函数的返回值　条件运算符 复习知识：整型　scanf()函数　printf()函数　赋值语句

【运行结果】

C 语言程序 c1_8.c 的运行结果如图 1-5 所示。

图 1-5　C 语言程序 c1_8.c 的运行结果

【指点迷津】

① 第 2~7 行定义了一个函数,该函数的功能是求两个数的最大值。函数名称为 max,返回值的数据类型为整型,所以在函数名 max 的左边添加 int。该函数有 2 个参数,形式参数名称分别为 x 和 y,其数据类型为整型,所以在两个参数 x、y 的左边添加 int,每一个参数都需要添加一个 int,且中间使用半角逗号","分隔。

② 自定义函数的定义方式与 main()函数类似,也包括函数头和函数体。max 函数的函数体使用一对大括号"{}"括起来,包含 3 条语句,第 4 行声明了一个整型变量,第 5 行为赋值语句,第 6 行为返回语句,使用 return 返回函数值。

③ 第 5 行的赋值语句中使用了条件运算符,即将条件运算的结果赋给变量 z。条件运算符是一个三目运算符,对于表达式"x＞y？x:y",其计算方法为首先求表达式 x＞y 的值,如果 x 的值大于 y 的值,则运算结果为 x,否则运算结果为 y。

④ 第 12 行使用 scanf()函数输入数据,由于两个格式符"％d"没有添加分隔符,所以输入数据时使用回车或空格的方式输入两个数据。

⑤ 第 13 行的赋值表达式"c＝max(a,b)",将函数的返回值赋值变量 c,由于 max 函数的返回值为 int 类型,变量 c 的类型也为 int 类型,数据类型一致,无须进行数据类型转换。

知 识 探 究

1.1 C 语言的基本概念

1. 标准 C 语言

C 语言的第一个标准是由美国国家标准协会(American National Standards Institute，ANSI)发布的。虽然这份文档后来被国际标准化组织(ISO)采纳并且 ISO 发布的修订版也被 ANSI 采纳了，但名称 ANSI C 仍被广泛使用，被称为"标准 C 语言"。目前，一些软件开发者使用 ISO C，还有一些仍使用 Standard C。

C 语言的现行标准是 C11，过去曾经先后还发布了 C89(ANSI C)、C90 和 C99 版本的 C 语言标准。对这些标准简要介绍如下。

(1) C89 标准

1983 年，为了创立 C 的一套标准，美国国家标准协会组成了一个委员会，经过漫长而艰苦的过程，该标准于 1989 年完成，并正式生效。这个版本的语言经常被称作 ANSI C，或有时称为 C89(为了区别于 C99)。

(2) C90 标准

1990 年，ANSI C 标准(带有一些小改动)被美国国家标准协会采纳为 ISO/IEC 9899：1990。这个版本称为 C90 标准。因此，C89 和 C90 通常指同一种语言。

(3) C99 标准

2000 年 3 月，ANSI 采纳了 ISO/IEC 9899：1999 标准，这个标准通常称为 C99 标准。

(4) C11 标准

2011 年 12 月，ANSI 采纳了 ISO/IEC 9899：2011 标准，这个标准通常称为 C11，它是 C 语言的现行标准。

2. 标识符

在 C 语言程序中使用的变量名、函数名、标号等统称为标识符。除库函数的函数名由系统定义外，其余都由编程人员自行定义。C 语言规定，标识符只能是字母(A～Z、a～z)、数字(0～9)和下划线(_)组成的字符串，并且其第一个字符必须是字母或下划线。

合法的标识符：x、x2、y、number_1、sum5。

非法的标识符：2x(以数字开头)、y * T(出现非法字符 *)、sum－1(出现非法字符减号"－")。

提示：在使用标识符时还必须注意以下几点。

(1) 标准 C 语言不限制标识符的长度，但它受各种版本的 C 语言编译系统限制，同时也受到具体机器的限制。例如在某版本 C 语言中规定标识符前八位有效，当两个标识符前八位相同时，则被认为是同一个标识符。

(2) 在标识符中，大小写是有区别的。例如 SUM 和 sum 是两个不同的标识符。

(3) 标识符虽然可由程序员自行定义，但标识符是用于标识某个量的符号。因此，命名应尽量有相应的意义，以便于阅读理解，做到"顾名思义"。

3. 保留字

保留字是由 C 语言规定的具有特定意义的字符串,通常也称为关键字。保留字是标识符的一种,已被 C 语言本身使用,不能作其他用途使用的标识符,用户定义的标识符不应与关键字相同。例如关键字不能用作变量名、函数名等。注意,不要把 define、include 当作关键字,它们只是预编译伪指令。

C89 标准有 32 个关键字,C99 标准共有 37 个保留字,C11 标准共有 38 个保留字。C 语言的保留字主要分为以下几类:

(1) 类型说明符。用于定义、说明变量、函数的类型,例如 int、double 等。

(2) 语句定义符。用于表示一条语句的功能,例如 if、else、for 等。

(3) 预处理命令字。用于表示一个预处理命令,例如 include。

C 语言保留字的具体说明详见附录 A。

4. 分隔符

在 C 语言中采用的分隔符有逗号","和空格两种。逗号主要用在类型说明和函数参数表中,分隔各个变量;空格多用于语句各单词之间,作分隔符。在保留字、标识符之间必须要有一个以上的空格符作间隔,否则将会出现语法错误,例如把"int x;"写成"intx;"C 语言编译器会把 intx 当成一个标识符处理,其结果必然出错。

5. 注释

标准 C 语言的注释是以"/ *"开头,并以" * /"结尾的串,在"/ *"和" * /"之间的内容即为注释。注释可出现在程序中的任何位置,注释用来向用户提示或解释程序或语句的意义。程序编译时,不对注释作任何处理。在调试程序中对暂不使用的语句也可用注释符括起来,使编译跳过这部分语句不作处理,待调试结束后再去掉注释符。

另外,各种编译器都支持以"//"开头的注释,虽然它不是标准 C 的规定,但是早已成为事实标准,在程序中广泛使用。"//"仅支持单行注释,也就是说,注释中不能出现换行符;而"/ * * /"支持多行注释,注释中可以出现换行符。

6. main() 函数

main() 函数称为主函数,在众多 C 语言的函数中,main() 是最特殊的函数,无论程序多长,主函数只能有一个,程序执行时开始于主函数也结束于主函数,换句话说,其他函数都是被 main() 直接或间接调用的,这就意味着每个程序都必须在某个位置包含一个 main 函数。

除了主函数 main(),main 函数通常会调用其他函数来帮助完成某些工作,被调用的函数可以是我们自己编写的,也可以来自于函数库。

主函数名 main 是由系统规定的,其后面的圆括号() 是函数的标识,说明 main 是函数名,而不是变量名。主函数的函数体由一条或多条语句组成,并被一对大括号{}括起来。

7. 头文件

头文件也称为包含文件。C 语言程序在使用某一库函数时,都要在程序开始位置嵌入该函数对应的头文件(使用♯include 命令实现),用户使用时应查阅有关版本 C 的库函数参考手册。

1.2 C语言程序的基本特点

C语言的源程序由一个或多个函数组成,其中必须且只能有一个主函数 main(),简单的 C语言源程序通常只由一个主函数组成。除了主函数,还可以调用系统提供的库函数,也可以编写自定义函数。如果程序中需要调用库函数,通常第一行为预处理命令。

通过前面的实例剖析,我们总结 C语言程序的基本特点如下:

(1)一个 C语言源程序可以由一个或多个源文件组成。

(2)每个源文件可由一个或多个函数组成。

(3)一个源程序不论由多少个文件组成,都有一个且只能有一个 main 函数,即主函数。

(4)源程序中可以有预处理命令(include 命令仅为其中的一种),预处理命令通常应放在源文件或源程序的最前面。

(5)每一条语句、一个说明都必须以分号结尾,但预处理命令、函数头和花括号"{"、"}"之后不能加分号。

(6)标识符、关键字之间必须至少加一个空格以示间隔。若已有明显的间隔符,也可不再加空格来间隔。

从书写清晰,便于阅读、理解、维护的角度出发,在书写 C语言程序时应遵循以下基本规则:

(1)一条语句或一个说明占一行。

(2)用大括号{}括起来的部分,通常表示了程序的某一种结构。{}一般与该结构语句的第一个字母对齐,并单独占一行。

(3)低一层次的语句或说明可比高一层次的语句或说明缩进若干格后书写。以便看起来更加清晰,增加程序的可读性。

具体的编程规范详见附录 I。随着学习的深入,大家会逐步理解这些编程规范。

1.3 C语言的数据类型

所谓数据类型是按被定义变量的性质、表示形式、占据存储空间的多少和构造特点来划分的。C语言中,数据类型可以分为基本数据类型、构造数据类型、指针类型、空类型 4 大类,构造类型又可以分为数组类型、结构体类型、共用体(联合)类型。这些数据类型将在以后各个单元予以介绍,在附录 C 中也进行了较为详细的说明。

C语言的基本类型分为字符型、整型、浮点型和布尔类型 4 种,是程序中使用的最基本的数据类型,C语言基本类型详见附录 C。

1. C语言的整型数据

整型数据即整数,整型数据的一般分为普通型、短整型、长整型和无符号型,无符号型又可以分为无符号基本型、无符号短整型和无符号长整型。

(1)整型数据在内存中的存放形式

如果定义了一个整型变量i:

```
int i;
i = 10;
```

其在内存中的存放形式如下：

0	0	0	0	0	0	0	0	0	0	0	0	1	0	1	0

数值是以补码表示的：正数的补码和原码相同；负数的补码：将该数的绝对值的二进制形式按位取反再加 1。

例如，求 −10 的补码的方法如下。

① 10 原码表示为：

0	0	0	0	0	0	0	0	0	0	0	0	1	0	1	0

② 原码取反表示为：

1	1	1	1	1	1	1	1	1	1	1	1	0	1	0	1

③ 反码加 1，得到 −10 的补码：

1	1	1	1	1	1	1	1	1	1	1	1	0	1	1	0

由此可知，左面的第一位是表示符号的。

各种无符号整型数据所占的内存空间字节数与相应的有符号类型量相同，但由于省去了符号位，故不能表示负数。

有符号整型数据的最大值 32767 表示为：

0	1	1	1	1	1	1	1	1	1	1	1	1	1	1	1

无符号整型数据的最大值 65535 表示为：

1	1	1	1	1	1	1	1	1	1	1	1	1	1	1	1

（2）整型数据的表示方法

C 语言中，整型数据常用的表示方法有十进制、八进制和十六进制。

① 十进制数

十进制数没有前缀，其数码为 0～9。以下是合法的十进制数：237、−568、65535、1627；以下是不合法的十进制数：023（不能有前导 0）、23D（含有非十进制数码）。

在程序中是根据前缀来区分各种进制数的，因此在书写时不要把前缀弄错造成结果不正确。

② 八进制数

八进制数必须以 0 开头，即以 0 作为八进制数的前缀，数码取值为 0～7。八进制数通常是无符号数。以下是合法的八进制数：015（十进制为 13）、0101（十进制为 65）、0177777（十进制为 65535）；以下是不合法的八进制数：256（无前缀 0）、03A2（包含了非八进制数码）、−0127（出现了负号）。

③ 十六进制数

十六进制数的前缀为 0X 或 0x，其数码取值为 0～9，A～F 或 a～f。以下是合法的十六进制数：0X2A（十进制为 42）、0XA0（十进制为 160）、0XFFFF（十进制为 65535）。以下是不合法的十六进制数：5A（无前缀 0X）、0X3H（含有非十六进制数码）。

注意：在 C 语言程序中以"0"开头的数表示八进制数，以"0X"或"0x"表示十六进制数。在其他书写场合，在数字后加一个字母区分不同的进制，加字母"D"表示"十进制"，加字母"B"表示"二进制"，加字母"O"表示"八进制"，加字母"H"表示"十六进制"。例如"11D 表示十进制数；11B 表示二进制数，转换为十进制数，则为 3；11O 表示八进制数，转换为十进制数，则为 9；11H 表示十六进制数，转换为十进制数，则为 17。

（3）整数的后缀

长整型数可以用后缀 L 或 l 来表示。例如：十进制长整型数：158L（十进制为 158）、358000L（十进制为 358000）；八进制长整型数：012L（十进制为 10）、077L（十进制为 63）；十六进制长整型数：0X15L（十进制为 21）、0XA5L（十进制为 165）。

长整型数 158L 和基本整型数 158 在数值上并无区别。但对于 58L，因为是长整型数，C 编译系统将为它分配 4 个字节存储空间。而对于 158，因为是基本整型，只分配 2 个字节的存储空间。因此在运算和输出格式上要予以注意，避免出错。

无符号数也可用后缀表示，整型数的无符号数的后缀为 U 或 u。例如，358u、0x38Au、235Lu 均为无符号数。

前缀、后缀可同时使用以表示各种类型的数。例如，0XA5Lu 表示十六进制无符号长整型数 A5，其十进制为 165。

（4）整型数据的溢出

分析以下 C 语言程序：

```
# include < stdio. h>
int main(){
    int a,b;
    a = 32767;
    b = a+1;
    printf(" % d, % d\n",a,b);
    return 0;
}
```

在 TC 2.0 下运行该程序会产生溢出现象。

注意：在 VC 6.0 环境中运行该程序，其输出值是 32767、32768。因为 int 类型在 TC 2.0 下默认是 short int，占 2 个字节，在 VC 6.0 下默认是 long int，占 4 个字节，32768 不会导致溢出。将 a = 32767 改成 a = 2147483647 后即可看到溢出。

2. C 语言的实型数据（浮点数）

实型数据也称为浮点数或实数。C 语言中实数只采用十进制。它有两种形式：十进制小数形式和指数形式。

（1）实数的表示

① 十进制数形式

由数码 0~9 和小数点组成，例如：0.0、25.0、−5.789、0.13、300. 等均为合法的实数。

注意：实型数据必须有小数点。

② 指数形式

由十进制数、阶码标识 e 或 E、阶码（只能为整数，可以带符号）组成。其一般形式为：a E n（a 为十进制数，n 为十进制整数），其值为 $a * 10^n$。

例如：2.1E5（等于 $2.1 * 10^5$）、3.7E-2（等于 $3.7 * 10^{-2}$）、0.5E7（等于 $0.5 * 10^7$）。

不是合法的实数的是：345(无小数点)、E7(阶码标识 E 之前无数字)、－5(无阶码标识)、2.7E(无阶码)。

（2）实数在内存中的存放形式

实数一般占 4 个字节(32 位)内存空间，按指数形式存储。实数 3.14159 在内存中的存放形式如下：

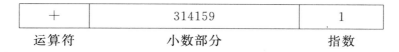

＋	314159	1
运算符	小数部分	指数

说明：

① 小数部分占的位(bit)数越多，数的有效数字越多，精度越高。

② 指数部分占的位数越多，则能表示的数值范围越大。

3. C 语言的字符型数据（字符）

字符型数据就是字符，字符型数据是用单引号括起来的一个字符。例如：'a'、'b'、'＝'、'＋'、'?'都是合法字符型数据。

在 C 语言中，字符型数据有以下特点：

① 字符型数据只能用单引号括起来，不能用双引号或其他括号。

② 字符型数据只能是单个字符，不能是字符串。

③ 字符可以是字符集中任意字符，例如'5'和 5 是不同的，'5'是字符型数据。

4. C 语言的枚举类型

在实际问题中，有些变量的取值被限定在一个有限的范围内。例如，一个星期内只有 7 天，一年只有 12 个月，一个班每周有 6 门课程等。如果把这些量声明为整型，字符型或其他类型显然是不妥当的。为此，C 语言提供了一种称为"枚举"的类型。在"枚举"类型的定义中列举出所有可能的取值，被声明为该"枚举"类型的变量取值不能超过定义的范围。枚举类型是一种基本数据类型，而不是一种构造类型，因为它不能再分解为任何基本类型。

（1）枚举的定义

枚举类型定义的一般形式为：

enum 枚举名{枚举值表};

在枚举值表中应罗列出所有可用值。这些值也称为枚举元素。例如，该枚举名为 weekday，枚举值共有 7 个，即一周中的 7 天。凡被声明为 weekday 类型变量的取值只能是 7 天中的某一天。

（2）枚举变量的声明

枚举变量有多种不同的方式声明，即先定义后声明，同时定义声明或直接声明。设有变量 a、b、c 被声明为上述的 weekday，可采用下述任一种方式：

```
enum weekday{ sunday,monday,tuesday,wednesday,thursday,friday,saturday };
enum weekday w1 . w2;
```

或者为：

```
enum weekday{ sunday,monday,tuesday,wednesday,thursday,friday,saturday } w1,w2;
```

或者为:

enum { sunday,monday,tuesday,wednesday,thursday,friday,saturday } w1,w2;

（3）枚举类型变量的赋值和使用

枚举类型在使用中有以下规定。

① 枚举值是常量,不是变量,不能在程序中用赋值语句再对它赋值。

② 枚举元素本身由系统定义了一个表示序号的数值,从 0 开始顺序定义为 0,1,2,…

例如,在 weekday 中,sunday 值为 0,monday 值为 1,……saturday 值为 6。只能把枚举值赋予枚举变量,不能把元素的数值直接赋予枚举变量。如一定要把数值赋予枚举变量,则必须用强制类型转换。例如:

w1 = (enum weekday)2;

其意义是将顺序号为 2 的枚举元素赋予枚举变量 w1,相当于"w1＝ tuesday;"。

枚举元素不是字符常量,也不是字符串常量,使用时不要加单引号或双引号。

1.4　C 语言的常量与变量

变量和常量是程序处理的两种基本数据,声明语句说明变量的名称及类型,也可以指定变量的初值。

对于基本数据类型量,按其值是否可变,又分为常量和变量两种。在程序执行过程中,其值不发生改变的量称为常量,其值可变的量称为变量。它们可与数据类型结合起来分类,例如,可分为整型常量、整型变量、浮点常量、浮点变量、字符常量、字符变量。

1. 常量

在程序执行过程中,其值不能被改变的量称为常量,C 语言中使用的常量可分为数字常量、字符常量、字符串常量、转义字符、符号常量等多种。

（1）数字常量

数字常量的字面值本身即为常量,直接常量可分为整数、长整数、无符号数和浮点数。例如整型常量:12,0,－3;实型常量:4.6,－1.23。长整型常量的后缀为 L 或 l,无符号数常量的后缀为 U 或 u。由于实型常数不分单、双精度,都按双精度 double 型处理。如果指定为 float 型,则必须添加 F 或 f 后缀。

（2）字符常量与字符串常量

字符常量由单引号括起来的单个字符,例如:'a'、'b'。

字符串常量是由一对双引号括起的字符序列。例如:"CHINA"、"good"、"＄12.5"等都是合法的字符串。

注意:字符串和字符不同,它们之间主要有以下区别。

① 字符常量由单引号括起来,字符串由双引号括起来。

② 字符常量只能是单个字符,字符串则可以含一个或多个字符。

③ 可以把一个字符型数据赋予一个字符变量,但不能把一个字符串赋予一个字符变量。在 C 语言中没有相应的字符串变量,也就是说不存在这样的关键字,将一个变量声明为字符串。但是可以用一个字符数组来存放一个字符串,这将在单元 4 中予以介绍。

④ 字符占一个字节的内存空间。字符串占的内存字节数等于字符串中字符数加 1。增

加的一个字节中存放字符"\0"（ASCII 码为 0），这是字符串结束的标识。

例如，字符串"good"在内存中所占的字节为： | g | o | o | d | \0 |

字符'a'和字符串"a"虽然都只有一个字符，但在内存中的情况是不同的。

'a'在内存中占一个字节，可表示为： | a |

"a"在内存中占二个字节，可表示为： | a | \0 |

（3）转义字符

转义字符是一种特殊的字符，转义字符以反斜线"\"开头，后跟一个或几个字符。转义字符具有特定的含义，不同于字符原有的意义，故称为"转义"字符。例如，printf 函数的格式串中经常用到的"\n"就是一个转义字符，其含义是"回车换行"。转义字符主要用来表示那些用一般字符不便于表示的控制代码，转义字符详见附录 D 所示。

广义地讲，C 语言字符集中的任何一个字符均可用转义字符来表示，\ddd 和 \xhh 正是为此而提出的。ddd 和 hh 分别为八进制和十六进制的 ASCII 代码。例如\101 表示字母 A，\102 表示字母 B，\134 表示反斜线，\x0A 表示换行等。

（4）符号常量

符号常量使用标识符代表一个常量，C 语言中可以用一个标识符来表示一个常量，称为符号常量。符号常量与变量不同，它的值在其作用域内不能改变，也不能再被赋值。使用符号常量的好处是：含义清楚；能做到"一改全改"。

符号常量在使用之前必须先定义，其一般形式为：

#define 标识符 常量

其中#define 也是一条预处理命令（预处理命令都以"#"开头），称为宏定义命令，其功能是把该标识符定义为其后的常量值。一经定义，以后在程序中所有出现该标识符的地方均代之以该常量值。习惯上符号常量的标识符用大写字母，变量标识符用小写字母，以示区别。

2. 变量

变量由编程者自己命名，用来保存特定类型的数据，存储的数据可以被改变。数据类型有整数、浮点数、字符等。一个变量应该有一个名称，在内存中占据一定的存储单元。变量定义必须放在变量使用之前。一般放在函数体的开头部分。

变量值是指变量所占用的内存空间所存储的数据。变量名与变量值是两个不同的概念，变量名实际上是一个符号地址，在程序中从变量中取值，实际上是通过变量名找到相应的内存地址，从其存储单元中读取数据。如图 1-6 所示，地址值相当于宾馆会议室的编号，变量名相当于简称，变量值相当于参加会议的人。

图 1-6 变量名、变量值与地址值示意图

变量定义的一般形式为：

类型说明符　变量名,变量名,……;

在书写变量定义时,应注意以下几点：

① 允许在一个类型说明符后定义多个相同类型的变量,各变量名之间用逗号间隔。类型说明符与变量名之间至少用一个空格间隔。

② 最后一个变量名之后必须以";"号结尾。

③ 变量定义必须放在变量使用之前,一般放在函数体的开头部分。

(1) 整型变量

整型变量可分为整型变量、无符号整型变量、长整型变量等类型,整型变量的定义示例如下：

```
unsigned p,q;              /* p,q 为无符号整型变量 */
int a,b,c;                 /* a,b,c 为整型变量 */
long x,y;                  /* x,y 为长整型变量 */
```

(2) 实型变量

实型变量分为单精度(float 型)、双精度(double 型)和长双精度(long double 型)三类。在 VC 6.0 中,单精度型占 4 个字节(32 位)内存空间,只能提供 7 位有效数字;双精度型占 8 个字节(64 位)内存空间,可提供 16 位有效数字。

实型变量定义的格式和书写规则与整型相同。例如：

```
float x,y;                 /* x、y 为单精度实型量 */
double a,b,c;              /* a、b、c 为双精度实型量 */
```

由于实数是由有限的存储单元组成的,因此能提供的有效数字总是有限的,通常实数会存在舍入误差。如下例所示。

```
# include < stdio. h >
main(){
    float a;
    double b;
    a = 12345.67891;
    b = 12345.12345678912345;
    printf("a = % f\nb = % f\n",a,b);
    return 0;
}
```

由于 a 是单精度浮点型,有效位数只有 7 位,而整数已占 5 位,故小数 2 位后之后均为无效数字。b 是双精度型,有效位为 16 位。但 VC 6.0 规定小数后最多保留 6 位,其余部分四舍五入。

注意：实型常数不分单、双精度,都按双精度 double 型处理。如果指定为 float 型,则必须添加 F 或 f 后缀。

(3) 字符变量

字符变量的类型说明符是 char,字符变量类型定义的格式和书写规则都与整型变量相同。例如：

```
char a,b;
```

每个字符变量被分配一个字节的内存空间,因此只能存放一个字符。字符值是以 ASCII 码的形式存放在变量的内存单元之中的。例如 x 的十进制 ASCII 码是 120,y 的十进制 ASCII 码是 121。对字符变量 a、b 赋予'x'和'y'值:

```
a = 'x';
b = 'y';
```

实际上是在 a、b 两个单元内存放 120 和 121 的二进制代码。

a: | 0 | 1 | 1 | 1 | 1 | 0 | 0 | 0 |

b: | 0 | 1 | 1 | 1 | 1 | 0 | 0 | 1 |

所以也可以把它们看成是整型量。C 语言允许对整型变量赋以字符值,也允许对字符变量赋以整型值。在输出时,允许把字符变量按整型量输出,也允许把整型量按字符量输出。整型量为二字节量,字符量为单字节量,当整型量按字符型量处理时,只有低八位字节参与处理。

例如:向字符变量赋以整数的代码如下。

```
# include < stdio. h >
main(){
    char a,b;
    a = 120;
    b = 121;
    printf(" % c, % c\n",a,b);
    printf(" % d, % d\n",a,b);
}
```

本程序中定义 a、b 为字符型,但在赋值语句中赋以整型值。从结果看,a、b 值的输出形式取决于 printf 函数格式串中的格式符,当格式符为 c 时,对应输出的变量值为字符,当格式符为 d 时,对应输出的变量值为整数。

小写字母转换成大写字母的 C 语言程序如下:

```
# include < stdio. h >
main(){
    char a,b;
    a = 'a';
    b = 'b';
    a = a - 32;
    b = b - 32;
    printf(" % c, % c\n % d, % d\n",a,b,a,b);
}
```

本例中,a、b 被说明为字符变量并赋予字符值,C 语言允许字符变量参与数值运算,即用字符的 ASCII 码参与运算。由于大小写字母的 ASCII 码相差 32,因此运算后把小写字母换成大写字母,然后分别以整型和字符型输出。

3. 变量的赋值

变量可以先定义再赋值,也可以在定义的同时进行赋值;在定义变量的同时赋初值称为初始化。

在变量定义中赋初值的一般形式为:

类型说明符　变量 1 = 值 1, 变量 2 = 值 2, …;

例如:

```
int a = 3;
int b, c = 5;
float x = 3.2, y = 3.0, z = 0.75;
char ch1 = 'K', ch2 = 'P';
```

注意:在定义中不允许连续赋值,如 a = b = c = 5 是不合法的。

接下来看一个变量初始化的实例,代码如下。

```
#include<stdio.h>
main(){
    int a = 3, b, c = 5;
    b = a + c;
    printf("a = %d, b = %d, c = %d\n", a, b, c);
}
```

1.5　C 语言的数据类型转换

变量的数据类型是可以转换的,转换的方法有两种:自动转换和强制转换。

1. 数据类型的自动转换

自动转换发生在不同类型数据的混合运算中,由编译系统自动实现转换,由少字节类型向多字节类型转换。不同类型的量相互赋值时也由系统自动进行转换,把赋值号右边的类型转换为左边的类型。

自动转换遵循以下规则:

(1) 若参与运算量的类型不同,则先转换成同一类型,然后进行运算。

(2) 转换按数据长度增加的方向进行,以保证精度不降低。例如 int 型和 long 型运算时,先把 int 量转换成 long 型后再进行运算。

(3) 所有的浮点运算都是以双精度进行的,即使仅含 float 单精度量运算的表达式,也要先转换成 double 型,再作运算。

(4) char 型和 short 型参与运算时,必须先转换成 int 型。

(5) 在赋值运算中,赋值号两边量的数据类型不同时,赋值号右边量的类型将转换为左边量的类型。如果右边量的数据类型长度比左边长时,将丢失一部分数据,这样会降低精度,丢失的部分按四舍五入向前舍入。

类型自动转换的规则如下:

char | short→int→unsigned→long→double

自动数据类型转换示例代码如下:

```
#include<stdio.h>
main(){
    float PI = 3.14159;
    int s,r = 5;
    s = r * r * PI;
    printf("s = % d\n",s);
}
```

本程序中,PI 为实型,s、r 为整型。在执行 s=r*r*PI 语句时,r 和 PI 都转换成 double 型计算,结果也为 double 型。但由于 s 为整型,故赋值结果仍为整型,舍去了小数部分。

2. 强制类型转换

强制类型转换是通过类型转换运算来实现的,其一般形式为:

(类型说明符)(表达式)

其功能是把表达式的运算结果强制转换成类型说明符所表示的类型。

例如:

```
(float)x;                    /* 把 x 转换为实型 */
(int)(x + y);                /* 把 x + y 的结果转换为整型 */
```

在使用强制转换时应注意以下问题:

① 类型说明符和表达式都必须加括号(单个变量可以不加括号),例如把(int)(x+y)写成(int)x+y,则成了把 x 转换成 int 型之后再与 y 相加了。

② 无论是强制转换还是自动转换,都只是为了本次运算的需要而对变量的数据长度进行的临时性转换,而不改变数据说明时对该变量定义的类型。

1.6 C 语言的运算符

C 语言中包含了丰富的运算符,运算符与变量、函数一起组成表达式,表示各种运算功能。运算符由一个或多个字符组成,例如加号(+)、减号(−)、乘号(*)等。

运算符不仅具有不同的优先级,还有不同的结合性。在表达式中,各运算量参与运算的先后顺序不仅要遵守运算符优先级别的规定,还要受运算符结合性的制约,以便确定是自左向右进行运算还是自右向左进行运算。

C 语言运算符的类型如表 1-13 所示。

表 1-13 C 语言运算符的类型

运算符类型	说　　明
算术运算符	用于各类数值运算,包括加(+)、减(−)、乘(*)、除(/)、求余%(或称模运算)、自增(++)、自减(−−)共 7 种
关系运算符	用于比较运算,包括大于(>)、小于(<)、等于(==)、大于等于(>=)、小于等于(<=)和不等于(!=)共 6 种
逻辑运算符	用于逻辑运算,包括与(&&)、或(||)、非(!)3 种
赋值运算符	用于赋值运算,分为简单赋值(=)、复合算术赋值(+=,−=,*=,/=,%=)和复合位运算赋值(&=,|=,^=,>>=,<<=)三类共 11 种

运算符类型	说　明
条件运算符	条件运算符"?:"是一个三目运算符,用于条件求值
逗号运算符	用于把若干表达式组合成一个表达式(,)
指针运算符	用于取内容(＊)和取地址(&)两种运算
位操作运算符	参与运算的量,按二进制位进行运算,包括位与(&)、位或(|)、位非(～)、位异或(ˆ)、左移(<<)、右移(>>)6 种
求字节数运算符	用于计算数据类型所占的字节数(sizeof)
特殊运算符	有括号()、下标运算符[]、成员运算符(—>和.)等几种

　　本单元重点介绍算术运算符、赋值运算符和逗号运算符,关系运算符、逻辑运算符、条件运算符、指针运算符、求字节数运算符、位操作运算符以及特殊运算符将以后各个单元予以介绍。C 语言的运算符的优先级与结合性详见附录 B。

1. C 语言的算术运算符

　　C 语言的基本算数运算符如表 1-14 所示。

表 1-14　C 语言的基本算数运算符

运算符名称	符号	使用说明
加法运算符	＋	双目运算符,即应有两个量参与加法运算。例如 a＋b、4＋8 等,具有右结合性
减法运算符	—	双目运算符,但"—"也可作负值运算符,此时为单目运算,如—x、—5 等具有左结合性
乘法运算符	＊	双目运算符,具有左结合性
除法运算符	/	双目运算符,具有左结合性。参与运算量均为整型时,结果也为整型,舍去小数。如果运算量中有一个是实型,则结果为双精度实型,例如 20/7、—20/7 的结果均为整型,小数全部舍去。而 20.0/7 和—20.0/7 由于有实数参与运算,因此结果也为实型
求余运算符 (模运算符)	％	双目运算符,具有左结合性。要求参与运算的量均为整型,不能应用于 float 或 double 类型。求余运算的结果等于两数相除后的余数,整除时结果为 0。例如 100 除以 3 所得的余数为 1

　　双目运算符＋和—具有相同的优先级,它们的优先级比运算符 ＊ 、/和％的优先级低,而运算符 ＊ 、/和％的优先级又比单目运算符＋(正号)和—(负号)的优先级低。

2. 自增、自减运算符

　　自增 1 运算符记为"＋＋",其功能是使变量的值自动增 1;自减 1 运算符记为"——",其功能是使变量值自动减 1。自增 1、自减 1 运算符均为单目运算,都具有右结合性。可有以下几种形式。

- ＋＋i:i 自增 1 后再参与其他运算。
- ——i:i 自减 1 后再参与其他运算。
- i＋＋:i 参与运算后,i 的值再自增 1。
- i——:i 参与运算后,i 的值再自减 1。

　　在理解和使用上容易出错的是 i＋＋和 i——,特别是当它们出在较复杂的表达式或语句中时常常难于弄清,因此应仔细分析。

分析表 1-15 所示的实例代码。

表 1-15　应用自增、自减运算符的实例代码

序号	代　　　码
01	# include < stdio. h>
02	main(){
03	int i = 8;
04	printf(" % d\n",++i);
05	printf(" % d\n",--i);
06	printf(" % d\n",i++);
07	printf(" % d\n",i--);
08	printf(" % d\n",-i++);
09	printf(" % d\n",-i--);
10	}

i 的初值为 8,第 4 行 i 加 1 后输出为 9;第 5 行 i 减 1 后输出为 8;第 6 行输出为 8(即显示为 8)之后 i 再加 1(i 变为 9);第 7 行输出为 9(即显示为 9)之后 i 再减 1(i 变为 8);第 8 行输出−8(即显示为−8)之后 i 值再增 1(i 为 9);第 9 行输出−9(即显示为−9)之后 i 值再减 1(i 为 8),经多步计算后 i 的最终结果为 8。

提示:"＋＋"(自增)和"－－"(自减)运算只与变量本身的值有关,与其前面的加(＋)、减(−)运算符无关。

3. C 语言的简单赋值运算符

简单赋值运算符记为"＝",由"＝"连接的式子称为赋值表达式。其一般形式为:

变量 = 表达式

赋值表达式的功能是计算表达式的值再赋予左边的变量,赋值运算符具有右结合性,因此 a＝b＝c＝5 可理解为 a＝(b＝(c＝5))。

在 C 语言中,把"＝"定义为运算符,从而组成赋值表达式。凡是表达式可以出现的地方均可出现赋值表达式。

例如:表达式 x＝(a＝5)＋(b＝8)是合法的。它的意义是把 5 赋予 a,8 赋予 b,再把 a、b 相加,和赋予 x,故 x 应等于 13。

在 C 语言中也可以组成赋值语句,按照 C 语言规定,任何表达式在其末尾加上分号就构成为语句,因此如"x＝8;"、"a＝b＝c＝5;"都是赋值语句。

如果赋值运算符两边的数据类型不相同,系统将自动进行类型转换,即把赋值号右边的类型换成左边的类型。具体规定如下:

① 实型赋予整型,舍去小数部分。

② 整型赋予实型,数值不变,但将以浮点形式存放,即增加小数部分(小数部分的值为 0)。

③ 字符型赋予整型,由于字符型为一个字节,而整型为二个字节,故将字符的 ASCII 码值放到整型量的低 8 位中,高 8 位为 0。整型赋予字符型,只把低 8 位赋予字符量。

分析以下代码：

```
# include <stdio.h>
int main(void){
    int a,c,b = 322;
    float x,y = 8.88;
    char c1 = 'k',c2;
    a = y;
    x = b;
    c = c1;
    c2 = b;
    printf("a = %d,x = %f,c = %d,c2 = %c \n",a,x,c,c2);
    return 0;
}
```

输出结果：

a = 8,x = 322.000000,c = 107,c2 = B

本例表明了上述赋值运算中类型转换的规则。a 为整型，被赋予实型量 y 值 8.88 后只取整数 8。x 为实型，被赋予整型量 b 值 322 后增加了小数部分。整型变量 c 被赋予字符型量"k"，其值为 107；字符型变量 c2 被赋予 b 变为整型，取其低八位成为字符型（b 的低八位为 01000010，即十进制 66，在 ASCII 码表中对应于字符 B）。

4. 复合的赋值运算符

在赋值符"="之前加上其他二目运算符可构成复合赋值符。例如＋＝、－＝、＊＝、/＝、%＝、<<＝、>>＝、&＝、^＝、|＝。

构成复合赋值表达式的一般形式为：

变量　双目运算符　表达式

它等效于：

变量 = 变量　运算符　表达式

例如：

a＋＝5 等价于 a＝a＋5

x＊＝y＋7 等价于 x＝x＊(y＋7)

r%＝p 等价于 r＝r%p

复合赋值符这种写法，初学者可能并不习惯，但十分有利于编译处理，能提高编译效率并产生质量较高的目标代码。

5. C 语言逗号运算符

在 C 语言中逗号","也是一种运算符，称为逗号运算符，其功能是把两个表达式连接起来组成一个表达式，称为逗号表达式。其一般形式为：

表达式 1,表达式 2

其求值过程是分别求两个表达式的值，并以表达式 2 的值作为整个逗号表达式的值。

逗号运算符实例代码如下：

```
# include < stdio. h>
main(){
    int a = 2,b = 4,c = 6,x,y;
    y = (x = a + b,b + c);
    printf("y = % d,x = % d \n",y,x);
}
```

运行结果如下：

y = 10,x = 6

本例中,y 等于整个逗号表达式的值,也就是表达式 2 的值,x 是第一个表达式的值。

说明：

① 逗号表达式一般形式中的表达式 1 和表达式 2 也可以是逗号表达式。例如：

表达式 1,(表达式 2,表达式 3)

形成了嵌套情形。因此可以把逗号表达式扩展为以下形式：

表达式 1,表达式 2,……,表达式 n

整个逗号表达式的值等于表达式 n 的值。

② 程序中使用逗号表达式,通常是要分别求逗号表达式内各表达式的值,并不一定要求整个逗号表达式的值。

③ 并不是在所有出现逗号的地方都组成逗号表达式,如在变量说明中,函数参数表中逗号只是用作各变量之间的分隔符。

6. C 语言运算符优先级和结合性

一般而言,单目运算符优先级较高,赋值运算符优先级低。算术运算符优先级较高,关系和逻辑运算符优先级较低。多数运算符具有左结合性,单目运算符、三目运算符、赋值运算符具有右结合性。C 语言运算符优先级和结合性具体说明见附录 B。

1.7　C 语言的表达式

C 语言的表达式是由运算符连接常量、变量、函数所组成的式子。每个表达式都有一个值和类型。表达式求值按运算符的优先级和结合性所规定的顺序进行。单个的常量、变量、函数可以看作是表达式的特例。

优先级是指当一个表达式中如果有多个运算符时,则计算是有先后次序的,这种计算的先后次序为相应运算符的优先级。结合性是指当一个运算对象两侧的运算符的优先级相同时进行运算(处理)的结合方向。按"从右向左"的顺序运算称为右结合性,按"从左向右"的顺序运算称为左结合性。

C 表达式通常分为如下几类。

① 算术表达式：含有算术运算符＋＋、－－、＋、－、＊、/、％、()、自加运算符、自减运算符及数学函数的表达式。

② 关系表达式：含有＞、＞＝、＜、＜＝、＝＝、!＝的表达式。

③ 逻辑表达式：含有‖、&&、! 的表达式。

④ 其他表达式：如逗号表达式、条件表达式等。

编写程序时,需要熟练地将数学算式转换为 C 语言程序的表达式,应注意以下几点：

① 数学函数必须用对应的 C 函数表示,且三角函数要求自变量为弧度。

② 适当地添补乘号"＊"。如 2xy 应写成：2＊x＊y。

③ 分子分母是表达式时均须加括号。

④ 表达式内只能使用圆括号()配套以表明运算顺序,不能使用方括号[]或花括号{}。如[x＊(y+2)]+2 不是合法的 C 语言表达式,正确的 C 语言表达式为(x＊(y+2))+2。

⑤ 表达式中只能使用 C 语言允许的字符集,例如 sin(β)不是 C 语言合法的表达式。

1.8 C 语言的语句

C 语言程序的执行部分是由语句组成的,程序的功能也是由执行语句实现的。C 语言程序每一条语句都必须以分号";"结束。但预处理命令、函数头 main、花括号"{"和"}"之后不能加分号。

1. C 语言语句的主要类型

C 语句可分为以下五类：表达式语句、函数调用语句、控制语句、复合语句和空语句。

（1）表达式语句

表达式语句由表达式加上分号";"组成。其一般形式为：

表达式;

执行表达式语句就是计算表达式的值。

例如：

```
x = y + z;              /＊赋值语句＊/
y + z;                  /＊加法运算语句,但计算结果不能保留,无实际意义＊/
i++;                    /＊自增 1 语句,i 值增 1＊/
```

（2）函数调用语句

由函数名、实际参数加上分号";"组成。其一般形式为：

函数名(实际参数表);

执行函数语句就是调用函数体并把实际参数赋予函数定义中的形式参数,然后执行被调函数体中的语句、求取函数值(在后面函数中再详细介绍)。

例如：

```
printf("Please input a number!\n ");    /＊调用库函数,输出字符串＊/
```

（3）控制语句

控制语句用于控制程序的流程,以实现程序的各种结构方式。它们由特定的语句定义符组成。C 语言有 9 种控制语句。可分成以下三类。

① 条件判断语句：if 语句、switch 语句。

② 循环执行语句：for 语句、while 语句、do while 语句。

③ 转向语句：break 语句、continue 语句、return 语句、goto 语句。

（4）复合语句

把多个语句用大括号{}括起来组成的一条语句称复合语句,在程序中应把复合语句看成是单条语句,而不是多条语句。复合语句内的各条语句都必须以分号“;”结尾,在括号“}”外不能加分号。

（5）空语句

只有分号“;”组成的语句称为空语句,空语句是什么也不执行的语句。在程序中空语句可用来作空循环体。

例如:

```
while(getchar()! = '\n');
```

该语句的功能是,只要从键盘输入的字符不是回车则重新输入。这里的循环体为空语句。

2. C 语言的赋值语句

赋值语句是由赋值表达式再加上分号“;”构成的表达式语句。其一般形式为:

变量 = 表达式;

赋值语句的功能和特点都与赋值表达式相同,它是程序中使用最多的语句之一。

在赋值语句的使用中需要注意以下几点。

① 由于在赋值符“＝”右边的表达式也可以又是一个赋值表达式。因此,下述形式是成立的,从而形成嵌套的情形。

变量 1 = (变量 2 = 表达式);

其展开之后的一般形式为:

变量 1 = 变量 2 = … = 表达式;

例如:

a = b = c = 3;

按照赋值运算符的右接合性,因此实际上等效于:

c = 3; b = c; a = b;

② 注意在变量说明中给变量赋初值和赋值语句的区别。

给变量赋初值是变量说明的一部分,赋初值后的变量与其后的其他同类变量之间仍必须用逗号间隔,而赋值语句则必须用分号结尾。例如:

int a = 5,b,c;

③ 在变量说明中,不允许连续给多个变量赋初值。如下述说明是错误的:

int a = b = c = 5;

必须写为:

int a = 5,b = 5,c = 5;

而赋值语句允许连续赋值。

④ 注意赋值表达式和赋值语句的区别。

赋值表达式是一种表达式,它可以出现在任何允许表达式出现的地方,而赋值语句则不能。下述语句是合法的:

```
if((x = y + 5)>0) z = x;
```

该语句的功能是,若表达式 x＝y+5 大于 0,则 z＝x。

下述语句是非法的:

```
if((x = y + 5;)>0) z = x;
```

因为 x＝y+5 是语句,不能出现在表达式中。

3. C语言的输入/输出语句

所谓输入/输出是以计算机为主体而言的,这里所说的输出语句是向标准输出设备显示器输出数据的语句。C语言中,所有的数据输入/输出都是由库函数完成的,因此都是函数语句。

在使用 C 语言库函数时,要用预处理命令♯include,将相应的"头文件"包括到源文件中。使用标准输入/输出库函数时要用到"stdio. h"文件,因此源文件开头应有以下预处理命令: ♯include<stdio. h>或♯include "stdio. h",stdio 是 standard input&outupt 的意思。考虑到 printf 和 scanf 函数使用频繁,系统允许在使用这两个函数时可省略预处理命令♯include<stdio. h>或♯include "stdio. h"。

C 语言的 scanf 和 printf 这两个函数分别称为格式输入函数和格式输出函数,其意义是按指定的格式输入、输出值。这两个函数括号中的参数都由以下两部分组成。

(1) 格式控制串:格式控制串是一个字符串,必须位于双引号中,它表示了输入/输出量的数据类型。

printf 函数中可以在格式控制串内出现非格式控制字符,这时在显示屏幕上会显示源字符串。scanf 函数中也可以在格式控制串内出现非格式控制符,这时会将输入的数据以该字符为分隔。各种类型的格式表示方式如附录 G 所示。

(2) 参数表:参数表中给出了输入或输出的变量,当有多个变量时,用半角逗号","分隔。

以下输出语句调用了输出函数 printf(),该输出函数 printf() 负责把程序运算的结果输出到屏幕上。

```
printf("The perimeter of the square is 20");
```

1.9　C语言的预处理指令(命令)

在前面的各个 C 语言程序中,已多次使用过以"♯"号开头的预处理命令,例如包含命令♯include、宏定义命令♯define 等。在源程序中这些命令都放在函数之外,而且一般都放在源文件的前面,它们称为预处理部分。

所谓预处理是指在进行编译的第一遍扫描(词法扫描和语法分析)之前所做的工作。预处理是 C 语言的一个重要功能,它由预处理程序负责完成。当对一个源文件进行编译时,系统将自动引用预处理程序对源程序中的预处理部分作处理,处理完毕自动进入对源程序的编译。

C 语言提供了多种预处理功能,例如文件包含、宏定义、条件编译等,合理地使用预处理功能编写的程序便于阅读、修改、移植和调试,也有利于模块化程序设计。

1. C 语言的文件包含命令

文件包含是 C 预处理程序的另一个重要功能,文件包含命令行的一般形式为:

```
# include "文件名"
```

在前面的 C 语言程序中,我们已多次用此命令包含库函数的头文件。例如:

```
# include "stdio.h"
# include "math.h"
```

文件包含命令的功能是把指定的文件插入该命令行位置取代该命令行,从而把指定的文件和当前的源程序文件连成一个源文件。

在程序设计中,文件包含是很有用的。一个大的程序可以分为多个模块,由多个程序员分别编程。有些公用的符号常量、宏定义、库函数的声明和结构定义等可单独放在一个文件,在其他文件的开头使用包含命令包含该文件即可使用。这样,可避免在每个文件开头都去书写那些公用量,简化了程序的书写,从而节省时间,并减少出错。

对文件包含命令还要说明以下几点。

① 包含命令中的文件名可以用双引号括起来,也可以用尖括号括起来。例如以下写法都是允许的:

```
# include "stdio.h"
# include < math.h >
```

但是这两种形式是有区别的:

使用尖括号表示在包含文件文件夹中去查找(包含文件的文件夹是由编程者在设置环境时设置的),而不在源文件文件夹去查找。

使用双引号则表示首先在当前的源文件的文件夹中查找,若未找到才到包含文件的文件夹中去查找。用户编程时可根据自己文件所在的目录来选择某一种命令形式。

② 一个 include 命令只能指定一个被包含文件,若有多个文件要包含,则需用多个 include 命令。

③ 文件包含允许嵌套,即在一个被包含的文件中又可以包含另一个文件。

2. C 语言的无参数宏定义

在 C 语言源程序中允许用一个标识符来表示一个字符串,称为“宏”。被定义为“宏”的标识符称为“宏名”。在编译预处理时,对程序中所有出现的“宏名”,都用宏定义中的字符串去代换,这称为“宏代换”或“宏展开”。

宏定义是由源程序中的宏定义命令完成的,宏代换是由预处理程序自动完成的。在 C 语言中,“宏”分为有参数和无参数两种。

无参宏的宏名后不带参数。其定义的一般形式为:

```
#define　标识符　字符串
```

其中的“#”表示这是一条预处理命令,凡是以“#”开头的均为预处理命令。define 为宏定义命令,“标识符”为所定义的宏名,“字符串”可以是常数、表达式、格式串等。

在前面介绍过的符号常量的定义就是一种无参宏定义。此外,常对程序中反复使用的表达式进行宏定义。例如：

```
#define M (y*y+3*y)
```

它的作用是指定标识符 M 来代替表达式(y*y+3*y)。在编写源程序时,所有的(y*y+3*y)都可由 M 代替,而对源程序作编译时,将先由预处理程序进行宏代换,即用(y*y+3*y)表达式去置换所有的宏名 M,然后再进行编译。

对于宏定义还要说明以下几点。

① 宏定义是用宏名来表示一个字符串,在宏展开时又以该字符串取代宏名,这只是一种简单的代换,字符串中可以含任何字符,可以是常数,也可以是表达式,预处理程序对它不作任何检查。如有错误,只能在编译已被宏展开后的源程序时发现。

② 宏定义不是说明或语句,在行末不必加分号,如加上分号则连分号也一起置换。

③ 宏定义必须写在函数之外,其作用域为宏定义命令起到源程序结束。如要终止其作用域可使用 #undef 命令。

例如：

```
#define PI 3.14159
main(){
                        /* … */
}
undef PI
f1(){
                        /* … */
}
```

表示 PI 只在 main 函数中有效,在 f1 中无效。

④ 宏名在源程序中若用引号括起来,则预处理程序不对其作宏代换。

例如：

```
# include <stdio.h>
#define K 100
int main(void){
    printf("K");
    printf("\n");
    return 0;
}
```

上例中定义宏名 K 表示 100,但在 printf 语句中 K 被引号括起来,因此不作宏代换。程序的运行结果为: K 这表示把"K"当字符串处理。

⑤ 宏定义允许嵌套,在宏定义的字符串中可以使用已经定义的宏名,在宏展开时由预处理程序层层代换。

例如：

```
#define PI 3.1415926
#define S PI*y*y        /* PI 是已定义的宏名 */
```

对于以下语句：

```
printf("%f",S);
```

宏代换后变为

```
printf("%f",3.1415926*y*y);
```

⑥ 习惯上宏名用大写字母表示,以便于与变量区别。但也允许用小写字母。
⑦ 可用宏定义表示数据类型,使书写方便。

例如:对于以下宏定义:

```
#define STU struct stu
#define INTEGER int
```

在程序中可用 STU 作变量说明

```
STU body[5], * p;
```

在程序中即可用 INTEGER 作整型变量说明

```
INTEGER a,b;
```

应注意用宏定义表示数据类型和用 typedef 定义数据说明符的区别。宏定义只是简单的字符串代换,是在预处理中完成的,而 typedef 是在编译时处理的,它不是作简单的代换,而是对类型说明符重新命名。被命名的标识符具有类型定义说明的功能。

例如:

```
#define PIN1 int *
typedef (int *) PIN2;
```

从形式上看这两者相似,但在实际使用中却不相同。

3. C 语言的带参数宏定义

C 语言允许宏带有参数,在宏定义中的参数称为形式参数,在宏调用中的参数称为实际参数。对带参数的宏,在调用中,不仅要宏展开,而且要用实参去代换形参。

带参宏定义的一般形式为:

```
#define 宏名(形参表) 字符串
```

在字符串中含有各个形参。

带参宏调用的一般形式为:

```
宏名(实参表);
```

例如:

```
#define M(y) y*y+3*y  /* 宏定义 */
/* … */
k = M(5);                  /* 宏调用 */
```

在宏调用时,用实参 5 去代替形参 y,经预处理宏展开后的语句为:

```
k = 5*5+3*5
```

1.10　C 语言的函数

C 源程序是由函数组成的,函数是 C 源程序的基本模块,通过对函数的调用实现特定的功能。C 语言不仅提供了丰富的库函数,还允许编程者建立自己定义的函数。编程者可以把自己的算法编成一个个相对独立的函数模块,然后用调用该函数。由于采用了函数模块式的结构,C 语言易于实现结构化程序设计,使程序的层次结构清晰,便于程序的编写、阅读和调试。

1. C 语言中函数的分类

在 C 语言中可以从不同的角度对函数分类。

(1) 从函数定义的角度看,可把函数可分为库函数和用户自定义函数两种。

库函数由系统提供,用户无须定义,也不必在程序中进行函数说明,只需在程序前包含有该函数原型的头文件即可在程序中直接调用。本单元各个实例中经常用到的 printf、scanf 函数均属此类。

用户自定义函数由用户按需要写的函数。对于用户自定义函数,不仅要在程序中定义函数本身,而且在主调函数模块中还必须对该被调函数进行类型说明,然后才能使用。

(2) 从函数有无返回值的角度看,可把函数分为有返回值函数和无返回值函数两种。

有返回值函数被调用执行完后将向调用者返回一个执行结果,称为函数返回值。如数学函数即属于此类函数。由用户定义的这种要返回函数值的函数,必须在函数定义和函数说明中明确返回值的类型。

无返回值函数用于完成某项特定的处理任务,执行完成后不向调用者返回函数值。这类函数类似于其他程序设计语言的"过程"。由于函数无须返回值,用户在定义此类函数时可指定它的返回为"空类型",空类型的说明符为 void。

(3) 从主调函数和被调函数之间数据传送的角度看又可分为无参函数和有参函数两种。

无参函数是指函数定义、函数说明及函数调用中均不带参数。主调函数和被调函数之间不进行参数传送。此类函数通常用来完成一组指定的功能,可以返回或不返回函数值。

有参函数也称为带参函数,在函数定义及函数说明时都有参数,称为形式参数(简称为形参)。在函数调用时也必须给出参数,称为实际参数(简称为实参)。进行函数调用时,主调函数将把实参的值传送给形参,供被调用函数使用。

2. 库函数

库函数一般是指编译器提供的可在 C 源程序中调用的函数。可分为两类,一类是 C 语言标准规定的库函数,一类是编译器特定的库函数。由于 C 语言的语句中没有提供直接计算 sin 或 cos 函数的语句,会造成编写程序困难;但是函数库提供了 sin 和 cos 函数,可以拿来直接调用。显示一段文字,我们在 C 语言中找不到显示语句,只能使用库函数 printf。调用库函数时,只需将库函数所在的头文件的文件名用 #include<> 加到程序的开始位置即可(尖括号内填写文件名),例如 #include <math.h>。

库函数并不是 C 语言本身的一部分,它是由编译程序根据一般用户的需要,编制并提供用户使用的一组程序。C 的库函数极大地方便了用户,同时也补充了 C 语言本身的不足。在编写 C 语言程序时,使用库函数,既可以提高程序的运行效率,又可以提高编程的质量。

　　C 的库函数从功能角度主要分为输入/输出函数、数学函数、转换函数、字符串函数、日期和时间函数、字符类型分类函数、图形函数、内存管理函数、进程控制函数、目录路径函数、接口函数、诊断函数以及其他函数等。C 语言常用库函数的使用方法详见附录 F。

　　还应该指出的是,C 语言中,所有的函数定义(包括主函数 main 在内)都是平行的。也就是说,在一个函数的函数体内,不能再定义另一个函数,即不能嵌套定义。但是函数之间允许相互调用,也允许嵌套调用。习惯上把调用者称为主调函数。函数还可以自己调用自己,称为递归调用。

　　main 函数是主函数,它可以调用其他函数,而不允许被其他函数调用。因此,C 语言程序的执行总是从 main 函数开始,完成对其他函数的调用后再返回到 main 函数,最后由 main 函数结束整个程序。一个 C 源程序必须有,也只能有一个主函数 main。

3. C 语言函数的定义

　　(1) 无参函数的定义

　　无参函数定义的一般形式如下:

```
类型标识符 函数名(){
    声明部分
    语句
}
```

　　其中类型标识符和函数名称为函数头,类型标识符指明了本函数的类型,函数的类型实际上是函数返回值的类型。函数名是由用户定义的标识符,函数名后有一个空括号,其中无参数,但括号不可少。

　　{}中的内容称为函数体,在函数体中声明部分,是对函数体内部所用到变量的类型说明。在很多情况下都不要求无参函数有返回值,此时函数类型符可以写为 void。

　　(2) 有参函数的定义

　　有参函数定义的一般形式如下:

```
类型标识符 函数名(形式参数表列){
    声明部分
    语句
}
```

　　有参函数比无参函数多了一项内容,即形式参数表列。在形参表中给出的参数称为形式参数,它们可以是各种类型的变量,各参数之间用逗号间隔。在进行函数调用时,主调函数将赋予这些形式参数实际的值。形参既然是变量,必须在形参表中给出形参的类型说明。

　　例如,定义一个函数,用于求两个数中的较大数,函数定义代码如下:

```
int max(int a, int b){
    if (a > b) return a;
    else return b;
}
```

　　第一行说明 max 函数是一个整型函数,其返回的函数值是一个整数。形参 a、b 均为整型量,a、b 的具体值是由主调函数在调用时传送过来的。在{}中的函数体内,除形参外没有使用其他变量,因此只有语句而没有声明部分。在 max 函数体中的 return 语句是把 a(或

b)的值作为函数的值返回给主调函数。有返回值函数中至少应有一个 return 语句。

C 语言程序中,一个函数的定义可以放在任意位置,既可放在主函数 main 之前,也可放在 main 之后。例如:可把 max 函数置于 main 之后,也可以把它放在 main 之前。

自定义函数的应用实例参见表 1-12(任务 1-8 中)。现在我们可以从函数定义、函数说明及函数调用的角度来分析整个程序,从而进一步了解函数的各种特点。

程序的第 2~7 行为 max 函数的定义。该程序运行时,进入主函数后,第 13 行的语句调用 max 函数,并把 a、b 中的值传送给 max 的形参 x、y。max 函数执行的结果(为 x 或 y)将返回给变量 z。最后由主函数输出 c 的值。

注意:对于表 1-12 中的程序,如果自定义函数 max 的定义位置位于主函数 main 之后,则必须在主函数 main 之前的位置先对 max 函数进行说明(函数说明语句为:int max(int x, int y);)。函数定义和函数说明并不是一回事,可以看出函数说明与函数定义中的函数头部分相同,但是末尾要加分号。

4. C 语言函数的参数和返回值

(1) 形式参数和实际参数

函数的参数分为形参和实参两种,形参出现在函数定义中,在整个函数体内都可以使用,离开该函数则不能使用。实参出现在主调函数中,进入被调函数后,实参变量也不能使用。形参和实参的功能是作数据传送,发生函数调用时,主调函数把实参的值传送给被调函数的形参,从而实现主调函数向被调函数的数据传送。

函数的形参和实参具有以下特点:

① 形参变量只有在被调用时才分配内存单元,在调用结束时,即刻释放所分配的内存单元。因此,形参只有在函数内部有效。函数调用结束返回主调函数后则不能再使用该形参变量。

② 实参可以是常量、变量、表达式、函数等,无论实参是何种类型的量,在进行函数调用时,它们都必须具有确定的值,以便把这些值传送给形参。因此应预先用赋值或通过键盘输入等方法使实参获得确定值。

③ 实参和形参在数量上、类型上、顺序上应严格一致,否则会发生"类型不匹配"的错误。

④ 函数调用中发生的数据传送是单向的。即只能把实参的值传送给形参,而不能把形参的值反向地传送给实参。

(2) 函数的返回值

函数的值(或称函数返回值)是指函数被调用之后,执行函数体中的程序段所取得的并返回给主调函数的值。例如调用正弦函数取得正弦值等。

对函数的值有以下一些说明。

① 函数的值只能通过 return 语句返回主调函数。return 语句的一般形式为:

return 表达式;

或者:

return (表达式);

该语句的功能是计算表达式的值,并返回给主调函数。在函数中允许有多个 return 语句,但每次调用只能有一个 return 语句被执行,因此只能返回一个函数值。

② 函数值的类型和函数定义中函数的类型应保持一致。如果两者不一致,则以函数类型为准,自动进行类型转换。

③ 如函数值为整型,在函数定义时可以省去类型说明。

④ 不返回函数值的函数,可以明确定义为"空类型",类型说明符为 void。定义形式如下所示。

```
void s(int n){
    /* … */
}
```

一旦函数被定义为空类型后,就不能在主调函数中使用被调函数的函数值了。例如,在定义 s 为空类型后,在主函数中使用语句"sum＝s(n);"就是错误的。

为了使程序有良好的可读性并减少出错,凡不要求返回值的函数都应定义为空类型。

5. C 语言函数的调用

在程序中是通过对函数的调用来执行函数体的,其过程与其他程序设计语言的子程序调用相似。

(1) C 语言函数的调用形式

C 语言中,函数调用的一般形式为:

函数名(实际参数表);

实际参数表中的参数可以是常数、变量或其他构造类型数据及表达式,各实参之间用逗号分隔。

C 语言中,可以用以下几种方式调用函数。

① 函数表达式

函数作为表达式中的一项出现在表达式中,以函数返回值参与表达式的运算,这种方式要求函数是有返回值的。例如:

z = max(x,y);

即是一个赋值表达式,把 max 的返回值赋予变量 z。

② 函数语句

函数调用的一般形式加上分号即构成函数语句。例如:

```
printf ("%d",a);
scanf ("%d",&b);
```

都是以函数语句的方式调用函数。

③ 函数实参

函数作为另一个函数调用的实际参数出现,这种情况是把该函数的返回值作为实参进行传送,因此要求该函数必须是有返回值的。例如:

printf("%d",max(x,y));

即是把 max 调用的返回值又作为 printf 函数的实参来使用的。

（2）被调用函数的声明和函数原型

在主调函数中调用某函数之前应对该被调函数进行说明（声明），这与使用变量之前要先进行变量说明是一样的。在主调函数中对被调函数作说明的目的是使编译系统知道被调函数返回值的类型，以便在主调函数中按此种类型对返回值作相应的处理。其一般形式为：

类型说明　符被调函数名(类型形参 1,类型形参 2,…);

例如：

int max(int a,int b);

或为如下形式：

类型说明符　被调函数名(类型,类型,…);

例如：

int max(int ,int);

括号内给出了形参的类型和形参名，或只给出形参类型。这便于编译系统进行检错，以防止可能出现的错误。

C 语言中又规定在以下几种情况时可以省去主调函数中对被调函数的函数说明。

① 如果被调函数的返回值是整型或字符型时，可以不对被调函数作说明，而直接调用。这时系统将自动对被调函数返回值按整型处理。

② 当被调函数的函数定义出现在主调函数之前时，在主调函数中也可以不对被调函数再作说明而直接调用。

③ 如在所有函数定义之前，在函数外预先说明了各个函数的类型，则在以后的各主调函数中可以不再对被调函数作说明。例如：

```
int max( int a,int b);
main(){
    / * … * /
}
int max( int a,int b){
    / * … * /
}
```

其中第 1 行对 max 函数预先作了说明，因此在以后各函数中无须对 max 函数再作说明就可直接调用。对库函数的调用不需要再作说明，但必须把该函数的头文件用 include 命令包含在源文件的头部。

小 试 牛 刀

任务 1-9　编写程序用 * 号输出字母 C 的图案

【任务描述】

编写 C 语言程序 c1_9.c,用 * 号输出字母 C 的图案。

【程序编码】

程序 c1_9.c 的参考代码如表 1-16 所示。

表 1-16　程序 c1_9.c 的参考代码

序号	代　　码
01	＃ include "stdio.h"
02	main()
03	{
04	printf("The output of C pattern \n");
05	printf(" **** \n");
06	printf(" * \n");
07	printf(" * \n");
08	printf(" **** \n");
09	}

程序 c1_9.c 中多次调用 printf() 函数，通过输出不同数量的"＊"字符，构成字母 C 的图案。使用 printf() 函数输出"＊"字符，由于"＊"字符是普通字符，会原样输出。还需要使用转义字符"\n"实现换行控制。

任务 1-10　编写程序实现摄氏温度和华氏温度之间的换算

【任务描述】

编写 C 语言程序 c1_10.c，实现摄氏温度和华氏温度之间的换算。

【程序编码】

程序 c1_10.c 的参考代码如表 1-17 所示。

表 1-17　程序 c1_10.c 的参考代码

序号	代　　码
01	＃ include＜stdio.h＞
02	void main(){
03	float c,f;　　　　　　　　　　　　　/＊定义两个浮点型变量＊/
04	printf("please input Celsius temperature:");
05	scanf("％f",&c);　　　　　　　　　　/＊输入摄氏温度＊/
06	f＝(9.0/5.0)＊c＋32;　　　　　　　/＊根据公式,求出华氏温度＊/
07	printf("Fahrenheit is ％5.2f\n",f);
08	}

摄氏温度和华氏温度之间的换算公式为：华氏温度＝9/5×摄氏温度＋32。考虑到 C 语言中两个整型数据相除，结果也为整型数据，也就是除法运算"9/5"的计算结果为 1，所以换算表达式应写成(9.0/5.0)＊c＋32。

任务 1-11　编写程序计算三角形的面积

【任务描述】

编写 C 语言程序 c1_11.c,利用海伦公式 $s=\sqrt{p(p-a)(p-b)(p-c)}$ 计算三角形的面积,其中 p 为半周长,$p=\dfrac{1}{2}(a+b+c)$。

【程序编码】

程序 c1_11.c 的参考代码如表 1-18 所示。

表 1-18　程序 c1_11.c 的代码

序号	代　　码
01	# include < stdio. h >
02	# include < math. h >
03	void main() {
04	float a,b,c,p,area; 　　　　　　　　　　　/ * 定义浮点型变量 * /
05	printf("input three edges:\n");
06	scanf(" % f, % f, % f",&a,&b,&c); 　　　　　/ * 输入三角形三边 * /
07	p = (a + b + c)/2; 　　　　　　　　　　　/ * 计算出周长的一半 * /
08	area = sqrt(p * (p - a) * (p - b) * (p - c)); / * 根据海伦公式计算三角形面积 * /
09	printf("area = % 5.2f\n",area);
10	}

已知三边边长求三角形面积,先求半周长 $p=\dfrac{1}{2}(a+b+c)$,然后利用海伦公式 $s=\sqrt{p(p-a)(p-b)(p-c)}$ 求面积。主函数 main() 中使用了库函数中的数学函数,所以必须在程序开头加上包含数学函数头文件 math. h 的命令。scanf 函数的格式说明中,3 个 %f 使用半角逗号“,”分隔,在通过键盘输入数据时,3 个实数也要使用逗号隔开,否则会出现错误。输入三角形的三条边长应注意输入的 3 个实数要满足构成三角形的条件,即任意两边之和大于第三边。程序 c1_11.c 中计算三角形面积表达式为 sqrt($p * (p-a) * (p-b) * (p-c)$),输出计算结果中增加了输出字符“area＝”。

任务 1-12　编写程序实现小数的四舍五入

【任务描述】

编写 C 语言程序 c1_12.c,实现小数的四舍五入。

【程序编码】

程序 c1_12.c 的参考代码如表 1-19 所示。

表 1-19　程序 c1_12.c 的代码

序号	代　　码
01	# include"stdio.h"
02	void　main(){
03	double x;　　　　　　　　　/* 声明变量 */
04	printf("inputx(double):");　/* 输出提示信息 */
05	scanf("%lf",&x);
06	x = (int)(x * 100 + 0.5);　　/* 实现第 3 位的四舍五入 */
07	x/ = 100;　　　　　　　　　/* 复合的赋值语句 */
08	printf("x = %.2f\n",x);
09	}

实现小数的四舍五入功能时,scanf()函数中的格式符应使用"%lf",表示输入的数据为双精度浮点数。要实现小数点后第 3 位的四舍五入,可以将该实数乘以 100,再加上 0.5 后取整。对于小数点后第 3 位大于等于 5 时,实现了"入"的功能,例如对于 123.456,表达式(int)(x * 100＋0.5)的计算结果为 12346;对于小数点后第 3 位小于 5 时,实现了"舍"的功能,例如对于 456.123,表达式(int)(x * 100＋0.5)的计算结果为 45612。由于前面乘以了100,接着需要除以 100,保持整数部分的数值不变,只是小数点后第 3 位进行了四舍五入,小数位保留 2 位,这里使用了复合赋值运算算"/＝"。

任务 1-13　编写程序输出字符的 ASCII 码

【任务描述】

编写 C 语言程序 c1_13.c,通过键盘输入一个字符,输出其 ASCII 编码值。

【程序编码】

程序 c1_13.c 的参考代码如表 1-20 所示。

表 1-20　程序 c1_13.c 的代码

序号	代　　码
01	# include "stdio.h"
02	main()
03	{
04	char c;
05	printf("Please input a character:");
06	scanf("%c",&c);
07	getchar();
08	printf("The ASCII of %c is %d\n",c,c);
09	}

C 语言中一个字符在内存中的存放形式是以它的 ASCII 编码形式存放的,大小为 8 位,即一个字节。例如字符 a 的 ASCII 码为 97,那么在内存中 97 对应的 8 位二进制数 1100001

就代表一个字符 a。只需要变换一种输出形式就可以显示出该字符 ASCII 编码。输出一个字符通常使用 printf("%c",c)的形式,因为输出格式符为"%c",因此屏幕上输出一个字符,例如 a;如果换一种输出形式,例如 printf("%d",c),那么输出的就是字符对应的 ASCII 编码的整数形式,对字符 a,则屏幕的输出为 97。程序 c1_13.c 中第 8 行输出内容同样是变量 c,输出格式前者是"%c",后者则是"%d",所以输出的内容也不相同,前者是字符本身,后者是字符对应的 ASCII 编码值。

任务1-14　编写程序利用自定义函数计算长方形的面积

【任务描述】

编写 C 语言程序 c1_14.c,利用自定义函数计算长方形的面积,其中函数 calPerimeter 的功能用于计算长方形的面积。

【程序编码】

程序 c1_14.c 的参考代码如表 1-21 所示。

表 1-21　程序 c1_14.c 的代码

序号	代　　码
01	`# include< stdio.h>`
02	`float calPerimeter(float length,float width)`
03	`{`
04	`    float girth;`
05	`    girth = length * width;`
06	`    return girth;`
07	`}`
08	`main()`
09	`{`
10	`    float length,width,perimeter;`
11	`    printf("Please enter the rectangle's length and width:");`
12	`    scanf("%f %f",&length,&width);`
13	`    perimeter = calPerimeter(length,width);`
14	`    printf("The perimeter of the square is %.2f\n",perimeter);`
15	`}`

计算长方形面积的公式很简单,就是"长×宽",这里使用函数实现计算长方形的面积。边长、面积都定义为 float 型,自定义函数 calPerimeter 的返回值为 float 型,该函数有 2 个参数,参数类型也是 float。

单 元 小 结

本单元通过渐进式的简单数学运算的编程训练,在程序设计过程中认识、了解、领悟并逐步掌握 C 语言预处理命令、基本数据类型、枚举类型、常量、变量、数据类型转换、运算符、

表达式、变量声明语句、赋值语句和输入/输出语句、顺序结构、简单自定义函数等 C 语言的
基本知识,为以后各单元奠定基础。同时也学会简单数学运算的编程技巧。

单 元 习 题

一、单选题

1. C 语言可执行程序从(　　)开始执行。
   A. 程序中第一条可执行语句　　　　 B. 程序中第一个函数
   C. 程序中的 main 函数　　　　　　 D. 包含文件中的第一个函数
2. 源程序要正确地运行,必须要有(　　)。
   A. printf 函数　　　 B. 自定义的函数　　 C. main 函数　　　　 D. 库函数
3. 以下叙述错误的是(　　)。
   A. 一个 C 源程序可由一个或多个函数组成
   B. 一个 C 源程序必须包含一个 main 函数
   C. C 语言程序的基本组成单位是函数
   D. 在 C 语言程序中,注释说明只能位于一条语句的后面
4. C 语言规定:在一个源程序中,main 函数的位置(　　)。
   A. 必须在最开始　　　　　　　　　 B. 必须在系统调用的库函数后面
   C. 可以任意　　　　　　　　　　　 D. 必须在最后
5. 下面(　　)表达式的值为 4。
   A. 11/3　　　　　　　　　　　　　 B. 11.0/3
   C. (float)11/3　　　　　　　　　　 D. (int)(11.0/3+0.5)
6. 若有以下说明语句:

```
char s = '\\092';
```

则正确的是(　　)。
   A. 使 s 的值包含 2 个字符　　　　　 B. 说明语句不合法
   C. 使 s 的值包含 6 个字符　　　　　 D. 使 s 的值包含 4 个字符
7. 若 a 为整型变量,且有以下语句。

```
long a;
a = -017L;
printf("%d\n",a);
```

则下面的说法正确的是(　　)。
   A. 赋值不合法　　　　　　　　　　 B. 输出值为-17
   C. 输出为不确定值　　　　　　　　 D. 输出值为-15
8. 若 ch 为 char 型变量,a 为 int 型变量,已知字符 a 的 ASCII 十进制代码为 97,则执
行以下语句后的输出的是(　　)。

```
void main()
```

```
{
    char ch;
    int k;
    ch = 'a';
    k = 12;
    printf("%x, %o,",ch,ch);
    printf("k = % %d\n",k);
}
```

A. 61,141,12,k＝%d

B. 输出项与格式描述符个数不符,输出为零值或值不确定

C. 61,141,k＝%d

D. 61,141,k＝%12

9. 该源程序执行后,屏幕上显示内容是(　　　)。

```
void main()
{
    int a;
    float b;
    a = 4;
    b = 9.5;
    printf("a = %d,b = %4.2f\n",a,b);
}
```

A. a＝%d,b＝%f\n

B. a＝%d,b＝%f

C. a＝4,b＝9.50

D. a＝4,b＝9.5

10. 若 k、g 均为 int 型变量,则以下语句的输出是(　　　)。

```
void main()
{
    int k,g;
    k = 017;
    g = 111;
    printf("%d,",k);
    printf("%x\n",g);
}
```

A. 15,6f   B. f,6f   C. f,111   D. 15,111

11. 如以下程序所示,如果运行时,输入"18,18",那么 b 的值为(　　　)。

```
void main()
{
    int a,b;
    scanf("%d, %o",&a,&b);
    b += a;
    printf("%d",b);
}
```

A. 36

B. 19

C. 输入错误,b 的值不确定

D. 18

12. 有一个函数原型如下所示:

abc(float x,float y);

则该函数的返回类型为( )。

    A. void   B. double   C. int   D. float

13. 下列数据中属于字符串常量的是( )。

    A. ABC   B. "ABC"   C. 'abc'   D. 'a'

14. 表达式"0123&0234"的结果不是( )。

    A. 020   B. 000010000B   C. 0x10   D. 32

15. 在 C 语言中,合法的长整数是( )。

    A. 0L   B. 4962710   C. 0.054838743   D. 2.1869e10

16. 设以下变量均为 int 类型,则值不等于 7 的表达式是( )。

    A. (x=y=6,x+y,x+1)   B. (x=y=6,x+y,y+1)

    C. (x=6,x+1,y=6,x+y)   D. (y=6,y+1,x=y,x+1)

17. 选出使 i 的运行结果为 4 的表达式是( )。

    A. int i=0,j=0;   B. int i=1,j=0;

      (i=3,(j++)+i);   j=i=((i=3)*2);

    C. int i=0,j=1;   D. int i=1,j=1;

      (j==1)? (i=1):(i=3);   i+=j+=2;

18. 字符串"ABC"在内存占用的字节数是( )。

    A. 3   B. 4   C. 6   D. 8

19. 设有语句"int a=3;",则执行语句 a+=a-=a*a 以后,变量 a 的值是( )。

    A. 3   B. 0   C. 9   D. −12

20. 设整数变量 m、n、a、b、c、d 均为 1,执行"(m=a>b)&&(n=a>b)"后 m、n 的值是( )。

    A. 0,0   B. 0,1   C. 1,0   D. 1,1

21. 在以下一组运算符中,优先级最高的运算符是( )。

    A. <=   B. =   C. %   D. &&

22. 设 a=1、b=2、c=3、d=4,则表达式"a<b? a:c<d? a:d"的结果为( )。

    A. 4   B. 3   C. 2   D. 1

23. 设 a 为整型变量,不能正确表达数学关系:10<a<15 的 C 语言表达式是( )。

    A. 10<a<15

    B. a==11 || a==12 || a==13 || a==14

    C. a>10&&a<15

    D. !(a<=10)&&!(a>=15)

24. 若有以下定义:char a,int b,float c,double d,则表达式 a*b+d−c 值的类型为( )。

    A. float   B. int   C. char   D. double

25. 设 a,b 和 c 都是 int 型变量,且 a=3、b=4、c=5,则下面的表达式中值为 0 的是( )。

    A. 'a'&&'b'   B. a<=b

  C. a || b+c&&b−c   D. ! ((a<b)&&! c || 1)

26. 设 ch 是 char 型变量,其值为'A',则下面表达式的值是(　　)。

ch = (ch>'A'&&ch<= 'Z')?(ch+ 32):ch

  A. A   B. a   C. Z   D. z

27. 下面语句中不属于赋值语句的有(　　)。
  A. A+=B/C B. A+B=C++ C. A=B+=C D. A=B+C++

28. 如果已经定义了变量,正确交换变量 a、b 的是(　　)。
  A. a=b;b=a;   B. a=b;t=a;b=t;
  C. t=a,a=b,b=t;   D. a=a+b;b=a−b;a=a−b;

29. 下面语句中正确产生(11,110)之间随机整数的语句为(　　)。
  A. 12+rand()%99   B. 10+rand()%99
  C. 12+rand()%98   D. 10+rand()%100

30. 设有赋值语句"int a,b,c;",那么下面输入语句中正确的是(　　)。
  A. input(a,b,c);   B. scanf("%d,%d,%d",a,b,c);
  C. scanf(%d,%d,%d,&a,&b,&c); D. scanf("%d%d%d",&a,&b,&c);

31. 设有定义"long x=−123456L;",则能够正确输出变量 x 值的语句是(　　)。
  A. printf("x=%d\n",x);   B. printf("x=%ld\n",x);
  C. printf("x=%8dL\n",x);   D. printf("x=%LD",x);

32. printf 函数中用到格式符%8s,其中数字 8 表示输出的字符串占用 8 列,如果字符串长度小于 8,则输出是(　　)。
  A. 从左起输出字符串,右补空格
  B. 按原字符串长度从左至右输出
  C. 右对齐输出该字符串,左补空格
  D. 输出错误信息

33. 以下程序输出的值为(　　)。

```
main()
{
    int a = 3,b = 2,c;
    a = c;b = a;c = b;
    printf("%d",a = b == c);
}
```

  A. 不能确定   B. 0   C. 1   D. 3

34. 下面程序输出的结果是(　　)。

```
main()
{
  int a = 1,b = 2;
  printf("a = %%d,b = %%d",a,b);
}
```

  A. a=%%d,b=%%d   B. a=%d,b=%d

　　　　C. a＝％1,b＝％2　　　　　　　　　　D. a＝1,b＝2

二、多选题

1. 下面合法的标识符的是(　　　)。
　　A. 3ab　　　　　　　B. int　　　　　　　C. ABC　　　　　　　D. a_3
　　E. sum . a　　　　　　F. ♯abc　　　　　　G. _stu2　　　　　　H. abc f

2. 下面是保留字的是(　　　)。
　　A. char　　　　　　　B. abc　　　　　　　C. printf　　　　　　D. Int
　　E. float　　　　　　　F. define　　　　　　G. include　　　　　　H. PI

3. 下面合法的用户定义的标识符的是(　　　)。
　　A. P-S　　　　　　　B. putchar　　　　　　C. double　　　　　　D. _908
　　E. ＊par　　　　　　　F. sheep!　　　　　　G. wind　　　　　　　H. x％y

4. C语言的基本类型是(　　　)。
　　A. 整型　　　　　　　B. 枚举型　　　　　　C. 数组型　　　　　　D. 指针型
　　E. 字符型　　　　　　F. 构造型　　　　　　G. 实型　　　　　　　H. 空类型

5. 如果要把常量 327 存入变量 a 中,a 可以定义成(　　　)。
　　A. int　　　　　　　　B. char　　　　　　　C. long　　　　　　　D. float

6. C语言中整型常量按进制划分,有(　　　)。
　　A. 十六进制常量　　　B. 十进制常量　　　　C. 八进制常量　　　　D. 二进制常量

7. 下面(　　　)写法是对的,而且是常量。
　　A. 125　　　　　　　　B. 0.456　　　　　　　C. 1.25e－20　　　　D. 'AB'
　　E. E6　　　　　　　　F. 0238　　　　　　　G. 0xabcdef　　　　　H. "\n\\\'\123"

8. 下面错误的表达式是(　　　)。
　　A. a＋b＝5　　　　　　B. 56＝a11　　　　　　C. i＝i＋＋　　　　　D. 5.6＋6.2％3.1
　　E. 12　　　　　　　　F. a＝5,b＝6,c＝7

9. 若变量 f 已说明为 float 类型,i 为 int 类型,则(　　　)表达式(或语句)能够实现将 f 中的数值保留小数点后 2 位,第 3 位进行四舍五入的运算。
　　A. f＝(f＊100＋0.5)/100.0　　　　　　　B. i＝f＊100＋0.5,f＝i/100.0;
　　C. f＝(int)(f＊100＋0.5)/100.0;　　　　　D. f＝(f/100＋0.5)＊100.0;

10. 已知 a 为整型变量,那么与表达式"a!＝0"真假值情况相同的表达式有(　　　)。
　　A. a＞0||a＜0　　　　B. a　　　　　　　　C. ！a＝＝0　　　　　D. ！a

11. 下面是非法的 C 语言转义字符的是(　　　)。
　　A. '\t'　　　　　　　B. '\08'　　　　　　　C. '\0xaf'　　　　　　D. '\\'

12. 下面是 C 语言的转义字符的是(　　　)。
　　A. '//'　　　　　　　B. '\''　　　　　　　C. '\t'　　　　　　　D. '\n'
　　E. '\1011'　　　　　　F. '/018'　　　　　　G. '/123'　　　　　　H. '\xaa'

13. 下面这段程序中的常量有(　　　)。

```
♯define PI   3.14
void main()
 {
```

```
    int sum;
    sum = 10 + 15;
    printf("sum = % d\n",sum);
    printf("result is 25\n");
}
```

  A. 10   B. sum   C. 15   D. 25

  E. main   F. PI

14. 下面是合法的常量的是( )。

  A. 3e2.5   B. —e—3   C. —.1e—1   D. 'BASIC'

  E. '\045'   F. 0fd   G. 0xfdaL   H. e8

  I. '\'   J. "\""

15. 下面是合法的变量名的是( )。

  A. auto   B. _auto_

  C. —auto—   D. 2_and

  E. Turbo_C   F. register

  G. _123

16. 下列表达式的值,( )等于0。(设 int a＝3)

  A. 5％6   B. 5/6   C. 5/6.0   D. 5＞6

  E. ~a ¦ a   F. ~a   G. 0^a   H. ! a

17. 设 int b＝2,下列表达式的值,( )等于1。

  A. ~b&b   B. ~b || b

  C. b＞b   D. b!＝b

  E. b＞＞1   F. (b ¦ 1)&1

18. 下面对变量的声明,正确的是( )。

  A. double a; B. char : ch,chl; C. i,j: int;   D. int i＝j＝l;

  E. double float f,d;

三、填空题

1. 在 C 语言中,源程序文件的后缀是_____,经过编译后的文件后缀是_____,经过连接后的文件后缀是_____。

2. 在一个 C 语言的源程序中,必不可少的一个函数名是_____。

3. 在 C 语言中是用_____表示逻辑真;用_____来表示逻辑假。

4. —12345E—3 代表的十进制实数是_____。

5. 能表述"20＜x＜30 或 x＜—100"的 C 语言表达式是_____.

6. 75 的十六进制写法为_____,八进制写法为_____。

0x75 的八进制写法为_____,十进制写法为_____。

075 的十进制写法为_____,十六进制写法为_____。

7. 已知整型变量 a＝6,b＝7,c＝1,则下面表达式的值为多少?

a＋3 _____;(b—a＊3)/5 _____;c＊(a＋b)＋b＊(c＋a)_____;3.2＊(a＋b＋c)_____

8. 已知整型变量 a＝6,字符型变量 ch＝'A',浮点数变量 f＝2.1,则下面表达式的值为

多少?(提示:'A' 的 ASCII 码为 650)

a+4.5 _____ ;ch+a+f _____ ;(a+30)/5 _____ ;(a+30)/5.0 _____

9. 当 a=3、b=4、c=5 时,写出下列各式的值。

a<b 的值为 _____ ,a<=b 的值为 _____ ,a==c 的值为 _____ ,a!=c 的值为 _____ ,a&&b 的值为 _____ ,! a&&b 的值为 _____ ,a||c 的值为 _____ ,! a||c 的值为 _____ ,a+b>c&&b==c 的值为 _____ 。

10. 若要输出下列各种类型的数据,应使用什么格式符。(说明:答题请打上双引号)

字段宽度为 4 的十进制数应使用"%4d",字段宽度为 6 的十六进制数应使用 _____ ,八进制整数应使用 _____ ,字段宽度为 3 的字符应使用 _____ ,字段宽度为 10,保留 3 位小数的实数应使用 _____ ,字段宽度为 8 的字符串应使用 _____ 。

11. 设有下列运算符:>>、+、++、--、&&、<=,其中优先级最高的是 _____ ,优先级最低的是 _____ 。

12. 设有变量定义语句 a=3,b=2,c=1;则 a>b 的值为 _____ ,a>b>c 的值为 _____ 。

13. 设整型变量 x,y,z 均为 5:

执行"x -=y -z"后 x= _____ 。执行"x%=y+z"后 x= _____ 。

执行"x=(y>z)? x+2 : x-2,3,2"后 x= _____ 。

14. 下面程序的输出结果是 _____ 。

```
main()
{
    int   x,y,z;
    x = (9 + 6) % 5 >= 9 % 5 + 6 % 5;
    printf(" % d\n",x);
    z = x ?(y = x) : (y = ++x);
    printf(" % d\t % d\t % d\n",x,y,z);
    printf(" % d\n", -- x && ++y || z ++);
    printf(" % d\t % d\t % d\n",x,y,z);
    printf(" % d\n",z * = y += (x += 5) == 5);
    printf(" % d\t % d\t % d\n",x,y,z);
    printf(" % d\n",z += - x++ + ++y);
    printf(" % d\t % d\t % d\n",x,y,z);
}
```

15. 读懂程序并填空。

```
# include < stdio. h>
void main()
{
    char ch = 0x31;
    printf(" % d\n",ch);              /* 屏幕显示_____ */
    printf(" % o\n",ch);              /* 屏幕显示_____ */
    printf(" % x\n",ch);              /* 屏幕显示_____ */
    printf(" % c\n",ch);              /* 屏幕显示_____ */
}
```

16. 以下程序输入三个整数值给 a、b、c,程序把 b 中的值给 a,把 c 中的值给 b,把 a 中的值给 c,然后输出 a、b、c 的值。请填空。

```
#include < stdio. h>
main()
  {
    _____
    int   temp;
    printf("Enter a,b,c:");
    scanf("%d%d%d",_____ );
    _____
    a = b;
    b = c;
    _____
    printf("a = %d b = %d c = %d\n",a,b,c);
  }
```

17. 输入两个实数 a、b,然后交换它们的值,最后输出(提示:要交换两个数,需要借助一个中间变量 temp。首先让 temp 存放 a 的值,然后把 b 存入 a,再把 temp 存入 b 就完成了)。

```
void main()
{
    float a,b,temp;
    printf("请输入 a 和 b 的值:");
    scanf("%d, %d",_____);
    temp = a;
    _____
    _____
    printf("交换后,a = %d,b = %d\n",_____);
}
```

18. 下面这个函数的功能是求两个整数的积,并通过形参传回结果。请填空。

```
void mul(_____ x,_____ y,_____ result)
{
    _____ = x * y;
}
```

19. 分析下面的程序,并写出运行结果。

```
#include < stdio. h>
int s(int x,  int  y );
main()
{
    int x,y,n;
    x = 1;y = 2;
    n = s(x,y);
    printf("x = %d,y = %d,n = %d",x,y,n);
}
```

```
int s(int x,int y)
{
    int z;
    x = 3;y = 4;
    z = x + y;
    return(z);
}
```

程序运行后的输出结果是_____。

20. 以下程序的输出结果是 a＝_____,b＝_____,c＝_____。

```
# include < stdio. h>
int func(int a,int * p);
void main()
{
    int a = 1,b = 2,c;
    c = func(a,&b);
    b = func(c,&a);
    a = func(b,&c);
    printf("a = % d,b = % d,c = % d",a,b,c);
}
int func(int a,int * p)
{
    a++;
    * p = a + 2;
    return( * p + a);
}
```

四、操作题

请画出下面程序的流程图。

```
main()
{
    int x,y,z,max;                   / * 定义 4 个整型变量 * /
    scanf(" % d % d % d",&x,&y,&z);    / * 通过键盘输入实现对 x、y、z 的赋值 * /
    max = x > y?x:y;                 / * 如果 x > y,则把 x 值赋给 max,否则把 y 值赋值给 max * /
    max = max > z?max:z;
    printf(" % d",max);              / * 输出 max 的值 * /
}
```

单元 2　日常数据处理编程

　　C 语言是一种结构化程序设计语言,结构化程序设计方法使用三种基本控制结构构造程序,任何程序都可由顺序、选择、循环三种基本控制结构构成。它是以模块化设计为中心,将待开发的软件系统划分为若干个相互独立的模块,这样使完成每一个模块的工作变得单纯而明确,为设计一些较大的软件打下了良好的基础。选择结构是三种基本结构之一,大多数结构程序设计问题中都会遇到选择问题,因此熟练运用选择结构进行程序设计是一名程序员必须具备的基本能力。C 语言提供了 if 语句、if-else 语句、switch 语句实现选择结构。循环结构是程序设计中非常重要的一种结构,它和顺序结构、选择结构共同作为各种复杂程序的基本构造单元,C 语言提供了 while 语句、do-while 语句、for 语句实现循环结构。为了更方便地控制程序流程,C 语言还提供了 2 个辅助控制语句:break 语句和 continue 语句。选择结构和循环结构都需要使用条件表达式,C 语言提供了丰富的运算符以构造条件表达式。关系运算符、逻辑运算符是常用的构造条件表达式的运算符。本单元通过日常数据处理的程序设计,主要学习 C 语言选择结构和循环结构的实现方法。

教 学 导 航

教学目标	通过编程训练领悟编程技巧和方法,在程序编写过程中理解与掌握 C 语言的语法知识: (1) 熟悉关系运算符和关系表达式 (2) 熟悉逻辑运算符和逻辑表达式 (3) 熟练掌握选择结构,包括 if 语句、if-else 语句、if-else if 语句和 switch 语句 (4) 熟练掌握循环结构,包括 while 语句、do-while 语句和 for 语句 (5) 掌握 break 语句和 continue 语句 (6) 理解与熟悉嵌套结构
知识要点	关系运算符　关系表达式　逻辑运算符　逻辑表达式　条件运算符　条件表达式 if 语句　if-else 语句　if-else if 语句　switch 语句　while 循环语句　do-while 循环语句　for 循环语句　break 语句　continue 语句　嵌套结构
参考资料	本书附录 A~附录 J
教学方法	任务驱动法、分组讨论法、探究学习法、理论实践一体教学法、讲授法
课时建议	12 课时

引 例 剖 析

任务 2-1　编写程序求最大公约数和最小公倍数

【任务描述】

编写 C 语言程序 c2_1.c,求两个正整数的最大公约数和最小公倍数。

【代码展示】

程序 c2_1.c,的代码如表 2-1 所示。

表 2-1　C 语言程序 c2_1.c 的代码

序号	代　码
01	# include "stdio. h"
02	main( )
03	{
04	int a, b, num1, num2, temp;
05	printf("please input two numbers:");
06	scanf(" % d, % d",&num1,&num2);
07	if(num1 < num2)　　　　　/ * 交换两个数,使大数放在 num1 上 * /
08	{
09	temp = num1;
10	num1 = num2;
11	num2 = temp;
12	}
13	a = num1;
14	b = num2;
15	while(b!= 0)　　　　　　/ * 利用辗转相除法,直到 b 为 0 为止 * /
16	{
17	temp = a % b;
18	a = b;
19	b = temp;
20	}
21	printf("gongyueshu: % d\n",a);
22	printf("gongbeishu: % d\n",num1 * num2/a);
23	}

【运行结果】

C 语言程序 c2_1.c 的运行结果如图 2-1 所示。

图 2-1　C 语言程序 c2_1.c 的运行结果

【指点迷津】

所谓最大公约数就是指两个数 a、b 的公共因数中最大的那一个,例如,4 和 8,两个数的公共因数分别为 1、2、4,其中 4 为 4 和 8 的最大公约数。求任意两个正整数的最大公约数即求出一个不大于其中两者中的任何一个,但又能同时整除两个整数的最大自然数。

求解两个正整数的最大公约数的最佳方法是辗转相除法,其基本过程概括如下。

第 1 步:用较大的数 a 除以较小的数 b,得到的余数存储到变量 temp 中,即 temp=a%b。

第 2 步:上一步中较小的除数 b 和得出的余数 temp 构成新的一对数,并分别赋值给 a 和 b,继续进行上一步的除法。

第 3 步:若余数为 0,其中较小的数(即除数)就是最大公约数,否则重复第 1 步和第 2 步,直到余数为 0 为止。

例如求 288 和 123 的最大公约数的求解过程如下。

第 1 步:288÷123,商为 2,余数为 42。

第 2 步:123÷42,商为 2,余数为 39。

第 3 步:42÷39,商为 1,余数为 3。

第 4 步:39÷3,商为 13,余数为 0。

辗转相除结束,288 和 123 的最大公约数为 3。

最小公倍速数和最大公约数之间的关系是:两数的乘积再除以这两个数的最大公约数就是最小公倍速数。先用辗转相除法求出最大公约数,然后再求出最小公倍数。

C 语言程序 c2_1.c 中应用了 if 语句和 while 语句,各条语句的含义说明如下。

① 第 7~12 行在进行辗转相除之前,使用 if 语句将两个正整数的大数存放在变量 num1 中,小数存放在变量 num2 中。

② 第 13 行将大数存放在变量 a 中,小数存放在变量 b 中。

③ 第 15~20 行使用 while 循环结构进行辗转相除,循环条件为 b!=0,即余数不为 0,当 b 为 0 即余数为 0 时循环终止。

④ 第 21 行调用 printf() 函数输出最大公约数。

⑤ 第 22 行调用 printf() 函数输出表达式"num1 * num2/a"的值,即最小公倍数。

编 程 实 战

任务 2-2　编写程序判断偶数

【任务描述】

编写 C 语言程序 c2_2.利用 if 语句判断一个整数是否是偶数。

【程序编码】

程序 c2_2.c 的代码如表 2-2 所示。

表 2-2 程序 c2_2.c 的代码

序号	代　　码
01	＃include＜stdio.h＞
02	void main()
03	{
04	int value;
05	printf("Input an integer:");　　　　　　　　/＊输出提示信息＊/
06	scanf("％d",&value);　　　　　　　　　　/＊输入 value＊/
07	if (value％2==0)　　　　　　　　　　　/＊判断 value 是否能被 2 整除＊/
08	{
09	printf("％d is an even number \n",value);　　/＊输出 value 的值＊/
10	}
11	}
知识标签	新学知识:if 语句　关系运算符　关系表达式 复习知识:变量的定义　求余运算符　scanf()函数　printf()函数　转义字符　格式说明符

【运行结果】

C 语言程序 c2_2.c 的运行结果如图 2-2 所示。

图 2-2 C 语言程序 c2_2.c 的运行结果

【指点迷津】

C 语言程序 c2_2.c 利用 if 语句判断通过键盘输入的一个整数是否是偶数。

① 第 7~10 行为 if 语句,如果关系表达式的值为逻辑真,则执行第 9 行的语句,即输出整数;否则将不输出任何信息,结束程序的执行。

② 关系表达式"value％2==0"判断 value 是否能被 2 整除,如果算术表达式"value％2"的运算结果为 0,即能被整除,余数为 0,则表示该整数是偶数,否则不是偶数。

这里要特别注意运算符"=="和"="的区别,"=="为比较运算符,其结合方向为"自左至右","="为赋值运算符,其结合方向为"自右至左"。

任务 2-3　编写程序判断闰年

【任务描述】

编写 C 语言程序 c2_3.c,从键盘上输入一个表示年份的整数,判断该年份是否为闰年,判断后的结果显示在屏幕上。

【程序编码】

程序 c2_3.c 的代码如表 2-3 所示。

表 2-3　程序 c2_3.c 的代码

序号	代　　码
01	#include "stdio.h"
02	main()
03	{
04	int year;
05	printf("Please a year:");
06	scanf("%d",&year);　　　　　　　　　　　　/* 从键盘输入一个表示年份的整数 */
07	if((year % 4 == 0 && year % 100 != 0) || (year % 400 == 0)) /* 判断是否是闰年 */
08	printf("%d is leap year!\n",year);　　　/* 满足条件的输出是闰年 */
09	else
10	printf("%d is not leap year!\n",year);　/* 不满足条件则输出不是闰年 */
11	}
知识标签	新学知识: if-else 语句　逻辑运算符　逻辑表达式 复习知识: 关系运算符　关系表达式　运算符的优先级与结合性

【运行结果】

C 语言程序 c2_3.c 的运行结果如图 2-3 所示。

图 2-3　C 语言程序 c2_3.c 的运行结果

【指点迷津】

判断闰年的方法用自然语言描述如下:

如果某年能被 4 整除但不能被 100 整除,或者该年能被 400 整除则该年份为闰年。

判断闰年用 C 语言的逻辑表达式表示,如下所示:

year % 4==0 && year % 100!=0||year % 400==0

由于逻辑运算符 && 优先于||,所以运算时先计算 year % 4==0 && year % 100!=0,即判断是否符合"能被 4 整除但不能被 100 整除"这一条件;然后计算 year % 400 ==0,即判断是否符合"能被 400 整除"这一条件。第 7 行两个条件对应的表达式都加上了括号"()",实际去掉括号也是成立的。

判断闰年这一逻辑表达式中使用了逻辑运算符 && 和||,还使用比较运算符==、!=和算术运算符%,由于这三种运算符的优先级为:算术运算符>关系运算符>&&>||>。该逻辑表达式的计算顺序如下。

① 先计算算术表达式:year % 4、year % 100、year % 400,计算结果为 0 或非 0,分别

用 a、b、c 表示。

② 然后计算比较表达式：a＝＝0、b!＝0、c＝＝0，计算结果为逻辑真或逻辑假，分别用 x、y、z 表示。

③ 最后才计算逻辑表达式 x && y || z，由于逻辑运算符 && 优先于 ||，所以先进行逻辑与运算，然后进行逻辑或运算，只要判断闰年的 2 个条件之一成立则该年份为闰年，否则该年份不是闰年。而对于前一个条件 x && y，只要 x 和 y 都为逻辑真时，其计算结果才为逻辑真。

如果第 7 行 if 语句的条件表达式的值为逻辑值，即判断为闰年，则执行第 8 行的输出语句；否则执行 else 之后的第 10 行语句。

任务 2-4　编写程序判断字符的类型

【任务描述】

编写 C 语言程序 c2_4.c，根据 ASCII 编码值判断输入字符的类型。

【程序编码】

程序 c2_4.c 的代码如表 2-4 所示。

表 2-4　程序 c2_4.c 的代码

序号	代　　码
01	# include < stdio. h >
02	int main()
03	{
04	char c;　　　　　　　　　　　　　　/* 定义变量 */
05	printf("Please enter a character:");　　/* 显示提示信息 */
06	scanf(" % c",&c);　　　　　　　　　/* 要求输入一个字符 */
07	if(c > = 65&&c < = 90)　　　　　　　/* 表达式 1 的取值范围 */
08	{
09	printf("The input character is a capital letter \n");
10	}
11	else if(c > = 97&&c < = 122)　　　　/* 表达式 2 的取值范围 */
12	{
13	printf("The input character is a lowercase letter \n");
14	}
15	else if(c > = 48&&c < = 57)　　　　　/* 表达式 3 的取值范围 */
16	{
17	printf("The input is the numbers \n");
18	}
19	else　　　　　　　　　　　　　　　/* 输入其他范围 */
20	{
21	printf("The input is a special symbol \n");
22	}
23	}
知识标签	新学知识：if-else if-else 语句 复习知识：字符型　关系运算符　关系表达式　逻辑运算符　逻辑表达式　ASCII 编码

【运行结果】

C 语言程序 c2_4.c 的运行结果如图 2-4 所示。

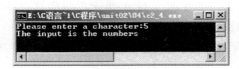

图 2-4　C 语言程序 c2_4.c 的运行结果

【指点迷津】

由附录 E 的 ASCII 编码表可知,大写字母的 ASCII 编码值在 65～90 之间,小写字母的 ASCII 编码值在 97～122 之间,数字的 ASCII 编码值在 48～57 之间,不在上述三个范围内的为特殊字符。

C 语言程序 c2_4.c 中使用 if-else if-else 语句判断输入字符的类型。

① 第 7 行的条件表达式 "c>=65&&c<=90" 为逻辑表达式,用于判断字符是否为大写字母。

② 第 11 行的条件表达式 "c>=97&&c<=122" 为逻辑表达式,用于判断字符是否为小写字母。

③ 第 15 行的条件表达式 "c>=48&&c<=57" 为逻辑表达式,用于判断字符是否为数字。

④ 第 19 行 else 的条件相当于除上述 3 种情况之外的情况。

if-else if-else 语句的执行顺序为:

① 先判断第 7 行的条件是否为逻辑真,如果是逻辑真,则执行第 9 行的语句后结束 if-else if-else 语句的执行。

② 然后判断第 11 行的条件是否为逻辑真,如果是逻辑真,则执行 13 行的语句后结束 if-else if-else 语句的执行。

③ 然后判断第 15 行的条件是否为逻辑真,如果是逻辑真,则执行 17 行的语句后结束 if-else if-else 语句的执行。

④ 如果上述 3 个条件都不成立,则直接执行第 21 行的语句后结束 if-else if-else 语句的执行。

任务 2-5　编写程序将分数成绩转换为等级

【任务描述】

编写 C 语言程序 c2_5.c,将输入的分数成绩转换为相应的等级,转换规则为 90～100 分为 A 等;80～89 分为 B 等;60～79 分为 C 等;60 分以下为 D 等。这里只考虑分数为整数的情况,不考虑带小数的分数。

【程序编码】

程序 c2_5.c 的代码如表 2-5 所示。

表 2-5 程序 c2_5.c 的代码

序号	代 码
01	# include < stdio. h >
02	main( )
03	{
04	int score,x;
05	printf("Please input score [0,100]:");
06	scanf(" % d",&score);
07	x = score/10;
08	switch(x)
09	{
10	case 10:
11	case 9: printf("The grade is A");break;
12	case 8: printf("The grade is B");break;
13	case 7:
14	case 6: printf("The grade is C");break;
15	case 5:
16	case 4:
17	case 3:
18	case 2:
19	case 1:
20	case 0: printf("The grade is D");break;
21	default: printf("Input Error!");
22	}
23	}
24	
知识标签	新学知识：switch 语句 break 语句 复习知识：整数的除法运算

【运行结果】

C 语言程序 c2_5.c 的运行结果如图 2-5 所示。

图 2-5 C 语言程序 c2_5.c 的运行结果

【指点迷津】

由于两个整数相除,其结果也为整数,所以第 8 行除法运算"score/10"的计算结果也为整数,其计算结果有以下几种情况：

① 当成绩为 100 分,算术表达式"score/10"的值为 10。

② 当成绩为 90～99 分,算术表达式"score/10"的值为 9。

③ 当成绩为 80～89 分,算术表达式"score/10"的值为 8。

④ 当成绩为 70～79 分,算术表达式"score/10"的值为 7。

⑤ 当成绩为 60～69 分,算术表达式"score/10"的值为 6。

⑥ 当成绩为 50～59 分,算术表达式"score/10"的值为 5;

⑦ 当成绩为 40～49 分,算术表达式"score/10"的值为 4;

⑧ 当成绩为 30～39 分,算术表达式"score/10"的值为 3;

⑨ 当成绩为 20～29 分,算术表达式"score/10"的值为 2;

⑩ 当成绩为 10～19 分,算术表达式"score/10"的值为 1;

⑪ 当成绩为 0～9 分,算术表达式"score/10"的值为 0。

由于 switch 语句的运算规则为:先计算 switch 语句中表达式的值,并将该值逐个与 case 后面的常量表达式进行比较,如果与哪一个常量相匹配,则从哪个 case 所对应的语句组开始执行,然后不再进行判断,继续执行后面所有 case 后的语句,直至遇到 break 语句则结束 switch 语句;如果表达式的值不能与任何一个常量表达式的值相匹配,则执行 default 后面的语句组。所以第 9～23 行的 switch 语句执行过程如下所示:

① 对于 100 分,执行入口为第 10 行的 case 10,接着执行第 12 行的语句,遇到 break 语句结束 switch 语句。

② 对于 90～99 分,执行入口为第 11 行的 case 9,同时也执行本行的语句,遇到 break 语句结束 switch 语句。

③ 对于 80～89 分,执行入口为 12 行的 case 8,同时也执行本行的语句,遇到 break 语句结束 switch 语句。

④ 对于 70～79 分,执行入口为 13 行的 case 7,接着执行第 15 行的语句,遇到 break 语句结束 switch 语句。

⑤ 对于 60～69 分,执行入口为 14 行的 case 6,同时也执行本行的语句,遇到 break 语句结束 switch 语句。

⑥ 对于 50～59 分,执行入口为 15 行的 case 5;对于 40～49 分,执行入口为 16 行的 case 4;对于 30～39 分,执行入口为 17 行 case 3;对于 20～29 分,执行入口为 18 行的 case 2;对于 10～19 行,执行入口为 19 行的 case 1;对于 0～9 分,执行入口为 20 行的 case 0。由于 case 1～case 5 后面都没有可执行的语句,所以 case 0～case 5 均执行 case 0 后面的语句,遇到 break 语句结束 switch 语句。

⑦ 如果表达式"x"不能与任何一个常量 0～10 相匹配,则执行第 21 行 default 后面的语句。

【举一反三】

程序 c2_5.c 中使用 switch 语句实现将分数成绩转换为等级,由于有 11 个分数段,所以 switch 语句中使用了 11 个 case,每一个分数段对应一个 case。由于转换后等级仅有 4 个等级,改用 if-else if 语句实现分数转换为等级更简单一些,程序 c2_5_1.c 中使用了 if-else if 语句实现分数转换为等级,其代码如表 2-6 所示。

表 2-6 程序 c2_5_1.c 的代码

序号	代　　码
01	# include < stdio. h>
02	main( )
03	{ int score,x;
04	char grade;
05	clrscr( );
06	printf("Please input score [0,100]:");
07	scanf(" % d",&score);
08	if(score> = 90) printf("The grade is A");
09	else if(score> = 80) printf("The grade is B");
10	else if(score> = 60) printf("The grade is C");
11	else printf("The grade is D");
12	}
知识标签	关系运算符　关系表达式　if-else if 语句

由于只有 4 个等级,A、B、C 三个等级设置相应的 3 个条件表达式,分别为"score> = 90"、"score> = 80"和"score> = 60"。各条语句执行过程如下:

① 对于 90～100 分,关系表达式"score> = 90"成立,执行第 8 行的语句。

② 第 9 行的关系表达式隐含了小于 90 分的条件,比较表达式"score> = 80"是在小于 90 分的情况下,也就是其范围表示为不等式 80≤score<90。对于 80～89 分,关系表达式 "score> = 80"成立,执行 9 行的语句。

③ 第 8 行的关系表达式隐含了小于 80 分的条件,比较表达式"score> = 60"是在小于 80 分的情况下,也就是其范围表示为不等式 60≤score<80。对于 60～79 分,关系表达式 "score> = 60"成立,执行 10 行的语句。

④ 第 11 行的 else 语句隐含了小于 60 分的条件,也就是 0～59 分,执行第 11 行 else 后 的语句。

任务 2-6　编写程序计算阶乘

【任务描述】

编写 C 语言程序 c2_6.c 计算 10!（即 10 的阶乘）。

【程序编码】

程序 c2_6.c 的代码如表 2-7 所示。

表 2-7 程序 c2_6.c 的代码

序号	代　　码
01	# include < stdio. h>
02	main( )
03	{
04	int i = 2,n = 10;　　　　　/ * 定义变量 i,n 为整型,并为 i、n 赋初值 * /
05	long fac = 1;　　　　　　 / * 定义 fac 为单精度型,并赋初值 1 * /

续表

序号	代　　码
06	`while(i <= n)` /* 当满足输入的数值大于等于 i 时执行循环体语句 */
07	`{`
08	`fac = fac * i;` /* 实现求阶乘的过程 */
09	`i++;` /* 变量 i 自加 */
10	`}`
11	`printf("factorial of %d is:%ld\n",n,fac);` /* 输出 n 和 fac 最终的值 */
12	`}`
知识标签	新学知识：while 语句　自加运算 复习知识：关系运算符　关系表达式　赋值运算

【运行结果】

C 语言程序 c2_6.c 的运行结果如图 2-6 所示。

图 2-6　C 语言程序 c2_6.c 的运行结果

【指点迷津】

程序 c2_6.c 中使用了 while 语句计算阶乘。

① 第 4 行定义了 2 个 int 型变量，并赋初值。由于 fac 的初值为 1，所以 i 的初值为 2，实际上 1 的阶乘为 1，i 初值为 2 或者为 1，对计算结果不产生影响，只是多乘了一个 1。

② 第 5 行定义了一个 long 型变量，并赋初值。由于 10 的阶乘超出了 32767，所以定义为长整型。如果定义为整型会产生溢出现象。

③ 当 while 语句中的表达式成立，即 i 小于等于 n 时，执行 while 循环体中的 2 条语句。当 i 的值分别为 2、3、4、5、6、7、8、9、10 时，关系表达式"i≤n"的值均为逻辑真。当 i 的值为 11 时，关系表达式"i≤n"的值均为逻辑假，while 循环结束。关系表达式"i≤n"运算了 10 次，while 循环的循环体只执行了 9 次。

④ 第 8 行的语句 fac＝fac * i 的作用是当 i 为 2 时求 2!，当 i 为 3 时求 3!…当 i 为 10 时求 10!。求 10 的阶乘也就是求 10×9×8×…×2×1，那么反过来从 1 一直到 10 求 10! 也依然成立。

⑤ 第 9 行的表达式 i＋＋，依次取 3、4…9、10 的值，该表达式执行自加 1 运算。

⑥ 第 11 行的输出语句，n 对应的格式符为%d，fac（阶乘的计算结果）对应的格式符为%ld。

任务 2-7　编写程序求圆周率 π 的近似值

【任务描述】

编写 C 语言程序 c2_7.c，利用无穷级数 $\pi/4 = 1 - 1/3 + 1/5 - 1/7 + 1/9 + \cdots$ 求圆周率 π

的近似值,直到某项值小于 10^{-6} 为止。

【程序编码】

程序 c2_7.c 的代码如表 2-8 所示。

表 2-8　程序 c2_7.c 的代码

序号	代　码
01	# include < stdio. h >
02	main()
03	{
04	int i,flag;
05	double pi,t;
06	i = 1;
07	flag = 1;
08	pi = 0;
09	t = 1.0;
10	do
11	{
12	pi = pi + t;
13	i = i + 2;
14	flag = - flag;
15	t = flag * 1.0/i;
16	}while(1.0/i > = 1e - 6);
17	printf("Pi = % f",4 * pi);
18	}
知识标签	新学知识: do-while 循环 复习知识:算术表达式　数据类型转换　关系运算符　关系表达式

【运行结果】

C 语言程序 c2_7.c 的运行结果如图 2-7 所示。

图 2-7　C 语言程序 c2_7.c 的运行结果

【指点迷津】

无穷级数 $1-1/3+1/5-1/7+1/9+\cdots$ 的各项正、负相间,分子总是 1,分母从 1 开始依次加 2。定义变量 flag 存储负号和分子,flag 的值依次是 1、-1、1、-1、$\cdots$,定义变量 i 存储分母,i 的值依次是 1、3、5、7$\cdots$

由于无穷级数各项中的分子和分母同时为 int 型,所以第 15 行中的算术表达式"flag * 1.0/i"中必须乘以 1.0,否则该算术表达式的值总是为 0。

第 12 行的赋值语句"pi=pi+t;"可以写成"pi+=t"的形式,运算符"+="为复合赋值运算符。

65

第 16 行 while 语句的循环条件为"1.0/i＞＝1e－6"，如果想要得到 π 更新精度的近似值，控制条件可以设置为"1.0/i＞＝1e－10"。

第 17 行输出 π 的近似值时要乘以 4，因为无穷级数 $1-1/3+1/5-1/7+1/9+\cdots$ 得到的只是 π/4 的近似值。

任务 2-8　编写程序计算球落地后反弹的高度

【任务描述】

编写 C 语言程序 c2_8.c 实现以下计算：一球从 100m 高度自由落下，每次落地后反跳回原高度的一半，再落下，求它在第 10 次落地时共经过多少米？第 10 次反弹多高？

【程序编码】

程序 c2_8.c 的代码如表 2-9 所示。

表 2-9　程序 c2_8.c 的代码

序号	代　　码
01	# include < stdio. h>
02	void main( )
03	{
04	float i,h = 100,s = 100;　　　　/ * 定义变量 i、h、s 分别为单精度型并为 h 和 s 赋初值 100 * /
05	for(i = 2;i<= 10;i++)　　　　/ * for 语句,i 的范围 2～10 表示小球第 2～10 次落地 * /
06	{
07	h = h/2;　　　　　　　　/ * 每落地一次弹起高度变为原来的一半 * /
08	s += h * 2;　　　　　　/ * 累积的高度和加上下一次落地后弹起与下落的高度 * /
09	}
10	printf("The total of road is: % fm\n",s);　　　　　　　/ * 将高度和输出 * /
11	printf("The tenth is % fm\n",h/2);　　　　　/ * 输出第 10 次落地后弹起的高度 * /
12	}
知识标签	新学知识：复合赋值运算符　for 语句 复习知识：关系表达式　算术表达式　自加运算

【运行结果】

C 语言程序 c2_8.c 的运行结果如图 2-8 所示。

图 2-8　C 语言程序 c2_8.c 的运行结果

【指点迷津】

C 语言程序 c2_8.c 的关键是分析小球每次弹起的高度与落地次数之间的关系。小球从 100m 高处自由下落，当第一次落地时经过 100m，这个可以单独考虑。从第 1 次弹起到第 2 次落地前经过的路程是前一次弹出最高高度的一半乘以 2,再加上前面已经过的路程,因为每次都有弹起和下落两个过程,其经过的路程相等,故第 8 行变量 s 所赋的值为 h * 2。以此类推,到第 10 次落地前,共经过了 9 次这样的过程,所以 for 循环执行循环体的次数是 9 次。要求出第 10 次反弹的高度,这个只需在输出时用第 9 次弹起的高度除以 2 即可,如第 11 行所示。

任务 2-9 编写程序判断素数

【任务描述】

编写 C 语言程序 c2_9.c,求给定范围 START~END 之间的所有素数。

【程序编码】

程序 c2_9.c 的代码如表 2-10 所示。

表 2-10 程序 c2_9.c 的代码

序号	代　　码
01	# include < stdio. h >
02	# include < math. h >
03	main( )
04	{
05	int start, end, i, k, m, flag = 1, count = 0;
06	do
07	{
08	printf("Input START and END:");
09	scanf(" % d % d",&start,&end);
10	}while(!(start > 0 && start < end));
11	printf("The prime table(% d - d):\n",start,end);
12	for(m = start;m < = end;m++)
13	{
14	k = sqrt(m);
15	for(i = 2;i < = k;i++)
16	if(m % i == 0)
17	{
18	flag = 0;
19	break;
20	}
21	if(flag)
22	{
23	printf(" % - 4d",m);
24	count ++;
25	if(count % 10 == 0)
26	printf("\n");
27	}
28	flag = 1;
29	}
30	printf("\nThe total is % d",count);
31	}
知识标签	新学知识:混合嵌套结构　分行输出 复习知识:do-while 语句　for 语句　if 语句

【运行结果】

C 语言程序 c2_9.c 的运行结果如图 2-9 所示。

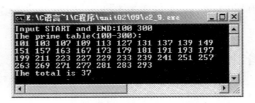

图 2-9　C 语言程序 c2_9.c 的运行结果

【指点迷津】

素数指的是只能由 1 和它自身整除的整数。判定一个整数 m 是否为素数的关键就是要判定整数 m 能否被 1 和它自身以外的任何其他整数所整除，若都不能整除，则 m 即为素数。

C 语言程序 c2_9.c 求的是给定范围 START～END 之间的所有素数，考虑到程序的通用性，需要从键盘输入 START 和 END 值，例如输入 100 和 300，则程序运行时会输出 100～300 之间的所有素数。

C 语言程序 c2_9.c 采用 for 嵌套循环结构，外层循环对 START～END 之间的每个数进行迭代，逐一检查其是否为素数。外层循环的循环变量用变量 m 表示，m 即代表当前需要进行判断的整数，其取值范围为 START≤m≤END。

内层循环稍显复杂些，完成的功能是判断当前的 m 是否为素数。设内循环变量为 i，其范围为 2～sqrt(m)。用 i 依次去除需要判定的整数 m，如果 m 能够被 2～sqrt(m) 中的任何一个整数所整除，则表示 i 必然小于或等于 sqrt(m)，则可确定当前的整数 m 不是素数，因此，应提前结束该次循环。如果 m 不能被 2～sqrt(m) 中的任何一个整数所整除，则在完成最后一次循环后，i 还要加 1，即 i＝sqrt(m)＋1，之后才终止循环。此时，可以确定当前的整数 m 为素数。

程序中使用标志变量 flag 来监控内外循环执行的情况。在定义变量时将 flag 的初值设为 1，在内层循环中判断时，如果 m 能够被 2～sqrt(m) 中的任何一个整数所整除，则在内循环中将 flag 设置为 0。如果 m 不能被 2～sqrt(m) 中的任何一个整数所整除，则在内循环中不会修改 flag 标志的值，退出内循环后它的值仍然为 1。此时在外循环中对 flag 的值进行判断，如果 flag 的值为 0，则显然当前的 m 不是素数；如果 flag 的值为 1，则当前的 m 是素数，应该将其输出到屏幕。

第 28 行在外循环中，每次要进行下一次迭代之间，要先将 flag 标志再次设置为 1。

第 24 行为素数计数，当判断为素数时，count 变量应自增 1。

第 25 行和第 26 控制每一行仅输出 10 个素数，超过 10 个则换行输出。

【举一反三】

输出 10～100 之间的全部素数的问题使用 for 循环嵌套与 break 语句结合也能实现，程序 c2_9_1.c 的代码如表 2-11 所示。

表 2-11   程序 c2_9_1.c 的代码

序号	代 码
01	# include "stdio.h"
02	void main(){
03	int i = 11, j, counter = 0;
04	for(;i <= 100;i += 2){　　　　　/* 外循环:为内循环提供一个整数 i */
05	for(j = 2;j <= i − 1;j++)　　　/* 内循环:判断整数 i 是否是素数 */
06	if(i % j == 0)　　　　　　/* i 不是素数 */
07	break;　　　　　　　/* 强行结束内循环,执行下面的 if 语句 */
08	if(j >= i){　　　　　　　　/* 整数 i 是素数:输出后计数器加 1 */
09	printf(" % 6d",i);
10	counter++;
11	if(counter % 10 == 0)　　/* 每输出 10 个数换一行 */
12	printf("\n");
13	}
14	}
15	}
知识标签	for 语句 break 语句 循环嵌套 混合嵌套 分行输出 if 语句

程序 c2_9_1.c 中第 7 行,对于已确定为非素数的数使用 break 语句跳出内层 for 循环,当内层循环变量 j 大于等于外层循环变量时,表示该数为素数。

知 识 探 究

2.1   C 语言的三种基本程序结构

C 语言程序有三种基本的程序结构:顺序结构、选择结构和循环结构。

顺序结构就是按照语句的书写顺序逐一执行,所有的语句都会被执行到,执行过的语句不会再次执行。顺序结构是三种程序结构中最简单的一种,单元 1 中所编写的程序都是采用顺序结构。

选择结构就是根据条件选择性地执行某些代码,如果给定的条件成立,就执行相应的语句;如果不成立,就执行另外一些语句。

循环结构就是根据循环条件重复执行某段代码。循环结构可以减少源程序重复书写的工作量,用来描述重复执行某段算法的问题,这是程序设计中最能发挥计算机特长的程序结构。

2.2   C 语言关系运算符和关系表达式

在程序中经常需要比较两个量的大小,以决定程序下一步的工作。比较两个量的运算符称为关系运算符。

1. 关系运算符

C 语言中的关系运算符有：＜（小于）、＜＝（小于或等于）、＞（大于）、＞＝（大于或等于）、＝＝（等于）和!＝（不等于）。

关系运算符都是双目运算符，其结合性均为左结合。关系运算符的优先级低于算术运算符，高于赋值运算符。在 6 个关系运算符中，＜、＜＝、＞、＞＝的优先级相同，高于＝＝和!＝。＝＝和!＝的优先级相同。

2. 关系表达式

关系表达式的一般形式为：

表达式 1　关系运算符　表达式 2

例如：a＋b＞c－d、x＞3/2、'a'＋1＜c、−i−5＊j＝＝k＋1 都是合法的关系表达式。由于表达式也可以是关系表达式，因此允许出现嵌套的情况。

例如：a＞（b＞c）、a!＝（c＝＝d）等。

关系表达式的值是"真"或者"假"，用"1"和"0"表示。例如：关系表达式 3＞2 的值为"真"，即为 1；3＞5 的值为"假"，即为 0。

2.3　C 语言逻辑运算符和逻辑表达式

1. 逻辑运算符

C 语言中提供了三种逻辑运算符：＆＆（与运算）、||（或运算）、!（非运算）。

与运算符（＆＆）和或运算符（||）均为双目运算符，具有左结合性。非运算符（!）为单目运算符，具有右结合性。

"＆＆"和"||"2 个运算符低于关系运算符，高于赋值运算符；而"!"运算符高于算术运算符。

按照运算符的优先顺序可以得出以下结论：

a＞b ＆＆ c＞d 等价于（a＞b）＆＆（c＞d）

! b＝＝c || d＜a 等价于（（! b）＝＝c）||（d＜a）

a＋b＞c ＆＆ x＋y＜b 等价于（（a＋b）＞c）＆＆（（x＋y）＜b）

2. 逻辑运算的值

逻辑运算的值也为"真"和"假"两种，用"1"和"0"来表示。其求值规则如表 2-12 所示。

表 2-12　逻辑运算的求值规则

逻辑运算符	求 值 规 则	示 例 说 明
与运算（＆＆）	参与运算的两个量都为真时，结果才为真，否则为假	5＞0 ＆＆ 4＞2 的结果为真 5＞0 ＆＆ 4＜2 的结果为假
或运算（||）	参与运算的两个量只要有一个为真，结果就为真。两个量都为假时，结果为假	5＞2 || 5＞8 的结果为真 5＜2 || 5＞8 的结果为假
非运算（!）	参与运算量为真时，结果为假；参与运算量为假时，结果为真	!（5＜2）的结果为真 !（5＞2）的结果为假

虽然 C 编译器在给出逻辑运算值时，以"1"代表"真"，以"0"代表"假"。但判断一个量是为"真"还是为"假"时，以"0"代表"假"，以"非 0"的数值作为"真"。

3．逻辑表达式

逻辑表达式的一般形式为：

表达式 1　逻辑运算符　表达式 2

其中的表达式可以又是逻辑表达式，从而组成了嵌套的情形。例如：(a && b) && c。根据逻辑运算符的左结合性，上式也可写为：a && b && c。

逻辑表达式的值是表达式中各种逻辑运算的最终值，以"1"和"0"分别代表"真"和"假"。

2.4　C语言的条件运算符与条件表达式

条件运算符是一个三目运算符，即有三个参与运算的量。由条件运算符组成条件表达式的一般形式为：

表达式 1?表达式 2 :表达式 3

其求值规则为：如果表达式 1 的值为真，则以表达式 2 的值作为整个条件表达式的值，否则以表达式 2 的值作为整个条件表达式的值。条件表达式通常用于赋值语句之中。例如：

max = (a > b) ? a : b;

执行该语句的语义是：如果 a > b 为真，则把 a 赋予 max，否则把 b 赋予 max。

提示：使用条件表达式时，还应注意以下几点。

① 条件运算符的运算优先级低于关系运算符和算术运算符，但高于赋值运算符。

条件表达式"max＝(a > b) ? a : b;"可以去掉括号而写成"max＝a > b ? a : b;"。

② 条件运算符的结合方向是自右至左。

例如："a > b ? a : c > d ? c : d;"应理解为"a > b ? a : (c > d ? c : d);"。

这也就是条件表达式嵌套的情形，即其中的"表达式 3"又是一个条件表达式。

2.5　C语言的选择结构

选择结构也称为分支结构，它根据给定的条件进行判断，以决定执行某个分支程序段。C语言提供了多种选择语句，包括 if 语句、if-else 语句、if-else if 语句和 switch 语句。

1．if 语句

if 语句的语法格式如下：

if（条件表达式）
　　语句块；

if 语句的流程图如图 2-10 所示。

使用说明：如果条件表达式的值为 true，则先执行语句块，然后顺序执行 if-else 后面的语句；否则，不执行语句块，直接执行 if-else 后面的语句。

语句可以为单条词句，也可以为用{}括起来的复合语句。

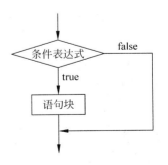

图 2-10　if 语句的流程图

71

例如：

```
if (max < b) max = b;
  printf("max = % d",max);
```

2. if-else 语句

if-else 语句的语法格式如下：

```
if (条件表达式)
  语句块 1;
else
  语句块 2;
```

if-else 语句的流程图如图 2-11 所示。

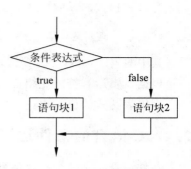

图 2-11　if-else 语句的流程图

使用说明：当 if 后面的条件表达式的值为 true 时,执行语句块 1,然后顺序执行 if-else 后面的语句；否则,执行语句块 2,然后顺序执行 if-else 后面的语句。

语句块 1、语句块 2 可以为单条词句,也可以为用{}括起来的复合语句。如果 if 或 else 语句体中的语句多于一条,则必须使用{}括起来。

当 if-else 语句出现嵌套时,else 总是与它前面且离它最近的 if 进行匹配。

例如：

```
if(a > b)
    printf("max = % d\n",a);
else
    printf("max = % d\n",b);
```

3. if-else if 语句

if-else if 语句的语法格式如下：

```
if (条件表达式 1)
  {
    语句块 1
  }
else if(条件表达式 2)
  {
    语句块 2
  }
  …
else if(条件表达式 n - 1)
  {
    语句块 n - 1
  }
else
  {
    语句块 n
  }
```

if-else if 语句的流程图如图 2-12 所示。

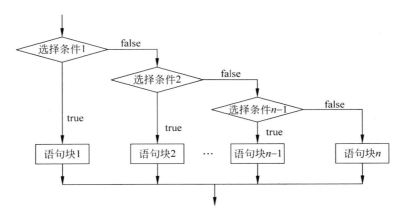

图 2-12　if-else if 语句的流程图

使用说明：if-else if 语句的执行规律如下：依次判断表达式的值，当出现某个值为真时，则执行其对应的语句。然后跳到整个 if 语句之外继续执行后续程序。如果所有的表达式均为假，则执行语句块 n。然后继续执行后续程序。

当表达式 1 为 true 时，则执行语句块 1，然后跳过整个 if-else if 语句执行程序中下一条语句；当表达式 1 为 false 时，将跳过语句块 1 判断表达式 2。如果表达式 2 为 true，则执行语句块 2，然后跳过整个 if-else if 语句执行程序中下一条语句；如果表达式 2 为 false，则跳过语句块 2 去判断表达式 3，以此类推。当表达式 1、表达式 2、…、表达式 $n-1$ 全为 false 时，将执行语句块 n 再转而执行程序中 if-else if 语句后面的语句。

例如：

```
if(c < 32)
      printf("This is a control character\n");
else if(c >= '0' && c <= '9')
      printf("This is a digit\n");
else if(c >= 'A' && c <= 'Z')
      printf("This is a capital letter\n");
else if(c >= 'a' && c <= 'z')
      printf("This is a small letter\n");
else
      printf("This is an other character\n");
```

提示：在使用 if 语句中还应注意以下问题。

① 在 3 种形式的 if 语句中，在 if 关键字之后均为条件表达式，这里所说的"条件表达式"与条件运算符构成的条件表达式不是一回事，if 括号中的条件表达式通常是逻辑表达式或关系表达式，但也可以是其他表达式，例如赋值表达式等，甚至也可以是一个变量。

例如：

if(a = 5)语句；

或

if(b)语句；

都是允许的。只要表达式的值为非 0,即为"真"。

② 在 if 语句中,条件判断表达式必须用小括号()括起来,在每条语句之后必须加分号。

③ 在 if 语句的三种形式中,如果要想在满足条件时执行多个语句,则必须把这多个语句用大括号{}括起来组成一个复合语句。但要注意的是在}之后不能再加分号。

4. switch 语句

switch 语句的一般语法格式如下:

```
switch(表达式) {
    case 常量表达式 1 : 语句组 1;
                    break;
    case 常量表达式 2 : 语句组 2;
                    break;
      ⋮
    case 常量表达式 n : 语句组 n;
                    break;
    default :        语句组 n + 1;
                    break;
}
```

switch 语句的流程图如图 2-13 所示。请注意,图 2-13 中的语句块中包含了 break 语句。

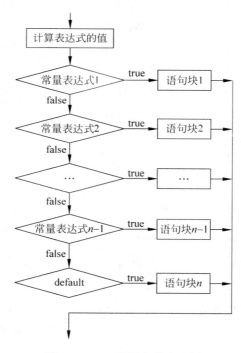

图 2-13 switch 语句的流程图

使用说明:

① 先计算 switch 语句中表达式的值,并将该值逐个与 case 后面的常量表达式进行比较,如果与哪一个常量相匹配,则从那个 case 所对应的语句组开始执行,然后不再进行判

断,继续执行后面所有 case 后面的语句,直至遇到 break 结束 switch 语句;如果表达式的值不能与任何一个常量表达式的值相匹配,则执行 default 后面的语句组。

② case 子句只是起到一个标号的作用,用来查找匹配的入口并从此处开始执行。

③ case 后面只能跟常量表达式,并且所有 case 子句中的值应是不同的。

④ case 后面的语句可以有 break,也可以没有 break。当 case 后面有 break 时,执行到 break 则终止 switch 语句的执行;否则,将继续执行下一个 case 后面的语句序列,直至遇到 break 或者 switch 语句执行结束。

⑤ 在一些特殊情况下,多个相邻的 case 子句执行一组相同的操作,为了简化程序,相同的程序段只需出现一次,即出现在最后一个 case 子句中,这时为了保证这组 case 子句都能执行正确的操作,只在这组 case 子句的最后一个子句后加 break 语句,组中其他 case 子句则不再使用 break 语句。

⑥ default 为可选项。当有 default 时,如果表达式的值不能与 case 后面的任何一个常量相匹配,则执行 default 后面的语句组;当没有 default 时,如果表达式的值不能与 case 后面的任何一个常量相匹配,则执行 switch 语句后面的语句。

2.6　C 语言的循环结构

循环结构是程序中一种很重要的结构,循环结构可以在满足一定条件的情况下反复执行某段代码,这段被反复执行的代码称为循环体。在执行循环体时,需要在适当时把循环条件设置为假,从而结束循环。循环语句包含 4 个组成部分。

(1) 初始化语句(init_statements):可能包含一条或多条语句,用于完成初始化工作,初始化语句在循环开始之前被执行。

(2) 循环条件(test_expression):通常为逻辑型表达式,它决定是否执行循环体。

(3) 循环体(body_statements):是循环的主体,如果循环条件成立,循环体将被重复执行。

(4) 迭代语句(iteration_statements):在一次循环体执行结束后,在对循环条件求值之前执行迭代语句,通常用于控制循环条件中的变量,使得在合适的时候结束循环。

C 语言提供了多种循环语句,主要包括 while 语句、do-while 语句和 for 语句,另外使用 goto 语句和 if 语句也能构成循环,但由于限制使用 goto 语句,这种形式的循环一般不常用,本单元也不予介绍。

1. while 循环语句

while 循环语句的语法格式如下:

```
[初始化语句]
while (条件表达式)  {
    循环体
    [迭代语句]
}
```

while 语句的流程图如图 2-14 所示。

while 语句的执行过程如下:

(1) 首先判断 while 后面括号中的条件表达式的值。

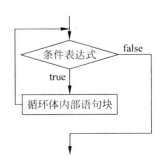

图 2-14　while 语句的流程图

（2）如果条件表达式的值为 true,则执行循环体内部的语句块。

（3）然后再返回 while 语句的开始处,再次判断 while 后面括号中的条件表达式的值是否为 true,只要表达式的值一直为 true,那么就重复执行循环体内部的语句块。直到 while 后面括号中的条件表达式的值为 false 时,才退出循环,并执行 while 语句的下一条语句。

使用说明：

① while 循环结构在每次执行循环体之前,先对表达式求值,如果值为 true,即循环条件成立,则执行循环体部分;否则循环体一次都不会被执行。

② 迭代语句总是位于循环体的最后,用于改变循环条件的值,使得循环在合适的时候结束。

③ while 语句中的表达式一般是关系表达或逻辑表达式,只要表达式的值为真（非 0）即可继续循环。

④ 循环体如包括有一个以上的语句,则必须用{}括起来,组成复合语句。

2. do-while 循环语句

do-while 循环语句的语法格式如下：

```
[初始化语句]
do {
    循环体
    [迭代语句]
} while (条件表达式);
```

do-while 语句的流程图如图 2-15 所示。

do-while 语句的执行过程如下：

（1）首先执行一次循环体中的语句。

（2）然后判断 do-while 语句括号中的条件表达式的值,决定是否继续执行循环。如果条件表达式的值为 true,就返回 do 位置并再一次执行循环体中的语句;如果条件表达式的值为 false,则终止循环。

do-while 循环与 while 循环的区别在于：while 循环先判断循环条件,如果条件成立才执行循环体;而 do-while 循环则先执行循环体,然后再判断循环条件,如果循环条件成立则执行下一次循环,否则中止循环。do-while 循环结构的循环体至少被执行一次。

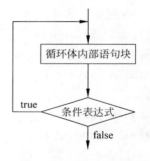

图 2-15　do-while 语句的流程图

同样,循环体如包括有一个以上的语句,则必须用{}括起来,组成复合语句。

3. for 循环语句

for 循环语句通常用于循环次数确定的情况,也可以根据循环结束条件实现循环次数不确定的情况。

for 循环语句的语法格式如下：

```
for ([表达式 1];[表达式 2][表达式 3])
{
    循环体;
}
```

for 语句的流程图如图 2-16 所示,表达式 1 通常是初始化语句,表达式 2 通常是条件表达式,表达式 3 通常是迭代语句。

for 语句的执行过程如下:

① 首先计算表达式 1 的值。

② 然后判断表达式 2 的值,如果表达式 2 的值为 false,则转而执行步骤④;如果表达式 2 的值为 true,则执行循环体中的语句。

③ 然后计算表达式 3 的值,转回步骤②判断表达式 2 的值。

④ 结束循环,执行程序中 for 语句的下一条语句。

使用说明:

① for 循环在执行时,先执行循环的表达式 1 对应的初始化语句,初始化语句只能在循环开始前执行一次。每次执行循环之前,先计算表达式的值,如果表达式的值为 true,即可循环条件成立,则执行循环体部分,循环体执行结束后执行表达式 3 对应的循环迭代语句。因此,对于 for 循环而言,循环条件总比循环体要多执行一次,因为最后一次执行循环条件,表达式的值为 false,将不再执行循环体。

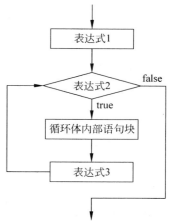

图 2-16　for 语句的流程图

② 表达式 2 一般是关系表达式或逻辑表达式,但也可是数值表达式或字符表达式,只要其值非零,就执行循环体。

③ 表达式 1、表达式 2 和表达式 3 这三个部分都可以省略,但三者之间的分号不可以省略。当表示循环条件的逻辑型表达式省略时,默认值为 true。

例如:for(;;)语句相当于 while(1)语句。

④ 表达式 1 和表达式 3 这两个部分可以为多条语句,各语句之间用半角逗号分隔。

⑤ 在初始化部分定义的变量,其有效范围仅限于 for 循环语句内部。

对于 for 循环中语句的一般形式,就是如下的 while 循环形式:

```
表达式 1;
while(表达式 2){
    语句块;
    表达式 3;
}
```

2.7　C 语言的 break 和 continue 语句

break 和 continue 语句都可以用在循环中,用来跳出循环(结束循环);break 语句还可以用在 switch 语句中,用来跳出 switch 语句。

1. break 语句

break 语句可以应用在 switch 语句、while 循环结构、do-while 循环结构和 for 循环结构中,其作用根据其位置不同有两种:一是在 switch 语句中被用来终止一个语句序列;另一种是在循环结构中用来跳出循环。通常 break 语句总是与 if 语句连在一起,即满足条件时便跳出循环。

当循环体中出现了 break 语句时,其功能是从当前所在的循环中跳出来,结束本层循环,但对其外层循环没有影响。break 语句还可以根据条件结束循环。

2. continue 语句

continue 语句可以应用在 while 循环结构、do-while 循环结构和 for 循环结构中,其作用是跳过循环体中下面尚未执行的语句,返回到循环结构的开始处执行迭代语句,而不是终止循环。当然,在下一轮循环开始前,首先要进行终止条件的判断,以决定是否继续循环,对于 for 循环结构,在进行终止条件的判断前,还需要先执行步长迭代语句。

在循环体中出现 continue 语句时,其作用是结束本次循环,进入当前所在层循环的下一次循环,continue 语句的功能是根据条件有选择地执行循环体。

"统计不及格的人数"的程序代码如表 2-13 所示,该程序分别应用了 break 语句和 continue 语句。

表 2-13 "统计不及格的人数"的程序代码

序号	代　　码
01	# include "stdio. h"
02	void main() {
03	float score, sum = 0;
04	int n = 0, n1 = 0;
05	do{　　　　　　　　　　　　　/* 无条件循环:表达式永远为"真" */
06	printf("\n enter a score(− 1 for end):");
07	scanf(" % f", &score);　　　/* 输入成绩 */
08	if(score == − 1) break;　　　/* 利用 break 语句跳出该循环 */
09	else {
10	sum += score;　　　　　/* 累加有效成绩的和 */
11	n++;
12	}
13	if(score >= 60) continue;　　/* 利用 continue 语句结束本次循环 */
14	n1++;　　　　　　　　　　/* 统计不及格的人数 */
15	}while(1);
16	printf("\n n = % d, aver = % f\n", n, sum/n);
17	printf("No pass number % d\n", n1);
18	}

2.8 C 语言的嵌套结构

嵌套结构是指在一个流程控制语句中又包含了另外一个流程控制语句。嵌套结构常见的形式有分支嵌套结构、循环嵌套结构和混合嵌套结构。

1. 分支嵌套结构

在选择结构的分支中又嵌套了另外一个分支结构,称为分支嵌套。由于 if 语句、if-else 语句也是语句的一种,所以 if 语句或者 if-else 语句内部的语句块中也可以包含 if 语句或 if-else 语句,这样便形成了分支嵌套结构。if 语句或者 if-else 语句与 switch 语句也可以嵌套。为了避免二义性,C 语言规定,else 总是与它前面最近的 if 配对。

2. 循环嵌套结构

在一个循环结构的循环体内又包含另一个完整的循环结构,称为循环嵌套。由于循环语句在一个程序中仍然可以看作一条语句,在循环体内部可以包含多条语句,也可以包含循环语句和选择语句等。在一个循环语句的内部又包含了另外一个循环语句,这种形式称为循环嵌套。

C 语言中,循环嵌套主要由 while、do-while 和 for 语句自身嵌套或相互嵌套构成。循环嵌套的运行规律是:外循环每一次循环,内循环要反复执行 m 次,如果外循环要循环 n 次,那么内循环共执行 $n \times m$ 次。也就外循环体内的循环体语句共执行了 n 次,而内循环体内的循环体语句共执行了 $n \times m$ 次。

3. 混合嵌套结构

选择结构和循环结构还可以相互嵌套,即在循环结构的循环体内部包含选择结构,或者在选择结构内部包含循环结构。

注意:

① 嵌套结构只能包含,不能交叉。对于循环嵌套的外循环应"完全包含"内循环,不能发生交叉。

② 嵌套结构应使用缩进格式,以增加程序的可读性。

③ 内层循环与外层循环的变量一般不应同名,以免造成混乱。

小 试 牛 刀

任务 2-10   编写程序对三个数排序

【任务描述】

编写 C 语言程序 c2_10.c,对输入的三个整数按由小到大的顺序输出。

【编程提示】

程序 c2_10.c 的参考代码如表 2-14 所示。

表 2-14   程序 c2_10.c 的代码

序号	代　　码
01	#include "stdio.h"
02	main()
03	{
04	int x,y,z,t;
05	scanf("%d%d%d",&x,&y,&z);
06	if (x>y)
07	{t=x; x=y; y=t; } /* 交换 x,y 的值 */
08	if(x>z)
09	{t=z; z=x; x=t; } /* 交换 x,z 的值 */
10	if(y>z)
11	{t=y; y=z; z=t; } /* 交换 z,y 的值 */
12	printf("small to big: %d %d %d\n",x,y,z);
13	}

程序 c2_10.c 中先对 x 与 y 进行比较,如果 x>y 则将 x 与 y 的值进行交换,其目的是将变量 x 和 y 中存放的较小的数存放到 x 变量中;然后再对 x 与 z 进行比较,如果 x>z,则将 x 与 z 的值进行交换,这样能使变量 x 中存放的数为三个数中的最小数。最后对 y 和 z 进行比较,如果 y>z,则将将 y 与 z 的值进行交换,这样能使变量 z 中存放的数为三个数中的最大数。输出时按 x、y、z 的顺序输出,即为由小到大的顺序。

任务 2-11 编写程序判断回文数

【任务描述】

编写 C 语言程序 c2_11.c 判断一个 5 位数是否为回文数。例如 12321 是回文数,个位与万位相同,十位与千位相同。

【编程提示】

程序 c2_11.c 只能判断 5 位数是否为回文,其参考代码如表 2-15 所示。

表 2-15 程序 c2_11.c 的代码

序号	代 码
01	# include "stdio. h"
02	main()
03	{
04	long ge, shi, qian, wan, x;
05	printf("Please enter a number:");
06	scanf(" % ld", &x);
07	wan = x/10000;
08	qian = x % 10000/1000;
09	shi = x % 100/10;
10	ge = x % 10;
11	if(ge == wan&&shi == qian) / * 个位等于万位,并且十位等于千位 * /
12	printf("The number is a huiwen\n");
13	else
14	printf("The number is not a huiwen\n");
15	}

判断一个数是否为回文数字,必须从回文数字的特点入手,因为回文数字顺着看和倒着看是相同的数,通过这个特点来判断一个数字是否为回文数字。通过将一个十进制数"倒置"的办法来判断它是否为回文数字。所谓倒置就是计算该十进制数倒过来后的结果。例如 123 的倒置结果为 321,两者并不相等,所以 123 不是回文字。同理,2332 的倒置结果为 2332,所以 2332 是回文数。

扩展一下,如果需要判断位数不固定的数是否为回文,程序 c2_11_1.c 实现了这一功能,其代码如表 2-16 所示。

表 2-16   程序 c2_11_1. c 的代码

序号	代　　码
01	# include < string. h>
02	# include < stdio. h>
03	int isCircle(long n);　　　　　　　　　　/* 判断 n 是否是回文数字 */
04	int reverse(long i);　　　　　　　　　　 /* 计算 i 的倒置数 */
05	void main( )
06	{
07	long n;
08	printf("Type a integer for judging is Circle:");
09	scanf(" % ld",&n);　　　　　　　　　/* 从屏幕输入一个数 */
10	if(isCircle(n))　　　　　　　　　　　/* 判断是回文数字 */
11	printf(" % ld is Circle\n",n);
12	else
13	printf(" % ld is not Circle\n",n); /* 判断不是回文数字 */
14	}
15	int isCircle(long n)　　　　　　　　　　/* 函数 isCircle 判断 n 是否是回文数字 */
16	{
17	long m;
18	m = reverse(n);
19	if(m == n)
20	return 1;
21	else
22	return 0;
23	}
24	int reverse(long i)　　　　　　　　　　　/* 求 i 的倒置数 */
25	{
26	long m,j = 0;
27	m = i;
28	while(m){
29	j = j * 10 + m % 10;
30	m = m/10;
31	}
32	return j;　　　　　　　　　　　　　/* 返回 i 的倒置数 j */
33	}

　　判断一个整数是否为回文数,其关键点是从低位到高位将该整数进行拆分。对于一个整数(设变量名为 m)无论其位数为多少,如果需要拆分最低位,则只需对 10 进行求余运算,即 m%10;拆分次低位首先要想办法将原来的次低位数作为最低位来处理,将原数对 10 求商 m/10,即可得到由除低位之外的数形成一个新数,且新数的最低位是原数的次低位数,根据拆分最低位的方法将次低位求出。对于其他位上的数计算方法相同。利用该方法要解决的另一个问题是,什么情况下才算把所有数都拆分完了呢? 当拆分到只剩下原数最高位数时(即新数为个位数时),再对 10 求商,得到的结果肯定为 0。可以通过这个条件判断是否拆分完毕。程序 c2_11_1. c 第 28 行的循环条件即为 m,当 m 为 0(即逻辑假)时,循环终止。

任务 2-12　编写程序判断三角形的类型

【任务描述】

编写 C 语言程序 c2_12.c 先判断该三角形符合构成三角形条件,然后计算其面积,再判断该三角形是普通三角形、等腰三角形、直角三角形、等边三角形的哪一种类型。

【程序代码】

程序 c2_12.c 的参考代码如表 2-17 所示。

表 2-17　程序 c2_12.c 的代码

序号	代　　　码
01	# include < stdio. h >
02	# include < math. h >
03	void main()
04	{
05	float a,b,c;
06	float s,area;
07	printf("Please input the three side:");
08	scanf("% f, % f, % f",&a,&b,&c);　　　　　　/ * 输入三条边 * /
09	if (a + b > c && b + c > a && a + c > b)　　/ * 判断两边之和是否大于第三边 * /
10	{
11	s = (a + b + c) / 2;
12	area = (float)sqrt(s * (s − a) * (s − b) * (s − c));　/ * 计算三角形的面积 * /
13	printf("The area is: % f\n",area);　　　　/ * 输出三角形的面积 * /
14	if (a == b && a == c)　　　　　　　/ * 判断三条边是否相等 * /
15	printf("The triangle is an equilateral triangle \n");　/ * 输出等边三角形 * /
16	else if (a == b || a == c || b == c)　　/ * 判断三角形中是否有两边相等 * /
17	printf("The triangle is isosceles triangle \n");　　/ * 输出等腰三角形 * /
18	else if ((a * a + b * b == c * c) || (a * a + c * c == b * b) || (b * b + c * c == a * a))
19	/ * 判断是否有两边的平方和大于第三边的平方 * /
20	printf("The triangle is a right triangle \n");　　　/ * 输出直角三角形 * /
21	else
22	printf("The triangle is ordinary triangle\n");　　　/ * 普通三角形 * /
23	}
24	else
25	printf("The three sides should not constitute a triangle\n");
26	/ * 如果两边之和小于第三边,则不能组成三角形 * /
27	}

判断三角形的三条边长是否满足构成三角形的条件,即任意两边之和大于第三边,使用逻辑表达式(a + b > c && b + c > a && a + c > b)。判断三角形是否为等边三角形,使用逻辑表达式(a == b && a == c)。判断三角形是否为等腰三角形,使用逻辑表达式(a == b \|\| a == c \|\| b == c)。判断三角形是否为直角三角形,使用逻辑表达式(a * a + b * b == c * c) \|\| (a * a + c * c == b * b) \|\| (b * b + c * c == a * a)。注意区别哪些情况下使用逻辑与 && 运算符,哪些情况下使用逻辑或 \|\| 运算符。

任务 2-13　编写程序计算购物的优惠金额

【任务描述】

编写 C 语言程序 c2_13.c 计算购物的优惠金额,优惠的规则如下:

当购物金额小于 500 元时,没有优惠;当购物金额在 500～1000 元(含 1000 元)之间,优惠 2%;在购物金额在 1000～2000 元(含 2000 元)之间,优惠 5%;当购物金额在 2000～3000 元(含 3000 元)之间,优惠 8%;当购物金额大于等于 3000 元时,优惠 10%。

【程序编码】

程序 c2_13.c 的参考代码如表 2-18 所示。

表 2-18　程序 c2_13.c 的代码

序号	代　　码
01	#include<stdio.h>
02	main()
03	{ int x;
04	float payable,payment;
05	printf("Please input payable:");
06	scanf("%f",&payable);
07	x=payable/500;
08	switch(x)
09	{ case 0: payment=payable;break;
10	case 1: payment=0.02 * payable;break;
11	case 2:
12	case 3: payment=0.05 * payable;break;
13	case 4 :
14	case 5: payment=0.08 * payable;break;
15	default: payment=0.1 * payable;
16	}
17	printf("payment:%.2f\n",payment);
18	}

由于购物金额分为 500、1000、2000、3000 几个档次,所以使用表达式 payable/500 构建 switch 的表达式比较合适。程序 c2_13.c 也可以改用 if-else if 语句实现其功能。

任务 2-14　编写程序求自然对数的底 e 的近似值

【任务描述】

编写 C 语言程序 c2_14.c 求自然对数的底 e 的近似值,直到某项值小于 10^{-6} 为止,计算公式为:

$$e=1+1/1!+1/2!+1/3!+\cdots$$

【程序编码】

程序 c2_14.c 的代码如表 2-19 所示。

表 2-19　程序 c2_14.c 的代码

序号	代　　码
01	# include < stdio. h >
02	void main()
03	{
04	float e = 1.0,n = 1.0;　　　　　　　/ * 定义 e 和 n 为单精度型,并为它们赋初值 * /
05	int i = 1;　　　　　　　　　　　　　/ * 定义 i 为整型,并赋初值为 1 * /
06	while (1/ n > 1e - 6)　　　　　　　　/ * 当该项的值不小于 1e - 6 时,执行循环体中内容 * /
07	{
08	e += 1 / n;　　　　　　　　　　/ * 累加各项的和 * /
09	i++;
10	n = i * n;　　　　　　　　　　　/ * 求阶乘 * /
11	}
12	printf("The value of E is:% .4f\n",e);　　/ * 将最终结果输出 * /
13	}

通过观察 e 的计算公式可以发现,求出最终结果的关键就是求出每一项所以对应的阶乘。程序 c2_14.c 中使用了 while 循环,循环条件为 1/n>1e-6,这里的 n 变量为 float 型。while 循环的循环体中实现累加求和,并在求和之后同时求出下一项所对应的阶乘。

任务 2-15　编写程序求逆数

【任务描述】

编写 C 语言程序 c2_15.c,求键盘所输入正整数的逆数,例如整数 123456 的逆数为 654321。

【程序编码】

程序 c2_15.c 的参考代码如表 2-20 所示。

表 2-20　程序 c2_15.c 的代码

序号	代　　码
01	main()
02	{ int digit,n = 0;
03	long original,inverse = 0;
04	printf("Please enter a number:");
05	scanf(" % ld",&original);
06	do
07	{
08	digit = original % 10;　　　　　　/ * 取出低位数字 * /
09	inverse = inverse * 10 + digit;　　/ * 合并数字 * /
10	n++;　　　　　　　　　　　　　/ * 统计位数 * /
11	original = original/10;　　　　　　/ * 移动数字 * /
12	}while(original);
13	printf("The inverse number is % ld\nn is % d",inverse,n);
14	}

所谓"逆数"是指将原来的数颠倒顺序后形成的数。如输入 123456 时,输出 654321。

本任务有四个需要解决的问题:其一是不知道输入的是几位数字,其二是怎样自动取出各位数字,其三是以什么作循环结束条件,其四是如何形成逆数。

第一个问题实际上是循环次数不确定,暗示本程序不宜用 for 循环,while 或 do-while 正当其用;第二个问题即数字分解,对正整数 x,无论它有多少位数字,我们每次只把低位数字(digit)取走(x%10),再想个办法将 x 的各位数字依次移到低位(x=x/10),直到 x 等 0 为止。如果执行 x=x/10 后 x 才等于 0,当且仅当 x 属于[1,9]之间,这证明运算前 x 已经是原数的最高位了,至此第三个问题解决了。第四个问题是将前边取出的个位数字依次合并成数 y,这只需乘 10 累加即可。

设原数 x=927,第一次循环 digit=7,x=92,y=7;第二次循环 digit=2,x=9,y=7 * 10+2=72;第三次循环 digit=9,x=0,y=72 * 10+9=729。因 x=0,循环结束,也求出了逆数。

任务 2-16　编写程序输出 9×9 乘法口诀表

【任务描述】

编写 C 语言程序 c2_16.c,在屏幕中输出 9×9 乘法口诀表。

【程序编码】

程序 c2_16.c 的参考代码如表 2-21 所示。

表 2-21　程序 c2_16.c 的代码

序号	代　　码
01	#include <string.h>
02	#include <stdio.h>
03	void PrintMulTab();
04	int main()
05	{
06	printMulTab();
07	}
08	void printMulTab()
09	{
10	int i,j;
11	for (j=1;j<=9;j++)
12	{
13	for(i=1;i<=j;i++)
14	if(i*j<10)
15	printf("%d*%d=%-2d",i,j,j*i);
16	else
17	printf("%d*%d=%d",i,j,j*i);
18	printf("\n");
19	}
20	}

85

程序 c2_16.c 中使用自定义函数的方法输出 9×9 乘法口诀表,该函数为无参函数,只是按指定格式输出 9 行 9 列数字和计算公式。程序中使用 for 循环嵌套,有两个循环变量 i 和 j,其中 j 控制行,i 控制列。外层 for 循环控制乘法口诀表的行以及每行乘法公式中的第 1 个因子,变量 j 的取值范围是 1~9。内层 for 循环控制乘法口诀表的每一行的列数,变量 i 是每一行乘法运算中的另一个因子,运算到第几行 i 的最大值也就是几,即内层 for 循环的最大取值是外层 for 循环中变量的值,所以内层 for 循环表达式 2 应写成 i≤j。程序 c2_16.c 中第 14 行至第 17 行的 if-else 语句的作用是输出乘法口诀表且对齐数字,对于乘积是 1 位数的使用格式符"%-2d",对于乘积是 2 位数的使用格式符"%d"。

单 元 小 结

本单元通过渐进式的日常数据处理的编程训练,在程序设计过程中认识、了解、领悟并逐步掌握 C 语言关系运算符、逻辑运算符、关系表达式、逻辑表达式、条件运算符等知识以及选择结构和循环结构的实现方法。同时也学会日常数据处理的编程技巧。

单 元 习 题

一、单选题

1. 在 C 语言的 if 语句中,用作判断的表达式为(   )。

    A. 关系表达式   B. 逻辑表达式   C. 算术表达式   D. 任意表达式

2. 假设有如下变量说明:

```
ok1 = 1; ok2 = 2; ok3 = 0; x = 15; a = 3; b = 4;
```

写出下列各程序段运行后 x 的值。

(1) if (!ok1)

```
        x++;
    else if (ok2)
     {
       if(ok3)   x = 3;
       else      x = 4;
     }
```

运行后 x 的值是(   )。

    A. 15   B. 3   C. 16   D. 4

(2) if (ok1)

```
     {
       if(a < b)
       {
         if(!ok3)   x = 0;
         else       x = 1;
       }
```

```
       else           x = 2;
       }
       else           x = 3;
```

运行程序后 x 的值是（　　）。

    A. 0　　　　　　　　B. 1　　　　　　C. 2　　　　　　　D. 3

3. 以下程序段的输出结果是（　　）。

```
main()
{
 int a,b,c;
 a = 7;b = 8;c = 9;
 if(a > b)
    a = b,b = c; c = a;
 printf("a = % d b = % d c = % d\n",a,b,c);
}
```

    A. a＝7　b＝8　c＝7　　　　　　B. a＝7　b＝9　c＝7

    C. a＝8　b＝9　c＝7　　　　　　D. a＝8　b＝9　c＝8

4. 以下程序的运行结果是（　　）。

```
void main()
 {
     int a,b,c;
     a = 2;b = 7;c = 5;
     switch (a > 0)
      {
        case 1:
            switch  (b < 10)
            {
              case 1:printf("^");  break;
              case 0:printf("!");  break;
            }
        case 0:
            switch(c == 5)
            {
              case 0: printf(" * ");  break;
              case 1: printf(" # ");  break;
              default: printf(" % % ");break;
            }
        default:
            printf("&");
        }
        printf("\n");
     }
```

    A. ^ # &　　　　　　B. ^　　　　　　C. &　　　　　　D. ^ ! * # % &

5. 以下程序的输出结果是（　　）。

```
# include < stdio. h >
void main()
```

```
    {
        int n;
        n = 0;
        while(n < 8)
        {
            switch (n % 3)
            {
            case 2:
                putchar('2');
            case 1:
                putchar('i');
                break;
            case 0:
                putchar('H');
            }
            n++;
        }
    }
```

    A. Hi2Hi2Hi   B. Hi2   C. Hi2iHi2i   D. Hi2iHi2iHi

6. 以下程序的输出结果是(　　)。

```
main()
{
    int m, n;
    m = 37;
    n = 13;
    while(m != n)
    {
        while(m > n)
            m = m - n;
        while(n > m)
            n -= m;
    }
    printf("m = %d\n",m);
}
```

输出结果为:

    A. m＝13   B. m＝11   C. m＝1   D. m＝2

7. 若 k 为整型,以下 while 循环执行(　　)次。

```
k = 2;
while (k = 0)
    printf(" %d",k),k--;
printf("\n");
```

    A. 无限   B. 0   C. 1   D. 2

8. 以下程序的输出结果是(　　)。

```
# include < stdio.h >
main()
```

```
  {
    int y = 10;
    while(y-- );
      printf("y = % d\n",y);
  }
```

  A. y＝0   B. while 构成死循环

  C. y＝1   D. y＝－1

9. 以下程序执行后 i 和 s 的值为多少？（   ）

```
# include < stdio. h>
void main()
{
    int i,s;
    i = 0;s = 0;
    while (i<10);
    {
        s += (i++);
        printf(" % d\n",s);
    }
    printf("i = % d\n",i);
}
```

  A. i 值为 9,s 值为 45   B. i 值为 10,s 值为 45

  C. i 值为 10,s 值为 36   D. 程序陷入了死循环

二、多选题

C 语言程序的结构可分(   )。

A. 顺序结构   B. 循环结构   C. 程序结构   D. 选择结构

三、填空题

1. 当 a、b、c 的值分别为 3、4、5 时,以下各语句执行后 a、b、c 的值为多少？

（1） if (a>c)

      {a = b;b = c;c = a;}

    else

      {a = c;c = b;b = a;}

执行后 a、b、c 的值为_____,_____,_____。

（2） if (a<c)

      a = c;

    else

      a = b;c = b;b = a;

执行后 a、b、c 的值为_____,_____,_____。

（3） if(a!= c);

    else

      a = c;c = b;b = a;

执行后 a、b、c 的值为_____,_____,_____。

2. 若整数 x 分别等于 95、87、100、43、66、79,则以下程序段运行后屏幕显示的是什么？

```
switch (x/10)
    {
      case 6:
      case 7:
          printf("Pass\n");
          break;
      case 8:
          printf("Good\n");
          break;
      case 9:
      case 10:
          printf("VeryGood\n");
          break;
      default:
          printf("Fail\n");
    }
```

① x 等于 95 时,程序段运行后屏幕上显示_____。

② x 等于 87 时,程序段运行后屏幕上显示_____。

③ x 等于 100 时,程序段运行后屏幕上显示_____。

④ x 等于 43 时,程序段运行后屏幕上显示_____。

⑤ x 等于 66 时,程序段运行后屏幕上显示_____。

3. 读懂下面的程序并填空。

```
# include < stdio. h >
void main()
 {
     long a,b,r;
       scanf(" % ld",&a);
     b = 0;
     do
       {
           r = a % 10;
           a = a/10;
           b = b * 10 + r;
       } while (a);
     printf(" % ld",b);
 }
```

① 程序运行时如果输入 37,输出为_____。

② 程序运行时如果输入-345,输出为_____。

4. 写出下面这个程序的结果。

```
void main()
{
   int count,i;
   int x,y,z;
   x = y = z = 0;
   scanf(" % d",&count);
```

```
    for(i = 0;i < count;i++)
      {
          x = (x + 1) % 2;
          y = (y + 1) % 3;
          z = (z + 1) % 5;
      }
    printf("x = % d,y = % d,z = % d\n",x,y,z);
}
```

① 如果运行时输入 10,结果是 x=_____,y=_____,z=_____。

② 如果运行时输入 17,结果是 x=_____,y=_____,z=_____。

5. 分析下面的程序,并写出运行结果。

```
# include < stdio. h >
int max( int a, int b);
main( )
{
 int x,y,z,t,m;
 scanf(" % d, % d, % d",&x,&y,&z);
 t = max(x,y);
 m = max(t,z);
 printf(" % d",m);
}
int max( int a, int b)
{
 if(a > b)
     return(a);
 else
     return(b);
}
```

① 运行时若输入 10、15、9,则输出:_____。

② 运行时若输入 300、129、300,则输出:_____。

6. 以下程序的输出结果是_____。

```
main( )
{
 int a;
 if (3 && 2)
     a = 1;
 else
     a = 2;
 printf(" % d",a);
}
```

7. 以下程序的输出结果是_____。

```
main( )
{
 int a,b;
 a = 1;
```

91

```
switch(a)
    {
      case 1: a = a + 1,b = a;
      case 2: a = a + 2,b = a;
      case 3: a = a + 3,b = a;break;
      case 4: a = a + 4,b = a;
    }
 printf(" % d",b);
}
```

8. 以下程序的输出结果是_____。

```
main()
{
 int x = 5;
 if(x > 5)
     printf(" % d",x > 5);
 else if(x == 5)
     printf(" % d",x == 5);
 else
     printf(" % d",x < 5);
}
```

9. 以下程序的输出结果是_____。

```
main()
{
 int a = 2,b = 3,c = 4;
 if(c = a + b)
     printf("OK!");
 else
     printf("NO!");
}
```

10. 以下程序的输出结果是_____。

```
main()
{
 int i,a = 0;
 for(i = 0;i < 10;i++)
     a++,i++;
 printf(" % d",a);
}
```

11. 以下程序中循环执行的次数是_____。

```
main()
{
    int a = 0,j = 10;
    for(;j > 3;j -- )
    {
      a++;
      if(a > 3) break;
```

```
        }
    printf(" % d",a);
}
```

12. 以下程序的输出结果是_____。

```
main( )
{
 int a = 0,j = 0;
 while(j < = 100)
 {
     a += j;
     j++;
 }
 printf(" % d",j);
}
```

13. 以下程序的输出结果是_____。

```
main( )
{
 int a = 0,j = 1;
 do
    {
      a += j;
      j++;
    } while(j!= 5);
 printf(" % d",a);
}
```

14. 以下程序的输出结果是_____；"s＝s＋a;"这条语句执行的次数是_____。

```
main( )
{
 int x,y,a,s;
 for(x = 0;x < 5;x++)
    {
        a = x;
        s = 0;
        for(y = 0;y < x;y++)
            s = s + a;
    }
 printf(" % d",y);
}
```

15. 以下程序的输出结果是_____。

```
main( )
{
 int x = 1,y = 2,z = 3,t;
 do
    {
      t = x; x = y; y = t; z -- ;
```

```
}while(x < y < z);
 printf(" % d, % d, % d",x,y,z);
}
```

16. 以下程序的输出结果是_____。

```
main()
{
 int fun();
 printf(" % d",fun(72));
}
int fun(int n)
{
 int k = 1;
 do
 {
     k = n % 10;
     n = n/10;
 } while(n);
 return k;
}
```

17. 以下程序的输出结果是_____。

```
main()
{
 int a[ ] = {1,3,5,7,9,11,13,15},fun();
 printf("\n % d",fun(a,4));
}
int fun(int x[ ],int n)
{
 int i = 0,t = 1;
 for(;i < = n;i++)
     t = t * x[i];
 return t;
}
```

18. 以下程序的输出结果是_____。

```
main()
{
 int a = 3,i = 0,fun();
 for(;i < 2;i++)
     printf(" % d",fun(a++));
}
int fun(int a)
{
 int b;
 static c = 4;
 a = c++,b++;
 return a;
}
```

单元3 批量数据处理编程

　　C语言除了提供基本数据类型外,还提供了构造数据类型,数组就是一种典型的构造类型,数组在处理批量同类数据提供了极大的方便,使用循环语句和指针可以非常方便地对数组进行处理。指针就是内存地址,C语言具有指针类型,是为了通过内存地址直接访问内存,指针极大地丰富了C语言的功能,是最能体现C语言特色的部分,利用指针变量可以表示各种数据结构,能很方便地操作数组和字符串。但指针过于灵活,有副作用,在C♯、Java等程序设计语言中取消了指针。本单元通过批量数据处理的程序设计,主要学习数组、指针以及函数中使用指针等内容。

教 学 导 航

教学目标	通过编程训练领悟编程技巧和方法,在程序编写过程中理解与掌握C语言的语法知识: (1) 熟练掌握一维数组的定义、引用与初始化 (2) 熟练掌握二维数组的定义、引用与初始化 (3) 理解与熟悉指针和指针变量 (4) 掌握指针变量的运算 (5) 理解与熟悉数组指针、指向多维数组的指针变量和指针数组 (6) 理解与熟悉指针变量作为函数参数、数组元素作函数实参和数组名作为函数参数 (7) 理解函数指针变量和指针型函数 (8) 理解与掌握局部变量与全局变量 (9) 理解与掌握变量的存储类别
知识要点	一维数组的定义、引用与初始化　二维数组的定义、引用与初始化　指针　指针变量　指针变量的运算　数组与指针　函数与指针　局部变量与全局变量　变量的存储类别
参考资料	(1)附录A　C语言中的保留字;(2)附录B　C语言的运算符;(3)附录C　C语言的数据类型;(4)附录H　在Visual C++ 6.0集成开发环境中创建、编译与运行C语言程序;(5)附录I　C语言的常见编程规范;(6)附录J　C语言程序调试常见错误信息
教学方法	任务驱动法、分组讨论法、探究学习法、理论实践一体教学法、讲授法
课时建议	8课时

引 例 剖 析

任务 3-1　编写程序计算平均成绩

【任务描述】

一个学习小组有 5 个人，每个人有 3 门课的考试成绩。编写 C 语言程序 c3_1.c 求全组分课程的平均成绩和各课程的总平均成绩。

【程序编码】

程序 c3_1.c 的代码如表 3-1 所示。

表 3-1　程序 c3_1.c 的代码

序号	代　　码
01	# include < stdio.h >
02	void main(void){
03	int i,j;
04	double sum = 0,average,aver[3];
05	float score[5][3] = {{80.5,75,92},{61,65,71},{59,63,70},{85,87,90},{76.5,77,85}};
06	for(i = 0;i < 3;i++){
07	for(j = 0;j < 5;j++)
08	sum = sum + score[j][i];
09	aver[i] = sum/5;　　　　　　　　　　　/* 计算每门课程的平均成绩 */
10	sum = 0;
11	}
12	average = (aver[0] + aver[1] + aver[2])/3;　　/* 计算各课程的总平均成绩 */
13	printf("The average scores of Mathematics:%.2f\n",aver[0]);
14	printf("The average score of C language:%.2f\n",aver[1]);
15	printf("The average score of English:%.2f\n",aver[2]);
16	printf("The total average score of all the courses:%.2f\n",average);
17	}

【运行结果】

C 语言程序 c3_1.c 的运行结果如图 3-1 所示。

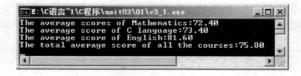

图 3-1　C 语言程序 c3_1.c 的运行结果

【指点迷津】

C 语言程序 c3_1.c 中设置了 1 个二维数组 score[5][3]存放 5 个人 3 门课的成绩,另外设置一个一维数组 aver[3]存放所求得各门课程的平均成绩,设置变量 average 为全小组各门课程的总平均成绩。该程序综合应用了一维数组、二维数组和 for 嵌套循环。

① 第 3 行定义了 2 个 int 型的循环控制变量。

② 第 4 行定义了 2 个 double 型的变量和 1 个 double 型的一维数组。

③ 第 5 行定义 1 个 float 型的二维数组,并进行了初始化,数组初始化时所有数据都置于大括号"{}"内。该二维数组存放了 5 个人 3 门课程的考试成绩,初始化每个人的 3 门课程的成绩使用 1 个大括号"{}"括起来,5 个大括号之间使用半角逗号","进行分隔,每个大括号内有 3 个数字,也使用","进行分隔。最后还要将 5 个人的成绩使用 1 个大括号"{}"括起来。

④ 第 6 行至第 11 行为外层 for 循环,循环变量为 i,循环条件为"i<3",由于变量 i 的初始值为 0,外循环共循环 3 次,第 4 次循环开始时 i 的值为 3,先计算表达式2"i<3"的值为逻辑假,循环结束。

⑤ 第 7 行和第 8 行构成内层循环,循环变量为 j,循环条件为"j<5",外层循环的 1 次循环中,内循环则循环 3 次,嵌套循环总共循环 15 次。内循环中使用 score[j][i]从二维数组中获取每一个人的相同课程的成绩,j 为内层循环变量,表示第几个人,i 为外层循环变量,表示某一个人的第几门课程。

⑥ 第 10 行的变量 sum 为存放成绩和的临时变量,外层循环开始之前先将该变量的值置为 0。

⑦ 第 9 行计算每门课程的平均成绩,并存放到一维数组的元素中。

⑧ 第 12 行通过每门课程的平均成绩再求平均值的方法计算各课程的总平均成绩。

⑨ 第 13 行输出第 1 门课程的平均成绩,第 14 行输出第 2 门课程的平均成绩,第 15 行输出第 3 门课程的平均成绩,第 16 行输出各课程的总平均成绩。

【程序拓展】

计算多门课程的平均成绩,也可以综合利用数组、自定义函数、指针实现,C 语言程序 c3_1_1.c 的代码如表 3-2 所示。

表 3-2　c3_1_1.c 的代码

序号	代　　　码
01	`float aver(float * pa);`
02	`main()`
03	`{`
04	`    float score[5],average, * sp;`
05	`    int i;`
06	`    sp = score;`
07	`    printf("Input 5 courses scores:\n");`
08	`    for(i = 0;i<5;i++) scanf(" % f",&score[i]);`
09	`    average = aver(sp);`

序号	代　　码
10	printf("The average score is %5.2f",average);
11	}
12	float aver(float * pa){
13	int i;
14	float average,sum = 0;
15	for(i = 0;i < 5;i++)　sum = sum + * pa++;
16	average = sum/5;
17	return average;
18	}

　　C 语言程序 c3_1_1.c 中第 4 行定义了 1 个一维数组用于存放每门课程的成绩、1 个普通变量用于存放平均成绩、1 个指针变量用于存放每个数组元素的地址值。第 6 行将一维数组的首地址值赋给指针变量。第 12 行至第 18 定义了 1 个自定义函数 aver,该函数有 1 个参数,该参数为 float 型指针形参。函数内第 15 行表达式"sum＋ * pa＋＋"有些复杂,其中" * pa"表示 pa 指针变量所指向的数组元素中存放的成绩数据,"pa＋＋"表示 pa 指针移至下一个数组元素,注意这里是先执行指针运算" * pa",然后再执行自加运算"pa＋＋"。

　　C 语言程序 c3_1_1.c 的运行结果如图 3-2 所示。

图 3-2　C 语言程序 c3_1_1.c 的运行结果

编 程 实 战

任务 3-2　编写程序查找数组中的一个数

【任务描述】

　　编写 C 语言程序 c3_2.c 查找一维数组中的一个数,并根据查找结果输出相应的信息。

【程序编码】

　　程序 c3_2.c 的代码如表 3-3 所示。

表 3-3 程序 c3_2. c 的代码

序号	代码
01	# include < stdio. h>
02	main()
03	{
04	int i,num,k; / * 声明变量 * /
05	int a[10] = {10,11,27,25,34,56,18,37,45,16}; / * 初始化一个数组 * /
06	k = 11; / * 为变量赋值 * /
07	printf("Please input the member which you want to find:");
08	scanf(" % d",&num); / * 输入一个数 * /
09	for (i = 0; i < 10; i++) / * 执行循环 * /
10	{
11	if(num == a[i]) / * 判断是否和数组元素值相等 * /
12	k = i; / * 记录下标位置 * /
13	}
14	if(k!= 11) / * 根据结果输出 * /
15	printf(" % d is in the array \n",num);
16	else
17	printf("Have not found the number\n");
18	}
知识标签	新学知识：一维数组的定义与初始化　一维数组元素的引用　数给元素的值与普通变量值的比较 复习知识：for 语句　if-else 语句　关系表达式

【运行结果】

C 语言程序 c3_2. c 的运行结果如图 3-3 所示。

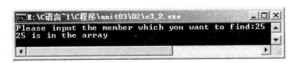

图 3-3　C 语言程序 c3_2. c 的运行结果

【指点迷津】

程序 c3_2. c 中实现判断一个数是否存在数组中，即将从键盘输入的数值与数组中的元素进行对比，如果从键盘输入的数值与数组元素不相同，则说明数组中不存在该数值。反之，如果从键盘输入的数值与数组中的某个元素值相同，则说明该数组在数组中。使用 for 循环语句嵌套 if 语句实现从键盘输入的数值与数组元素逐个比较，最后使用 if 语句输出结果。

第 5 行定义一个包含 10 个元素的一维数组。第 9～13 行为 for 循环语句，第 11 行和第 12 行为 for 语句内嵌套的 if 语句，该 if 语句的条件表达式为"num== a[i]"，即将键盘输入的数值逐一与数组元素的值进行比较，如果该表达式成立，则记录数组元素下标位置，否则什么也不做。

99

任务 3-3 编写程序求矩阵对角线元素之和

【任务描述】

编写 C 语言程序 c3_3.c 求出 4×4 矩阵从左上到右下的对角线元素之和,并在屏幕上输出该矩阵的各个元素以及对角线元素之和。

【程序编码】

程序 c3_3.c 的代码如表 3-4 所示。

表 3-4　程序 c3_3.c 的代码

序号	代　　码	
01	# include < stdio.h >	
02	main()	
03	{	
04	int i,j,sum;	/* 定义整型变量 */
05	int a[4][4] = {	/* 定义整型数组,并对其初始化 */
06	{1,2,3,4},	
07	{5,6,7,8},	
08	{9,10,11,12},	
09	{13,14,15,16}	
10	};	
11	sum = 0;	/* 为整型变量赋初值 */
12	printf("The array is:\n");	/* 输出提示信 */
13	for(i = 0;i < 4;i++)	/* 循环嵌套输出对角线之和 */
14	{	
15	for(j = 0;j < 4;j++)	
16	{	
17	printf(" % 5d",a[i][j]);	
18	if(i == j)	
19	sum = sum + a[i][j];	
20	}	
21	printf("\n");	
22	}	
23	printf("The sum of the diagonal is % d\n",sum);	
24	}	
知识标签	新学知识:二维数组的定义与初始化　二维数组元素的引用 复习知识:for 循环语句与 if 语句多层嵌套	

【运行结果】

C 语言程序 c3_3.c 的运行结果如图 3-4 所示。

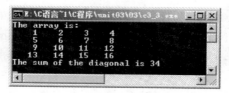

图 3-4　C 语言程序 c3_3.c 的运行结果

【指点迷津】

① 第 5～10 行定义一个二维数组并初始化。

② 第 13～22 行的外层 for 循环语句控制矩阵的行,第 15～20 行的内层 for 循环语句控制矩阵的列,使用 for 循环嵌套结构将二维数组以矩阵形式在屏幕上输出。

③ 第 18～19 行为 if 语句,将数组中对角线上的元素找出,并将找出的元素求和。4×4 矩阵中对角线元素分别为第 1 行第 1 列、第 2 行第 2 列、第 3 行第 3 列和第 4 行第 4 列的元素,if 语句的判断条件为“i==j”。

④ 第 17 行输出矩阵的各个元素,第 23 行输出对角线元素之和。

任务 3-4　编写程序实现矩阵转置运算

【任务描述】

编写 C 语言程序 c3_4.c 实现矩阵转置运算。

【程序编码】

程序 c3_4.c 的代码如表 3-5 所示。

表 3-5　程序 c3_4.c 的代码

序号	代　　码
01	# include < stdio. h>
02	main()
03	{
04	int n[3][3] = {1,2,3,4,5,6,7,8,9};
05	int i,j,temp;
06	printf("The original matrix:\n");
07	for(i = 0;i < 3;i++)
08	{
09	for(j = 0;j < 3;j++)
10	printf("%d　",n[i][j]);　　　　　　/*输出原始矩阵*/
11	printf("\n");
12	}
13	for(i = 0;i < 3;i++)
14	for(j = 0;j < 3;j++)
15	{
16	if (j > i)
17	{　　/*将主对角线右上方的元素与主对角线左下方的元素进行单方向交换*/
18	temp = n[i][j];
19	n[i][j] = n[j][i];
20	n[j][i] = temp;
21	}
22	}
23	printf("Transposed matrix:\n");
24	for(i = 0;i < 3;i++)
25	{

续表

序号	代　　码
26	`for(j = 0;j < 3;j++)`
27	`    printf("% d   ",n[i][j]);` 　　　　　`/ * 输出转置矩阵 * /`
28	`printf("\n");`
29	`    }`
30	`}`
知识 标签	新学知识：二维数组各元素之间相互赋值 复习知识：二维数组的定义与初始化　for 语句与 if 语句的混合嵌套结构

【运行结果】

C 语言程序 c3_4.c 的运行结果如图 3-5 所示。

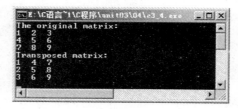

图 3-5　C 语言程序 c3_4.c 的运行结果

【指点迷津】

假设 3 行 3 列的 **A** 矩阵为 $\begin{bmatrix} 1 & 2 & 3 \\ 4 & 5 & 6 \\ 7 & 8 & 9 \end{bmatrix}$，将 **A** 矩阵转置后形成 **B** 矩阵为 $\begin{bmatrix} 1 & 4 & 7 \\ 2 & 5 & 8 \\ 3 & 6 & 9 \end{bmatrix}$，也就

是 **A** 矩阵的第 1 行元素变成 **B** 矩阵的第 1 列元素，即 **A** 矩阵的第 j 行第 i 列元素转置后为 **B** 矩阵第 i 行第 j 列元素。显然，一个 m 行 n 列的矩阵经过转置运算后就变成了一个 n 行 m 列的矩阵。

C 语言程序 c3_4.c 使用一个二维数组存放矩阵的数据，然后进行转置操作。

① 第 4 行定义了一个二维数组并初始化。

② 第 7～12 行的 for 循环嵌套语句输出原始矩阵，第 24～29 行的 for 循环嵌套语句输出转置矩阵。

③ 第 13～22 行的 for 语句与 if 语句混合嵌套结构，使用一个二维数组将主对角线右上方的元素与主对角线左下方的元素进行单方向交换，交换过程借助一个临时的变量 temp 完成转置，if 语句的条件表达式为"j＞i"。

【举一反三】

矩阵的转置运算也可以通过函数来实现，使用一个二维数组存放矩阵的数据，通过将二维数组的指针作为函数的参数进行传递，来实现矩阵转置函数的功能。C 语言程序 c3_4_1.c 的代码如表 3-6 所示。

表 3-6   C 语言程序 c3_4_1.c 的代码

序号	代　　码
01	# include < stdio. h >
02	# include < stdio. h >
03	void InputMatrix(int (* a)[4],int,int);
04	void OutputMatrix(int (* b)[3],int,int);
05	void MatrixTranspose(int (* a)[4],int (* b)[3]);
06	int main(void)
07	{
08	int a[3][4],b[4][3];　　　　　　　/ * a 存放原矩阵,b 存放 a 矩阵的转置矩阵 * /
09	printf("Please input 3X4 matrix\n");
10	InputMatrix(a,3,4);
11	MatrixTranspose(a,b);
12	printf("The Transposex Matrix is\n");
13	OutputMatrix(b,4,3);
14	}
15	/ * 输入 n * m 阶的矩阵 * /
16	void InputMatrix(int (* a)[4],int n,int m)
17	{
18	int i,j;
19	for(i = 0;i < n;i++)
20	for(j = 0;j < m;j++)
21	scanf(" % d", * (a + i) + j);
22	}
23	/ * 输出 n * m 阶矩阵的值 * /
24	void OutputMatrix(int (* b)[3],int n,int m)
25	{
26	int i,j;
27	for(i = 0;i < n;i++)
28	{
29	for(j = 0;j < m;j++)
30	printf(" % d ", * (* (b + i) + j));
31	printf("\n");
32	}
33	}
34	/ * 矩阵的转置运算 * /
35	void MatrixTranspose(int (* a)[4],int (* b)[3])
36	{
37	int i,j;
38	for(i = 0;i < 4;i++)
39	for(j = 0;j < 3;j++)
40	b[i][j] = a[j][i];
41	}
知识标签	二维数组　　指向二维数组的指针变量　　指针变量的运算　　自定义函数　　循环嵌套

C 语言程序 c3_4_1.c 中通过函数 InputMatrix()向主函数中定义矩阵 a 中输入数据。通过函数 MatrixTranspose()实现矩阵的转置运算,即将矩阵 a 进行转置操作,并将结果存放在矩阵 b 中。通过函数 OutputMatrix()输出转置矩阵 b 中的数据。这些函数的参数中,

形参都包含了一个指向二维数组的指针变量。例如 int（＊a）[4]、int（＊b）[3]。作为二级数组指针的传递，实参可以是数组名，但是形参一定是如（＊a）[n]的形式，其中 n 表示该二维数组每行的元素个数，也就是列数。int（＊a）[4]表示 a 指向一个包含 4 个元素的一维数组。

第 21 行的表达式"a+i"表示指向二维数组的第 i＋1 行的指针，表达式"＊（a＋i）＋j"表示二维数组的第 i＋1 行第 j＋1 列的数组元素地址。

第 30 行的表达式"＊（＊（b＋i）＋j）"表示二维数组的第 i＋1 行第 j＋1 列的数组元素值。

第 40 行的 a[j][i]、b[i][j]都表示主函数中二维数组 a 和二维数组 b 对应的值，也就是说可以通过 a[j][i]、b[i][j]的形式直接引用主函数中的数组 a 和数组 b 的元素。

C 语言程序 c3_4_1.c 的运行结果如图 3-6 所示。

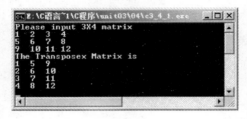

图 3-6　C 语言程序 c3_4_1.c 的运行结果

任务 3-5　编写程序使用指针实现整数排序

【任务描述】

编写 C 语言程序 c3_5.c 比较 3 个整数的大小，然后输出最大的数和最小的数。

【程序编码】

程序 c3_5.c 的代码如表 3-7 所示。

表 3-7　程序 c3_5.c 的代码

序号	代　　码	
01	main(){	
02	int a,b,c,＊pmax,＊pmin;	/＊pmax,pmin 为整型指针变量＊/
03	printf("input three numbers:\n");	/＊输入提示＊/
04	scanf("％d％d％d",&a,&b,&c);	/＊输入三个数字＊/
05	if(a＞b){	/＊如果第一个数字大于第二个数字＊/
06	pmax＝&a;	/＊指针变量赋值＊/
07	pmin＝&b;	/＊指针变量赋值＊/
08	}else{	
09	pmax＝&b;	/＊指针变量赋值＊/
10	pmin＝&a;	/＊指针变量赋值＊/
11	}	
12	if(c＞＊pmax) pmax＝&c;	/＊判断并赋值＊/

续表

序号	代　　码
13	if(c < * pmin) pmin = &c;　　　　　　　　　　　　/* 判断并赋值 */
14	printf("max = % d\nmin = % d\n", * pmax, * pmin);　/* 输出结果 */
15	}
知识标签	新学知识：变量的地址　指针变量的定义　指针变量的引用　指针运算符　指针变量的赋值运算 复习知识：取地址运算符　关系表达式　赋值表达式

【运行结果】

C 语言程序 c3_5.c 的运行结果如图 3-7 所示。

图 3-7　C 语言程序 c3_5.c 的运行结果

【指点迷津】

程序 c3_5.c 利用指针变量比较整型数据的大小。

① 第 2 行定义了 3 个普通 int 变量和 2 个整型指针变量,这里"*"是类型说明符,表示变量为指针类型。

② 第 6、7、9、10 行给指针变量赋值,即实现指针变量 pmax 指向较大的数,指针变量 pmin 指向较小的数。这里"&"表示取地址运算符。

③ 第 12 行中 if 语句的表达式"c > * pmax"表示变量 c 中存放的值与指针变量 pmax 所指向变量的值进行比较,这里 pmax 所指向变量的值表示 a 和 b 变量中存放值的较大值,"*"是取内容运算符,表示指针变量所指的变量。同样第 13 行和第 14 行指针变量前的"*"都是取内容运算符。

任务 3-6　编写程序使用指针输出一门和多门课程的成绩

【任务描述】

编写 C 语言程序 c3_6.c,使用指针输出一门和多门课程的成绩,一门课程多位学生的成绩使用一维数组存放,多位学生多门课程的成绩使用二维数组存放。

【程序编码】

程序 c3_6.c 中使用一维数组存放 5 位学生 1 门课程的成绩,通过一维数组名获取一维数组的首地址,然后使用取值运算符"*"输出一维数组各个元素的值,其代码如表 3-8 所示。

表 3-8　程序 c3_6.c 的代码

序号	代　　码
01	# include < stdio. h>
02	main()
03	{
04	int score[ ] = {95,76,82,91,87};
05	int i;
06	printf("score:");
07	for(i = 0;i < 5;i++)
08	/ * printf(" % 3d",score[i]); * /
09	printf(" % 3d", * (score + i));
10	printf("\n");
11	}
知识 标签	新学知识：一维数组指针　一维数组指针的运算 复习知识：一维数组的定义与初始化　一维数组元素的引用

　　程序 c3_6_1.c 中使用二维数组存放 5 位学生 3 门课程的成绩,通过二维数组名获取数组的二维数组首地址,通过二维数组指针的运算获取二维数组第 i 行第 j 个元素的地址,然后使用取值运算符"*"输出二维数组各个元素的值,其代码如表 3-9 所示。

表 3-9　程序 c3_6_1.c 的代码

序号	代　　码
01	# include < stdio. h>
02	main()
03	{
04	int score[ ][5] = {{95,76,82,91,87},{84,96,75,67,82},{91,64,78,89,77}};
05	int i,j;
06	printf("score:\n");
07	for(i = 0;i < 3;i++)
08	{
09	for(j = 0;j < 5;j++)
10	printf(" % 3d", * (* (score + i) + j));
11	printf("\n");
12	}
13	}
知识 标签	新学知识：二维数组指针　二维数组指针的运算 复习知识：二维数组的定义与初始化　for 循环嵌套

【运行结果】

　　C 语言程序 c3_6.c 的运行结果如图 3-8 所示。

图 3-8　C 语言程序 c3_6.c 的运行结果

C 语言程序 c3_6_1.c 的运行结果如图 3-9 所示。

图 3-9　C 语言程序 c3_6_1.c 的运行结果

【指点迷津】

程序 c3_6.c 中第 9 行通过表达式"score＋i"获取一维数组各个元素的地址,通过取值运算符"＊"获取一维数组各个元素的值,也可以使用数组元素的引用"score[i]"实现相同的功能。

C 语言程序 c3_6_1.c 中第 10 行通过二维数组名获取数组的二维数组首地址,通过表达式"score＋i"获取二维数组第 i 行元素的首地址,通过表达式"＊(score＋i)"获取二维数组第 i 行第 1 个元素的地址,通过表达式"(score＋i)＋j"获取二维数组第 i 行第 j 个元素的地址,然后使用取值运算符"＊"输出二维数组各个元素的值。

【举一反三】

将一维数组的首地址赋值指针变量,然后通过指针变量也能实现程序 c3_6.c 的功能,程序 c3_6_2.c 的代码如表 3-10 所示。

表 3-10　程序 c3_6_2.c 的代码

序号	代　　码
01	# include < stdio. h>
02	main( )
03	{
04	int score[ ] = {95,76,82,91,87};
05	int ＊ p;
06	printf("score:");
07	for(p = score; p < score + 5; p++)
08	printf(" ％3d", ＊ p);
09	printf("\n");
10	}
知识标签	一维数组　一维数组的指针　指针运算

程序 c3_6_2.c 中的指针变量 p 与程序 c3_6.c 一维数组名都可以表示地址,但有明显区别,数组名表示一维数组的首地址,是一个常量的概念,不能对该数组名重新赋值,而指针变量 p 是一个变量,可以重新赋值,指向其他数组元素。指针变量 p 的初值为一维数组的首地址,循环执行 p＋＋,使 p 指向一维数组的下一个元素。一维数组 score 最后一个元素的地址为 score＋4,所以 for 循环的循环条件为"p＜score＋5"。

程序 c3_6_2.c 的运行结果如图 3-10 所示。

107

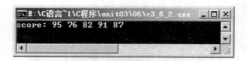

图 3-10　程序 c3_6_2.c 的运行结果

将二维数组的首地址赋值指针变量,然后通过指针变量也能实现程序 c3_6_1.c 的功能,程序 c3_6_3.c 的代码如表 3-11 所示。

表 3-11　程序 c3_6_3.c 的代码

序号	代　　码
01	#include < stdio.h>
02	main()
03	{
04	int score[ ][5] = {{95,76,82,91,87},{84,96,75,67,82},{91,64,78,89,77}};
05	int (* p)[5],i,j;
06	p = score;
07	printf("score:\n");
08	for(i = 0;i < 3;i++)
09	{
10	for(j = 0;j < 5;j++)
11	printf(" % 3d", * (* (p + i) + j));
12	printf("\n");
13	}
14	}
知识标签	二维数组　指向二维数组的指针变量　指针变量的运算

程序 c3_6_3.c 中第 5 行定义了一个指向二维数组的指针变量,定义该类变量时必须写成"(* p)[5]"的形式,"( )"不能少,其中"5"表示该二维数组的列数为 5。程序 c3_6_3.c 的运行结果如图 3-11 所示。

图 3-11　程序 c3_6_3.c 的运行结果

任务 3-7　编写程序实现数组逆序输出

【任务描述】

编写 C 语言程序 c3_7.c,将存放在一维数组中的元素逆序输出。

【程序编码】

程序 c3_7.c 的代码如表 3-12 所示。

表 3-12　程序 c3_7. c 的代码

序号	代　　码
01	#include < stdio. h>
02	#define N 5
03	main( )
04	{
05	int a[N] = {9,4,5,1,6},i,temp;
06	printf("original array:\n");
07	for(i = 0;i < N;i++)
08	printf(" % 4d",a[i]);
09	for(i = 0;i < N/2;i++)
10	{
11	temp = a[i];
12	a[i] = a[N - i - 1];
13	a[N - i - 1] = temp;
14	}
15	printf("\n sorted array:\n");
16	for(i = 0;i < N;i++)
17	printf(" % 4d",a[i]);
18	}
知识标签	复习知识:一维数组　符号常量　数组元素的赋值

【运行结果】

C 语言程序 c3_7. c 的运行结果如图 3-12 所示。

图 3-12　C 语言程序 c3_7. c 的运行结果

【指点迷津】

由于一维数组有 5 个元素,符号常量 N 为 5,N/2 则为 2,第 9 行 for 语句的条件表达式 i<N/2 只会执行 3 次,第 3 次循环时表达式"2<2"的值为逻辑假,循环结束。

第 11~12 行实现一维数组的前半部分元素与后半部分元素进行交换,也就是第 1 个元素跟第 5 个元素交换,第 2 个元素跟第 4 个元素交换,第 3 个元素不变。

【举一反三】

程序 c3_7_1. c 中单独创建一个函数 inv( ),该函数的功能是交换一维数组的元素,有 2 个参数,一个是指向一维数组的指针变量,另一个是一维数组元素的个数。

该函数用于将数组 a 中的 n 个整数按相反顺序存放,其基本思路如下:

将 a[0] 与 a[n-1] 对换,再 a[1] 与 a[n-2] 对换……,直到将 a[(n-1)/2] 与

a[n−int((n−1)/2)]对换。使用循环处理此问题,设两个"位置变量"i 和 j,i 的初值为 0,j 的初值为 n−1。将 a[i]与 a[j]交换,然后使 i 的值加 1,j 的值减 1,再将 a[i]与 a[j]交换,直到 i=(n−1)/2 为止。程序 c3_7_1.c 的代码如表 3-13 所示。

表 3-13　程序 c3_7_1.c 的代码

序号	代　　码
01	void inv(int x[ ], int n)　{　　　　　　　/ ∗ 形参 x 是数组名 ∗ /
02	int temp, i, j, m = n/2;
03	for(i = 0; i <= m; i++){
04	j = n − 1 − i;
05	temp = x[i]; x[i] = x[j]; x[j] = temp;
06	}
07	return;
08	}
09	main(){
10	int i,a[5] = { 9,4,5,1,6};
11	printf("The original array:\n");
12	for(i = 0; i < 5; i++)
13	printf(" % d ",a[i]);
14	printf("\n");
15	inv(a,5);
16	printf("The array has benn inverted:\n");
17	for(i = 0; i < 5; i++)
18	printf(" % d ",a[i]);
19	printf("\n");
20	}
知识 标签	新学知识: 数组名做函数实参　　数组做函数形参 复习知识: 一维数组

C 语言程序 c3_7_1.c 的运行结果如图 3-13 所示。

图 3-13　C 语言程序 c3_7_1.c 的运行结果

将程序 c3_7_1.c 中函数 inv 的形参数组改成指针变量,也可以实现一维数组的数据交换的功能,其代码如表 3-14 所示。

表 3-14　程序 c3_7_2.c 的代码

序号	代　　码
01	void inv(int ∗ x, int n){　　　　　　　/ ∗ 形参 x 为指针变量 ∗ /
02	int ∗ p,temp, ∗ i, ∗ j, m = n/2;
03	i = x; j = x + n − 1; p = x + m;
04	for(; i <= p; i++,j--){
05	temp = ∗ i;
06	∗ i = ∗ j;

续表

序号	代　　码
07	* j = temp;
08	}
09	return;
10	}
11	main(){
12	int i,a[5] = { 9,4,5,1,6};
13	printf("The original array:\n");
14	for(i = 0;i < 5;i++)
15	printf(" % d ",a[i]);
16	printf("\n");
17	inv(a,5);
18	printf("The array has benn inverted:\n");
19	for(i = 0;i < 5;i++)
20	printf(" % d ",a[i]);
21	printf("\n");
22	}
知识标签	新学知识: 指向一维数组的指针变量做函数形参 复习知识: 一维数组　数组名做函数实参

C 语言程序 c3_7_2.c 的运行结果如图 3-14 所示。

图 3-14　C 语言程序 c3_7_2.c 的运行结果

程序 c3_7_2.c 主函数 main 中定义一个指针变量 p,并将一维数组的首地址赋给该指针变量,然后使用指针变量作为函数 inv 调用的实参,也可以实现一维数组的数据交换的功能,其代码如表 3-15 所示。

表 3-15　程序 c3_7_2.c 的代码

序号	代　　码
01	void inv(int * x,int n){
02	int * p,m,temp, * i, * j;
03	m = n/2;
04	i = x; j = x + n − 1; p = x + m;
05	for(;i < = p;i++,j −−){
06	temp = * i;
07	* i = * j;
08	* j = temp;
09	}
10	return;
11	}
12	main(){

续表

序号	代　码
13	int i,arr[5] = { 9,4,5,1,6}, * p;
14	p = arr;
15	printf("The original array:\n");
16	for(i = 0;i < 5;i++,p++)
17	printf(" % d ", * p);
18	printf("\n");
19	p = arr;
20	inv(p,5);
21	printf("The array has benn inverted:\n");
22	for(p = arr;p < arr + 5;p++)
23	printf(" % d ", * p);
24	printf("\n");
25	}
知识 标签	新学知识：指针变量做函数实参 复习知识：一维数组　指向一维数组的指针变量做函数形参

C 语言程序 c3_7_3. c 的运行结果如图 3-15 所示。

图 3-15　C 语言程序 c3_7_3. c 的运行结果

知 识 探 究

在程序设计中,为了处理方便,把具有相同数据类型的若干数据按有序的形式组织起来。这些有序排列的同类型数据的集合称为数组。

C 语言中,数组属于构造数据类型。一个数组可以分解为多个数组元素,这些数组元素可以是基本数据类型或是构造类型。因此按数组元素的类型不同,数组又可分为数值数组、字符数组、指针数组、结构数组等各种类别。

C 语言支持一维数组和多维数组。一维数组只有一个下标,称为一维数组,其数组元素也称为单下标变量。在实际问题中有很多量是二维的或多维的,因此 C 语言允许构造多维数组。多维数组元素有多个下标,以标识它在数组中的位置,所以也称为多下标变量。

3.1　C 语言的一维数组

1. 一维数组的定义

C 语言中使用数组之前必须先进行定义。一维数组的定义方式为：

类型说明符　数组名[常量表达式];

其中,类型说明符是任一种基本数据类型或构造数据类型。数组名是用户定义的数组标识符。方括号中的常量表达式表示数据元素的个数,也称为数组的长度。

例如:

```
char ch[20];            /*字符数组 ch 有 20 个元素*/
int a[10];              /*整型数组 a 有 10 个元素*/
float b[10],c[20];      /*实型数组 b 有 10 个元素,实型数组 c 有 20 个元素*/
char ch[20];            /*字符数组 ch 有 20 个元素*/
```

对于数组类型的声明应注意以下几点:

① 数组的类型实际上是指数组元素的取值类型。对于同一个数组,其所有元素的数据类型都是相同的。

② 数组名的书写规则应符合标识符的书写规定。

③ 数组名不能与其他变量名相同。

④ 方括号中常量表达式表示数组元素的个数,例如 a[5]表示数组 a 有 5 个元素。但是其下标从 0 开始计算。因此 5 个元素分别为 a[0]、a[1]、a[2]、a[3]、a[4]。

⑤ 不能在方括号中用变量来表示元素的个数,但是可以是符号常数或常量表达式。

例如,下面的定义是合法的:

```
#define N 5
int a[3+2],b[7+N];
```

但是下述说明方式是错误的:

```
int n=5;
int a[n];
```

⑥ 允许在同一个类型说明中说明多个数组和多个变量。例如:

```
int a,b,k1[10],k2[20];
```

2. 一维数组元素的引用

数组元素是组成数组的基本单元。数组元素也是一种变量,其标识方法为数组名后跟一个下标。下标表示了元素在数组中的顺序号。数组元素的一般形式为:

```
数组名[下标]
```

其中下标只能为整型常量或整型表达式。如为小数时,C 编译将自动取整。

例如:a[5]、a[i+j]、a[i++]都是合法的数组元素。

数组元素通常也称为下标变量。必须先定义数组,才能使用下标变量。C 语言中只能逐个地使用下标变量,而不能一次引用整个数组。例如,输出有 10 个元素的数组必须使用循环语句逐个输出各下标变量:

```
for(i=0; i<10; i++)
    printf("%d",a[i]);
```

而不能用一个语句输出整个数组。因此,下面的写法是错误的:

```
printf("%d",a);
```

3. 一维数组的初始化

给数组赋值的方法除了用赋值语句对数组元素逐个赋值外,还可采用初始化赋值和动态赋值的方法。数组初始化赋值是指在数组定义时给数组元素赋予初值。数组初始化是在编译阶段进行的。这样将减少运行时间,提高效率。

初始化赋值的一般形式为:

类型说明符 数组名[常量表达式] = {值 1,值 2,…,值 n };

其中在{ }中的各数据值即为各元素的初值,各值之间用逗号间隔。

例如:

int a[10] = { 0,1,2,3,4,5,6,7,8,9 };

相当于

a[0] = 0; a[1] = 1 … a[9] = 9;

C 语言对数组的初始化赋值还有以下几点规定:

① 可以只给部分元素赋初值。当{ }中值的个数少于元素个数时,只给前面部分元素赋值。

例如:

int a[10] = {0,1,2,3,4};

表示只给 a[0]~a[4]5 个元素赋值,而后 5 个元素自动赋 0 值。

② 只能给元素逐个赋值,不能给数组整体赋值。

例如给 10 个元素全部赋 1 值,只能写为:

int a[10] = {1,1,1,1,1,1,1,1,1,1};

而不能写为:

int a[10] = 1;

③ 如给全部元素赋值,则在数组说明中,可以不给出数组元素的个数。例如:

int a[5] = {1,2,3,4,5};

可写为:

int a[] = {1,2,3,4,5};

④ 可以在程序执行过程中对数组作动态赋值。这时可用循环语句配合 scanf 函数逐个对数组元素赋值。

3.2   C 语言的二维数组

1. 二维数组的定义

二维数组定义的一般形式是:

类型说明符 数组名[常量表达式 1][常量表达式 2]

其中常量表达式 1 表示第一维下标的长度,常量表达式 2 表示第二维下标的长度。例如:

```
int a[2][3];
```

这里定义了一个 2 行 3 列的数组,数组名为 a,其下标变量的类型为整型。该数组的下标变量共有 2×3 个,即:

```
a[0][0],a[0][1],a[0][2]
a[1][0],a[1][1],a[1][2]
```

C 语言中,二维数组是按行排列的。即,先存放 a[0]行,再存放 a[1]行。每行中有 3 个元素也是依次存放。由于数组 a 说明为 int 类型,该类型占两个字节的内存空间,所以每个元素均占有两个字节。

2. 二维数组元素的引用

二维数组的元素也称为双下标变量,其表示的形式为:

```
数组名[下标][下标]
```

其中下标应为整型常量或整型表达式。例如:a[1][2]表示 a 数组 1 行 2 列的元素。

数组元素的引用和数组声明在形式中有些相似,但这两者具有完全不同的含义。数组声明的方括号中给出的是某一维的长度,即可取下标的最大值;而数组元素中的下标是该元素在数组中的位置标识。前者只能是常量,后者可以是常量、变量或表达式。

3. 二维数组的初始化

二维数组初始化也是在数组声明时给各下标变量赋以初值。二维数组可按行分段赋值,也可按行连续赋值。

例如对数组 a[5][3],按行分段赋值可写为:

```
int a[5][3] = { {80,75,92},{61,65,71},{59,63,70},{85,87,90},{76,77,85} };
```

按行连续赋值可写为:

```
int a[5][3] = { 80,75,92,61,65,71,59,63,70,85,87,90,76,77,85};
```

这两种赋初值的结果是完全相同的。

对于二维数组初始化赋值应注意以下几点。

① 可以只对部分元素赋初值,未赋初值的元素自动取 0 值。

例如:

```
int a[3][3] = {{1},{2},{3}};
```

是对每一行的第一列元素赋值,未赋值的元素取 0 值。赋值后各元素的值为:

```
1 0 0
2 0 0
3 0 0
int a [3][3] = {{0,1},{0,0,2},{3}};
```

赋值后的元素值为:

```
0 1 0
0 0 2
3 0 0
```

② 如对全部元素赋初值,则第一维的长度可以不给出。

例如:

```
int a[3][3] = {1,2,3,4,5,6,7,8,9};
```

可以写为:

```
int a[ ][3] = {1,2,3,4,5,6,7,8,9};
```

③ 数组是一种构造类型的数据。二维数组可以看作是由一维数组的嵌套而构成的。一维数组的每个元素都是一个数组,就组成了二维数组。当然,前提是各元素类型必须相同。根据这样的分析,一个二维数组也可以分解为多个一维数组。C 语言允许这种分解。

例如二维数组 a[3][4],可分解为三个一维数组,其数组名分别为:a[0]、a[1]、a[2]。

对这三个一维数组不需另作说明即可使用,这 3 个一维数组都有 4 个元素,例如:一维数组 a[0] 的元素为 a[0][0]、a[0][1]、a[0][2]、a[0][3]。必须强调的是,a[0]、a[1]、a[2] 不能当作下标变量使用,它们是数组名,不是一个单纯的下标变量。

3.3 C 语言的指针

指针是 C 语言中广泛使用的一种数据类型。利用指针变量可以表示各种数据结构,能很方便地使用数组和字符串,并能象汇编语言一样处理内存地址,从而编出精练而高效的程序。指针极大地丰富了 C 语言的功能。

1. 指针的概念

在计算机中,所有的数据都是存放在存储器中的。一般把存储器中的一个字节称为一个内存单元,不同的数据类型所占用的内存单元数不相同,例如整型量占 2 个单元,字符量占 1 个单元等,在前面已有详细的介绍。为了正确地访问这些内存单元,必须为每个内存单元编上号。根据一个内存单元的编号即可准确地找到该内存单元。内存单元的编号也叫作地址。既然根据内存单元的编号或地址就可以找到所需的内存单元,所以通常也把这个地址称为指针。

内存单元的指针和内存单元的内容是两个不同的概念。可以用一个通俗的例子来说明它们之间的关系。我们到银行去存取款时,银行工作人员将根据我们的账号去找我们的存款单,找到之后在存单上写入存款、取款的金额。在这里,账号就是存单的指针,存款数是存单的内容。对于一个内存单元来说,单元的地址即为指针,其中存放的数据才是该单元的内容。

在 C 语言中,允许用一个变量来存放指针,这种变量称为指针变量。因此,一个指针变量的值就是某个内存单元的地址或称为某内存单元的指针。

指针变量、字符变量、指针、地址之间关系示意图如图 3-16 所示。

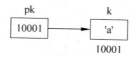

图 3-16 指针变量、字符变量、指针、地址之间关系示意图

图 3-16 中,设有字符变量 k,其内容为"a"(ASCII 码为十进制数 97),k 占用了 10001 号单元。设有指针变量 pk,内容为 10001,这种情况我们称为 pk 指向变量 k,或说 pk 是指向变量 k 的指针。

严格地说,一个指针是一个地址,是一个常量。而一个指针变量却可以被赋予不同的指针值,是变量。但通常把指针变量简称为指针。为了避免混淆,我们中约定:"指针"是指地址,是常量;"指针变量"是指取值为地址的变量。定义指针的目的是为了通过指针去访问内存单元。

既然指针变量的值是一个地址,那么这个地址不仅可以是变量的地址,也可以是其他数据结构的地址。在一个指针变量中存放一个数组或一个函数的首地址有何意义呢?

因为数组或函数都是连续存放的。通过访问指针变量取得了数组或函数的首地址,也就找到了该数组或函数。这样一来,凡是出现数组,函数的地方都可以用一个指针变量来表示,只要该指针变量中赋予数组或函数的首地址即可。这样做,将会使程序的概念十分清楚,程序本身也精练、高效。

在 C 语言中,一种数据类型或数据结构往往都占有一组连续的内存单元。用"地址"这个概念并不能很好地描述一种数据类型或数据结构,而"指针"虽然实际上也是一个地址,但它却是一个数据结构的首地址,它是"指向"一个数据结构的,因而概念更为清楚,表示更为明确。这也是引入"指针"概念的一个重要原因。

ANSI 新标准增加了一种 void 指针类型,即可以定义一个指针变量,但不指定它是指向哪一种类型数据。

2. C 语言的指针变量

变量的指针就是变量的地址。存放变量地址的变量是指针变量。即在 C 语言中,允许用一个变量来存放指针,这种变量称为指针变量。因此,一个指针变量的值就是某个变量的地址或称为某变量的指针。

为了表示指针变量和它所指向的变量之间的关系,在程序中使用"＊"符号表示"指向",例如,pointer 代表指针变量,而 ＊pointer 是 pointer 所指向的变量。

(1) 定义一个指针变量

对指针变量的定义包括三个内容:

① 指针类型说明,即定义变量为一个指针变量;

② 指针变量名;

③ 变量值(指针)所指向的变量的数据类型。

其一般形式为:

类型说明符　　＊变量名;

其中,"＊"表示这是一个指针变量,变量名即为定义的指针变量名,类型说明符表示本指针变量所指向的变量的数据类型。

例如:

```
int * p1;
```

表示 p1 是一个指针变量,它的值是某个整型变量的地址。或者说 p1 指向一个整型变量。至于 p1 究竟指向哪一个整型变量,应由向 p1 赋予的地址来决定。

117

再如：

```
int * p2;              / * p2 是指向整型变量的指针变量 * /
float * p3;            / * p3 是指向浮点变量的指针变量 * /
char * p4;             / * p4 是指向字符变量的指针变量 * /
```

应该注意的是，一个指针变量只能指向同类型的变量，例如 p3 只能指向浮点变量，不能时而指向一个浮点变量，时而又指向一个字符变量。

（2）指针变量的引用

指针变量同普通变量一样，使用之前不仅要定义说明，而且必须赋予具体的值。未经赋值的指针变量不能使用。指针变量的赋值只能赋予地址，决不能赋予任何其他数据，否则将引起错误。C 语言中，变量的地址是由编译系统分配的，用户不知道变量的具体地址。

3. C 语言指针变量的运算

指针变量可以进行某些运算，但其运算的种类是有限的。它只能进行赋值运算和部分算术运算及关系运算。

（1）指针运算符

指针运算符有两种。

① 取地址运算符（&）：取地址运算符（&）或称"间接访问"运算符是单目运算符，其结合性为自右至左，其功能是取变量的地址。在 scanf 函数及前面介绍指针变量赋值中，我们已经了解并使用了 & 运算符。

② 取内容运算符（*）：取内容运算符（*）是单目运算符，其结合性为自右至左，用来表示指针变量所指的变量。在 * 运算符之后跟的变量必须是指针变量。

需要注意的是，指针运算符（*）和指针变量说明中的指针说明符（*）不是一回事。在指针变量说明中，"*"是类型说明符，表示其后的变量是指针类型。而表达式中出现的"*"则是一个运算符用以表示指针变量所指的变量。

例如：

```
main()
{
    int a = 5, * p = &a;
    printf ( "% d", * p);
}
```

表示指针变量 p 初始时取得了整型变量 a 的地址。printf("％d"，* p)语句表示输出变量 a 的值。

C 语言中提供了地址运算符 & 来表示变量的地址。其一般形式为：

& 变量名;

例如，& a 表示变量 a 的地址，& b 表示变量 b 的地址，变量本身必须预先说明。

设有指向整型变量的指针变量 p，例如要把整型变量 a 的地址赋予 p 可以有以下两种方式。

① 指针变量初始化的方法。

```
int a;
int * p = &a;
```

② 赋值语句的方法。

```
int a;
int * p;
p = &a;
```

不允许把一个数值赋予指针变量,故下面的赋值是错误的:

```
int * p;
p = 1000;
```

被赋值的指针变量前不能再加"*"字符,例如写为 * p＝&a 也是错误的。

假设:

```
int i = 200,x;
int * pi;
```

我们定义了两个整型变量 i、x,还定义了一个指向整型数的指针变量 pi。i、x 中可存放整数,而 pi 中只能存放整型变量的地址。我们可以把 i 的地址赋给 pi:

```
pi = &i;
```

此时指针变量 pi 指向整型变量 i,假设变量 i 的地址为 10101,这个赋值可形象理解为如图 3-17 所示的联系。

以后我们便可以通过指针变量 pi 间接访问变量 i,例如:

```
x = * pi;
```

运算符 * 访问以 pi 为地址的存贮区域,而 pi 中存放的是变量 i 的地址,因此,* pi 访问的是地址为 10101 的存储区域中的数据(因为是整数,实际上是从 10101 开始的两个字节),它就是 i 所占用的存贮区域,所以上面的赋值表达式等价于:

```
x = i;
```

另外,指针变量和一般变量一样,存放在它们之中的值是可以改变的,也就是说可以改变它们的指向,对于以下程序代码:

```
int i,j, * p1, * p2;
i = 'a';
j = 'b';
p1 = &i;
p2 = &j;
```

则建立如图 3-18 所示的联系。

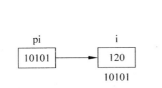

图 3-17　指针变量 pi 指向整型变量 i

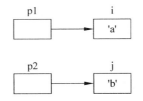

图 3-18　两个指针变量指向不同的变量

119

这时执行以下赋值表达式：

p2 = p1;

就使 p2 与 p1 指向同一对象 i,此时 * p2 就等价于 i,而不是 j,如图 3-19 所示。

如果执行如下赋值表达式：

 * p2 = * p1;

则表示把 p1 指向的内容赋给 p2 所指的区域,此时就变成如图 3-20 所示的联系。

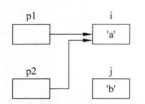

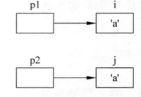

图 3-19　两个指针变量指向同一个变量　　　图 3-20　两个指针变量所指向变量的值相同

通过指针访问它所指向的一个变量是以间接访问的形式进行的,所以比直接访问一个变量要费时间,而且不直观,因为通过指针要访问哪一个变量,取决于指针的值(即指向),例如" * p2 = * p1;"实际上就是"j=i;",前者不仅速度慢而且目的不明。但由于指针是变量,我们可以通过改变它们的指向,以间接访问不同的变量,这给程序员带来灵活性,也使程序代码编写得更为简洁和有效。

指针变量可以出现在表达式中,设"int x,y, * px=&x;",则指针变量 px 指向整数 x,则 * px 可出现在 x 能出现的任何地方。例如：

```
y = * px + 5;          /*表示把 x 的内容加 5 并赋给 y*/
y = ++ * px;           /* px 的内容加上 1 之后赋给 y,++ * px 相当于++ ( * px) */
y = * px++;            /* 相当于 y = * px; px++ */
```

(2) 指针变量的赋值运算

指针变量的赋值运算有以下几种形式。

① 指针变量初始化赋值,前面已作介绍。

② 把一个变量的地址赋予指向相同数据类型的指针变量。例如：

```
int a, * pa;
pa = &a;               /* 把整型变量 a 的地址赋予整型指针变量 pa */
```

③ 把一个指针变量的值赋予指向相同类型变量的另一个指针变量。例如：

```
int a, * pa = &a, * pb;
pb = pa;               /* 把 a 的地址赋予指针变量 pb */
```

由于 pa、pb 均为指向整型变量的指针变量,因此可以相互赋值。

④ 把数组的首地址赋予指向数组的指针变量。例如：

```
int a[5], * pa;
pa = a;                /* 数组名表示数组的首地址,故可赋予指向数组的指针变量 pa */
```

也可写为：

```
pa = &a[0];            /* 数组第一个元素的地址也是整个数组的首地址,也可赋给 pa */
```

当然也可采取初始化赋值的方法：

```
int a[5], * pa = a;
```

⑤ 把字符串的首地址赋予指向字符类型的指针变量。例如：

```
char * pc;
pc = "good";
```

或用初始化赋值的方法写为：

```
char * pc = "good";
```

这里应说明的是,并不是把整个字符串装入指针变量,而是把存放该字符串的字符数组的首地址装入指针变量。

⑥ 把函数的入口地址赋予指向函数的指针变量。例如：

```
int ( * pf)();
pf = f;                /* f 为函数名 */
```

（3）加减算术运算

对于指向数组的指针变量,可以加上或减去一个整数 n。设 pa 是指向数组 a 的指针变量,则 pa+n、pa−n、pa++、++pa、pa−−、−−pa 运算都是合法的。指针变量加或减一个整数 n 的意义是把指针指向的当前位置(指向某数组元素)向前或向后移动 n 个位置。应当注意,数组指针变量向前或向后移动一个位置和地址加 1 或减 1 在概念上是不同的。因为数组可以有不同的类型,各种类型的数组元素所占的字节长度是不同的。如指针变量加 1,即向后移动 1 个位置表示指针变量指向下一个数据元素的首地址。而不是在原地址基础上加 1。例如：

```
int a[5], * pa;
pa = a;                /* pa 指向数组 a,也是指向 a[0] */
pa = pa + 2;           /* pa 指向 a[2],即 pa 的值为 &pa[2] */
```

指针变量的加减运算只能对数组指针变量进行,对指向其他类型变量的指针变量作加减运算是毫无意义的。

（4）两个指针变量之间的运算

只有指向同一数组的两个指针变量之间才能进行运算,否则运算毫无意义。

① 两指针变量相减。

两指针变量相减所得之差是两个指针所指数组元素之间相差的元素个数,实际上是两个指针值(地址)相减之差再除以该数组元素的长度(字节数)。例如 pf1 和 pf2 是指向同一浮点数组的两个指针变量,设 pf1 的值为 2010H,pf2 的值为 2000H,而浮点数组每个元素占 4 个字节,所以 pf1-pf2 的结果为(2000H-2010H)/4＝4,表示 pf1 和 pf2 之间相差 4 个元素。两个指针变量不能进行加法运算。例如,pf1＋pf2 是毫无实际意义的。

② 两指针变量进行关系运算。

指向同一数组的两指针变量进行关系运算可以表示它们所指数组元素之间的关系。例如：

pf1＝＝pf2 表示 pf1 和 pf2 指向同一数组元素。

pf1＞pf2 表示 pf1 处于高地址位置。

pf1＜pf2 表示 pf2 处于低地址位置。

指针变量还可以与 0 比较。设 p 为指针变量，则 p＝＝0 表明 p 是空指针，它不指向任何变量；p!＝0 表示 p 不是空指针。

空指针是由对指针变量赋予 0 值而得到的。例如：

```
#define NULL 0
int * p = NULL;
```

对指针变量赋 0 值和不赋值是不同的。指针变量未赋值时，可以是任意值，是不能使用的，否则将造成意外错误。而指针变量赋 0 值后，则可以使用，只是它不指向具体的变量而已。

3.4　C 语言的数组与指针

1. C 语言数组指针

一个变量有一个地址，一个数组包含若干元素，每个数组元素都在内存中占用存储单元，它们都有相应的地址。所谓数组的指针是指数组的起始地址，数组元素的指针是数组元素的地址。数组名永远是一个指针，指向第一个元素的地址，即数组首地址。

一个数组是由连续的一块内存单元组成的。数组名就是这块连续内存单元的首地址。一个数组也是由各个数组元素（下标变量）组成的。每个数组元素按其类型不同占有几个连续的内存单元。一个数组元素的首地址也是指它所占有的几个内存单元的首地址。

（1）C 语言数组指针的定义

定义一个指向数组元素的指针变量的方法，与以前介绍的指针变量相同。例如：

```
int a[10];              /* 定义 a 为包含 10 个整型数据的数组 */
int * p;                /* 定义 p 为指向整型变量的指针 */
```

应当注意，因为数组为 int 型，所以指针变量也应为指向 int 型的指针变量。下面是对指针变量赋值：

```
p = &a[0];
```

把 a[0]元素的地址赋给指针变量 p。也就是说，p 指向 a 数组的第 0 号元素。

C 语言规定，数组名代表数组的首地址，也就是第 0 号元素的地址。因此，下面两个语句等价：

```
p = &a[0];
p = a;
```

在定义指针变量时可以赋给初值：

```
int * p = &a[0];
```

它等效于：

```
int  * p;
p = &a[0];
```

当然定义时也可以写成：

```
int  * p = a;
```

我们可以看出有以下关系：p、a、&a[0]均指向同一单元，它们是数组 a 的首地址，也是 0 号元素 a[0]的首地址。应该说明的是，p 是变量，而 a、&a[0]都是常量，在编程时应予以区别。

数组指针变量说明的一般形式为：

```
类型说明符    * 指针变量名；
```

其中类型说明符表示所指数组的类型，从一般形式可以看出指向数组的指针变量和指向普通变量的指针变量的声明是相同的。

（2）C 语言通过指针引用数组

C 语言规定：如果指针变量 p 已指向数组中的一个元素，则 p+1 指向同一数组中的下一个元素。

引入指针变量后，就可以用两种方法来访问数组元素了。

如果 p 的初值为 &a[0]，则 p+i 和 a+i 就是 a[i]的地址，或者说它们指向 a 数组的第 i 个元素。

* (p+i)或 * (a+i)就是 p+i 或 a+i 所指向的数组元素，即 a[i]。例如，* (p+5)或 * (a+5)就是 a[5]。指向数组的指针变量也可以带下标，如 p[i]与 * (p+i)等价。

根据以上叙述，引用一个数组元素可以使用以下两种方法。

① 下标法：即用 a[i]形式访问数组元素，在前面介绍数组时都是采用这种方法。

② 指针法：即采用 * (a+i)或 * (p+i)形式，用间接访问的方法来访问数组元素，其中 a 是数组名，p 是指向数组的指针变量。

（3）几个值得注意的问题

① 指针变量可以实现本身值的改变。例如 p++是合法的；而 a++是错误的。因为 a 是数组名，它是数组的首地址，是常量。

② 指针变量可以指到数组以后的内存单元，系统并不认为非法。

③ * p++，由于++和 * 同优先级，结合方向自右而左，等价于 * (p++)。

④ * (p++)与 * (++p)作用不同。若 p 的初值为 a，则 * (p++)等价 a[0]，* (++p)等价 a[1]。

⑤ (* p)++表示 p 所指向的元素值加 1。

⑥ 如果 p 当前指向 a 数组中的第 i 个元素，则：

* (p－－)相当于 a[i－－]；

* (++p)相当于 a[++i]；

* (－－p)相当于 a[－－i]。

2. C 语言指向多维数组的指针变量

以二维数组为例介绍多维数组的指针变量。

（1）多维数组的地址

设有整型二维数组 a[3][4] 如下：

$$
\begin{array}{cccc}
0 & 1 & 2 & 3 \\
4 & 5 & 6 & 7 \\
8 & 9 & 10 & 11
\end{array}
$$

它的定义为：

int a[3][4] = {{0,1,2,3},{4,5,6,7},{8,9,10,11}}

这里假设数组 a 的首地址为 2000，各下标变量的首地址及其值如图 3-21 所示。

2000	2002	2004	2006
0	1	2	3
2008	2010	2012	2014
4	5	6	7
2016	2018	2020	2022
8	9	10	11

图 3-21　二维整型数组下标变量的首地址及其值

C 语言允许把一个二维数组分解为多个一维数组来处理。因此数组 a 可分解为 3 个一维数组，即 a[0]、a[1]、a[2]。每一个一维数组又含有 4 个元素。

数组及数组元素的地址表示如下：从二维数组的角度来看，a 是二维数组名，a 代表整个二维数组的首地址，也是二维数组 0 行的首地址，等于 1000。a＋1 代表第一行的首地址，等于 1008，如图 3-22 所示。

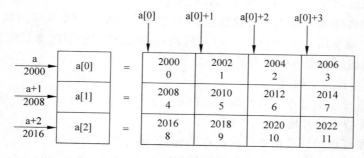

图 3-22　数组及数组元素的地址表示

a[0] 是第一个一维数组的数组名和首地址，因此也为 2000。＊（a＋0）或＊a 是与 a[0] 等效的，它表示一维数组 a[0]0 号元素的首地址，也为 2000。&a[0][0] 是二维数组 a 的 0 行 0 列元素首地址，同样是 2000。因此，a,a[0],＊（a＋0），＊a,&a[0][0] 是相等的。

同理，a＋1 是二维数组 1 行的首地址，等于 2008。a[1] 是第二个一维数组的数组名和首地址，因此也为 2008。&a[1][0] 是二维数组 a 的 1 行 0 列元素地址，也是 2008。因此 a＋1,a[1],＊（a＋1），&a[1][0] 是等同的。

由此可得出：a＋i,a[i],＊（a＋i），&a[i][0] 是等同的。

此外，&a[i] 和 a[i] 也是等同的。因为在二维数组中不能把 &a[i] 理解为元素 a[i] 的地址，不存在元素 a[i]。C 语言规定，它是一种地址计算方法，表示数组 a 第 i 行首地址。由此我们得出：a[i]、&a[i]、*(a+i)和 a+i 也都是等同的。

另外，a[0]也可以看成是 a[0]+0，是一维数组 a[0]的 0 号元素的首地址，其值是 &a[0][0]。而 a[0]+1 则是 a[0]的 1 号元素首地址，其值是 &a[0]1。由此可得出 a[i]+j 则是一维数组 a[i]的 j 号元素首地址，它等于 &a[i][j]。

由 a[i]= *(a+i)得 a[i]+j= *(a+i)+j。由于 *(a+i)+j 是二维数组 a 的 i 行 j 列元素的首地址，所以，该元素的值等于 *(*(a+i)+j)。

（2）指向多维数组的指针变量

把二维数组 a 分解为一维数组 a[0]、a[1]、a[2]之后，设 p 为指向二维数组的指针变量。可定义为：

int (*p)[3]

它表示 p 是一个指针变量，它指向包含 3 个元素的一维数组。若指向第一个一维数组 a[0]，其值等于 a，a[0]或 &a[0][0]等。而 p+i 则指向一维数组 a[i]。从前面的分析可得出 *(p+i)+j 是二维数组 i 行 j 列的元素的地址，而 *(*(p+i)+j)则是 i 行 j 列元素的值。

二维数组指针变量说明的一般形式为：

类型说明符(*指针变量名)[长度]

其中"类型说明符"为所指数组的数据类型，"*"表示其后的变量是指针类型，"长度"表示二维数组分解为多个一维数组时，一维数组的长度，也就是二维数组的列数。应注意"(*指针变量名)"两边的括号不可少，如缺少括号则表示是指针数组，意义就完全不同了。

3. C 语言的指针数组

一个数组的元素值为指针则是指针数组，指针数组是一组有序的指针的集合。指针数组的所有元素都必须是具有相同存储类型和指向相同数据类型的指针变量。指针数组声明的一般形式为：

类型说明符 *数组名[数组长度]

其中类型说明符为指针值所指向的变量的类型。例如："int *pa[3]"表示 pa 是一个指针数组，它有三个数组元素，每个元素值都是一个指针，指向整型变量。

通常可用一个指针数组来指向一个二维数组。指针数组中的每个元素被赋予二维数组每一行的首地址，因此也可理解为指向一个一维数组。

应该注意指针数组和二维数组指针变量的区别。这两者虽然都可用来表示二维数组，但是其表示方法和意义是不同的。

二维数组指针变量是单个的变量，其一般形式中"(*指针变量名)"两边的括号不可少。而指针数组类型表示的是多个指针(一组有序指针)，在一般形式中"*指针数组名"两边不能有括号。

例如："int (*p)[3];"表示一个指向二维数组的指针变量，该二维数组的列数为 3 或分解为一维数组的长度为 3。

例如："int *p[3];"表示 p 是一个指针数组，有 3 个下标变量 p[0]、p[1]、p[2]均为指针变量。

指针数组也常用来表示一组字符串,这时指针数组的每个元素被赋予一个字符串的首地址。

3.5 C语言的函数与指针

1. C语言函数参数的多样性

单元 1 主要介绍了简单变量的函数参数,其实 C 语言中函数参数具有多样性,指针变量、数组元素、数据名都可以作为函数参数使用,进行数据传送。

(1) C语言指针变量作为函数参数

函数的参数不仅可以是整型、实型、字符型等数据,还可以是指针类型。它的作用是将一个变量的地址传送到另一个函数中。

(2) 数组元素作函数实参

数组可以作为函数的参数使用,进行数据传送。数组用作函数参数有两种形式,一种是把数组元素(下标变量)作为实参使用;另一种是把数组名作为函数的形参和实参使用。

数组元素就是下标变量,它与普通变量并无区别。因此它作为函数实参使用与普通变量是完全相同的,在发生函数调用时,把作为实参的数组元素的值传送给形参,实现单向的值传送。

(3) 数组名作为函数参数

用数组名作函数参数与用数组元素作实参有几点不同。

① 用数组元素作实参时,只要数组类型和函数的形参变量的类型一致,那么作为下标变量的数组元素的类型也和函数形参变量的类型是一致的。因此,并不要求函数的形参也是下标变量。换句话说,对数组元素的处理是按普通变量对待的。用数组名作函数参数时,则要求形参和相对应的实参都必须是类型相同的数组,都必须有明确的数组说明。当形参和实参二者不一致时,即会发生错误。

② 在普通变量或下标变量作函数参数时,形参变量和实参变量是由编译系统分配的两个不同的内存单元。在函数调用时发生的值传送是把实参变量的值赋予形参变量。在用数组名作函数参数时,不是进行值的传送,即不是把实参数组的每一个元素的值都赋予形参数组的各个元素。因为实际上形参数组并不存在,编译系统不为形参数组分配内存。那么,数据的传送是如何实现的呢?在我们曾介绍过数组名就是数组的首地址,因此在数组名作函数参数时所进行的传送只是地址的传送,也就是说把实参数组的首地址赋予形参数组名。形参数组名取得该首地址之后,也就等于有了实在的数组。实际上是形参数组和实参数组为同一数组,共同拥有一段内存空间,形参数组名可以理解为实参数组名的别名,如图 3-23 所示。

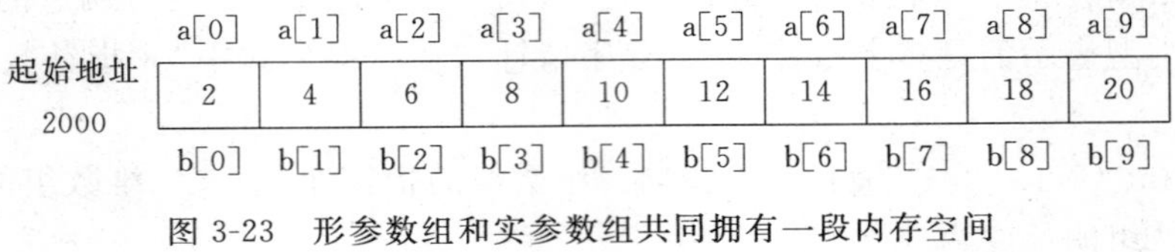

	a[0]	a[1]	a[2]	a[3]	a[4]	a[5]	a[6]	a[7]	a[8]	a[9]
起始地址 2000	2	4	6	8	10	12	14	16	18	20
	b[0]	b[1]	b[2]	b[3]	b[4]	b[5]	b[6]	b[7]	b[8]	b[9]

图 3-23　形参数组和实参数组共同拥有一段内存空间

图 3-23 说明了这种情形。图中设 a 为实参数组,类型为整型。a 占有以 2000 为首地址的一块内存区。b 为形参数组名。当发生函数调用时,进行地址传送,把实参数组 a 的首地址传送给形参数组名 b,于是 b 也取得该地址 2000。于是 a,b 两数组共同占有以 2000 为首地址的一段连续内存单元。从图 3-23 中还可以看出 a 和 b 下标相同的元素实际上也占相同的两个内存单元(整型数组每个元素占二字节)。例如 a[0] 和 b[0] 都占用 2000 和 2001 单元,当然 a[0] 等于 b[0]。类推则有 a[i] 等于 b[i]。

③ 前面已经讨论过,在变量作函数参数时,所进行的值传送是单向的。即只能从实参传向形参,不能从形参传回实参。形参的初值和实参相同,而形参的值发生改变后,实参并不变化,两者的终值是不同的。而当用数组名作函数参数时,情况则不同。由于实际上形参和实参为同一数组,因此当形参数组发生变化时,实参数组也随之变化。当然这种情况不能理解为发生了"双向"的值传递。但从实际情况来看,调用函数之后实参数组的值将由于形参数组值的变化而变化。

用数组名作为函数参数时还应注意以下几点:

① 形参数组和实参数组的类型必须一致,否则将引起错误。

② 形参数组和实参数组的长度可以不相同,因为在调用时,只传送首地址而不检查形参数组的长度。当形参数组的长度与实参数组不一致时,虽不至于出现语法错误(编译能通过),但程序执行结果将与实际不符,这是应予以注意的。

③ 在函数形参表中,允许不给出形参数组的长度,或用一个变量来表示数组元素的个数。例如,可以写为:

```
void fun(int a[])
```

或写为:

```
void fun(int a[],int n)
```

其中形参数组 a 没有给出长度,而由 n 值动态地表示数组的长度,n 的值由主调函数的实参进行传送。

④ 多维数组也可以作为函数的参数。在函数定义时对形参数组可以指定每一维的长度,也可省去第一维的长度。因此,以下写法都是合法的:

```
int fun(int a[3][10])
```

或写为:

```
int fun(int a[][10])
```

2. C 语言的函数指针变量

在 C 语言中,一个函数总是占用一段连续的内存区,而函数名就是该函数所占内存区的首地址。可以把函数的这个首地址(或称入口地址)赋予一个指针变量,使该指针变量指向该函数。然后通过指针变量就可以找到并调用这个函数。我们把这种指向函数的指针变量称为"函数指针变量"。

函数指针变量定义的一般形式为:

```
类型说明符( * 指针变量名)();
```

其中"类型说明符"表示被指函数的返回值的类型,"(＊指针变量名)"表示"＊"后面的变量是定义的指针变量。最后的空括号表示指针变量所指的是一个函数。

例如:

```
int (＊pf)();
```

表示 pf 是一个指向函数入口的指针变量,该函数的返回值(函数值)是整型。

调用函数的一般形式为:

(＊指针变量名)(实参表)

使用函数指针变量还应注意以下两点:

① 函数指针变量不能进行算术运算,这是与数组指针变量不同的。数组指针变量加减一个整数可使指针移动指向后面或前面的数组元素,而函数指针的移动是毫无意义的。

② 函数调用中"(＊指针变量名)"的两边的括号不可少,其中的 ＊ 不应该理解为求值运算,在此处它只是一种表示符号。

3. C 语言的指针型函数

函数类型是指函数返回值的类型,在 C 语言中允许一个函数的返回值是一个指针(即内存地址),这种返回指针值的函数称为指针型函数。定义指针型函数的一般形式为:

```
类型说明符 ＊函数名(形参表){
        /＊函数体＊/
}
```

其中函数名之前加了"＊"号表明这是一个指针型函数,即返回值是一个指针。类型说明符表示了返回的指针值所指向的数据类型。例如:

```
int ＊ fun( int x, int y){
    /＊函数体＊/
}
```

表示 fun 是一个返回指针值的指针型函数,它返回的指针指向一个整型变量。

应该特别注意的是,函数指针变量和指针型函数这两者在写法和意义上的区别。例如 int(＊p)()和 int ＊p()是两个完全不同的量。

int (＊p)()是一个变量说明,说明 p 是一个指向函数入口的指针变量,该函数的返回值是整型量,(＊p)的两边的括号不能少。

int ＊p()则不是变量说明而是函数说明,说明 p 是一个指针型函数,其返回值是一个指向整型量的指针,＊p 两边没有括号。作为函数说明,在括号内最好写入形式参数,这样便于与变量说明区别。对于指针型函数定义,int ＊p()只是函数头部分,一般还应该有函数体部分。

3.6　C 语言的局部变量和全局变量

在讨论函数的形参变量时曾经提到,形参变量只在被调用期间才分配内存单元,调用结束立即释放。这一点表明形参变量只有在函数内才是有效的,离开该函数就不能再使用了。这种变量有效性的范围称变量的作用域。不仅对于形参变量,C 语言中所有的量都有自己的作用域。变量说明的方式不同,其作用域也不同。

C 语言中的变量,按作用域范围可分为两种,即局部变量和全局变量。

1. 局部变量

局部变量也称为内部变量,局部变量是在函数内作定义说明的。其作用域仅限于函数内,离开该函数后再使用这种变量是非法的。

例如:

```
int f1(int a){
    int b,c;                /* a、b、c 仅在函数 f1()内有效 */
}
int f2(int x){
    int y,z;                /* x、y、z 仅在函数 f2()内有效 */
}
main(){
    int m,n;                /* m、n 仅在函数 main()内有效 */
}
```

在函数 f1 内定义了三个变量,a 为形参,b、c 为一般变量。在 f1 的范围内 a、b、c 有效,或者说 a、b、c 变量的作用域限于 f1 内。同理,x、y、z 的作用域限于 f2 内。m、n 的作用域限于 main 函数内。

关于局部变量的作用域还应注意以下几点:

① 主函数中定义的变量也只能在主函数中使用,不能在其他函数中使用。同时,主函数中也不能使用其他函数中定义的变量。因为主函数也是一个函数,它与其他函数是平行关系。这一点是与其他语言不同的,应予以注意。

② 形参变量是属于被调函数的局部变量,实参变量是属于主调函数的局部变量。

③ 允许在不同的函数中使用相同的变量名,它们代表不同的对象,分配不同的单元,互不干扰,也不会发生混淆。

④ 在复合语句中也可定义变量,其作用域只在复合语句范围内。例如:

```
main(){
    int s,a;
    /* … */
    {
        int b;
        s = a + b;
        /* … */           /* b 作用域 */
    }
    /* … */               /* s、a 作用域 */
}
```

分析表 3-16 所示的程序代码。

表 3-16　C 语言变量的作用域实例代码

序号	代　　码
01	# include < stdio. h>
02	int main(void){
03	int i = 2,j = 3,k;
04	k = i + j;
05	{
06	int k = 8;
07	printf(" % d\n",k);
08	}
09	printf(" % d, % d\n",i,k);
10	}

本程序在 main 中定义了 i、j、k 三个变量,其中 k 未赋初值。而在复合语句内又定义了一个变量 k,并赋初值为 8。应该注意这两个 k 不是同一个变量。在复合语句外由 main 定义的 k 起作用,而在复合语句内则由在复合语句内定义的 k 起作用。因此程序第 4 行的 k 为 main 所定义,其值应为 5。第 7 行输出 k 值,该行在复合语句内,由复合语句内定义的 k 起作用,其初值为 8,故输出值为 8。第 9 行输出 i、k 值,i 是在整个程序中有效的,第 3 行对 i 赋值为 2,所以输出也为 2。而第 9 行已在复合语句之外,输出的 k 应为 main 所定义的 k,此 k 值由第 4 行已获得为 5,故输出也为 5。

2. 全局变量

全局变量也称为外部变量,它是在函数外部定义的变量。它不属于哪一个函数,它属于一个源程序文件,其作用域是整个源程序。

在函数中使用全局变量,一般应作全局变量声明,只有在函数内经过声明的全局变量才能使用,全局变量的说明符为 extern。但在一个函数之前定义的全局变量,在该函数内使用可以不再加以声明。

例如:

```
int a,b;                    /* 外部变量 */
void f1(){                  /* 函数 f1 */
    /* … */
}
float x,y;                  /* 外部变量 */
int fz(){                   /* 函数 fz */
    /* … */
}
main(){                     /* 主函数 */
    /* … */
}
```

从上例可以看出 a、b、x、y 都是在函数外部定义的外部变量,都是全局变量。但 x、y 定义在函数 f1 之后,而在 f1 内又无对 x、y 的说明,所以它们在 f1 内无效。a、b 定义在源程序最前面,因此在 f1、f2 及 main 内不加说明也可使用。

外部变量与局部变量同名的实例代码如下。

```
#include <stdio.h>
int a = 3,b = 5;            /* a、b 为外部变量 */
int max(int a,int b){       /* a、b 为局部变量 */
    int c;
    c = a>b ? a : b;
    return c;
}
main(){
    int a = 8;
    printf("%d\n",max(a,b));
}
```

如果同一个源文件中外部变量与局部变量同名,则在局部变量的作用范围内,外部变量被"屏蔽",即它不起作用。

3.7 C 语言变量的存储类别

在 C 语言中,每个变量和函数有两个属性:数据类型和数据的存储类别。从变量的作用域(即从空间)角度来分,可以分为全局变量和局部变量。从变量的生存期值(即存在的作用时间)角度来分,可以分为静态存储方式和动态存储方式。静态存储方式是指在程序运行期间分配固定存储空间的方式。动态存储方式是在程序运行期间根据需要进行动态分配存储空间的方式。

用户存储空间可以分为三个部分:程序区、静态存储区、动态存储区。

全局变量全部存放在静态存储区,在程序开始执行时给全局变量分配存储区,程序执行完毕就释放。在程序执行过程中它们占据固定的存储单元,而不动态地进行分配和释放。

动态存储区存放以下数据:

① 函数的形式参数;

② 自动变量(未加 static 声明的局部变量);

③ 函数调用时的现场保护和返回地址。

对以上这些数据,在函数开始调用时分配动态存储空间,函数结束时释放这些空间。

1. auto 变量

函数中的局部变量,如不专门声明为 static 存储类别,都是动态地分配存储空间的,数据存储在动态存储区中。函数中的形参和在函数中定义的变量(包括在复合语句中定义的变量)都属此类,在调用该函数时系统会给它们分配存储空间,在函数调用结束时就自动释放这些存储空间。这类局部变量称为自动变量。自动变量用关键字 auto 作存储类别的声明。

例如:

```
int f(int a){          /* 定义 f 函数,a 为参数 */
   auto int b,c = 3;    /* 定义 b,c 自动变量 */
    /* … */
 }
```

a 是形参,b、c 是自动变量,对 c 赋初值 3。执行完 f 函数后,自动释放 a、b、c 所占的存储单元。

关键字 auto 可以省略,auto 不写则隐含定为"自动存储类别",属于动态存储方式。

2. 用 static 声明局部变量

有时希望函数中局部变量的值在函数调用结束后不消失而保留原值,这时就应该指定局部变量为"静态局部变量",用关键字 static 进行声明。

表 3-17 所示的代码其功能为 1～5 的阶乘值,分析其静态局部变量的值。

表 3-17 静态局部变量的示例代码

序号	代 码
01	# include < stdio. h >
02	int fac(int n){
03	static int f = 1;
04	f = f * n;
05	return f;

序号	代　码
06	`    }`
07	`main(){`
08	`    int i;`
09	`    for(i = 1;i <= 5;i++)`
10	`        printf(" % d!= % d\n",i,fac(i));`
11	`    }`

对静态局部变量的说明：

① 静态局部变量属于静态存储类别，在静态存储区内分配存储单元。在程序整个运行期间都不释放。而自动变量（即动态局部变量）属于动态存储类别，占用动态存储空间，函数调用结束后即释放。

② 静态局部变量在编译时赋初值，即只赋初值一次；而对自动变量赋初值是在函数调用时进行，每调用一次函数重新给一次初值，相当于执行一次赋值语句。

③ 如果在定义局部变量时不赋初值的话，则对静态局部变量来说，编译时自动赋初值 0（对数值型变量）或空字符（对字符变量）。而对自动变量来说，如果不赋初值则它的值是一个不确定的值。

3. 用 extern 声明外部变量

外部变量（即全局变量）是在函数的外部定义的，它的作用域为从变量定义处开始，到本程序文件的末尾。如果外部变量不在文件的开头定义，其有效的作用范围只限于定义处到文件终了。如果在定义点之前的函数想引用该外部变量，则应该在引用之前用关键字 extern 对该变量作"外部变量声明"。表示该变量是一个已经定义的外部变量。有了此声明，就可以从"声明"处起，合法地使用该外部变量。

用 extern 声明外部变量，扩展程序文件中的作用域，示例代码如表 3-18 所示。

表 3-18　用 extern 声明外部变量的示例代码

序号	代　码
01	`# include < stdio. h >`
02	`int max( int x,int y){`
03	`    int z;`
04	`    z = x > y?x:y;`
05	`    return z;`
06	`    }`
07	`main(){`
08	`    extern A,B;`
09	`    printf(" % d\n",max(A,B));`
10	`    }`
11	`int A = 13,B = − 8;`

说明：在本程序文件的最后一行定义了外部变量 A、B，但由于外部变量定义的位置在函数 main 之后，因此本来在 main 函数中不能引用外部变量 A、B。现在我们在 main 函数中用 extern 对 A 和 B 进行"外部变量声明"，就可以从"声明"处起，合法地使用该外部变量 A 和 B。

4. 用 register 声明寄存器变量

为了提高效率,C 语言允许将局部变量的值放在 CPU 中的寄存器中,这种变量叫"寄存器变量",用关键字 register 作声明。

使用寄存器变量的示例代码如表 3-19 所示。

表 3-19　使用寄存器变量的示例代码

序号	代　　码
01	# include < stdio. h >
02	int fac(int n){
03	register int i,f = 1;
04	for(i = 1;i <= n;i++)
05	f = f * i;
06	return f;
07	}
08	main(){
09	int i;
10	for(i = 0;i <= 5;i++)
11	printf(" % d!= % d\n",i,fac(i));
12	}

对寄存器变量的几点说明:

① 只有局部自动变量和形式参数可以作为寄存器变量。

② 一个计算机系统中的寄存器数目有限,不能定义任意多个寄存器变量。

③ 局部静态变量不能定义为寄存器变量。

小 试 牛 刀

任务 3-8　编写程序应用数组计算个人所得税

【任务描述】

编写 C 语言程序 c3_8. c,应用数组计算并输出个人所得税。

【程序编码】

程序 c3_8. c 的参考代码如表 3-20 所示。

表 3-20　程序 c3_8. c 的代码

序号	代　　码
01	# include < stdio. h >
02	double computeTax(double income)
03	{
04	long rank[ ] = {0,1500,4500,9000,35000,55000,80000};
05	double rate[ ] = {0. ,0. 03,0. 10,0. 20,0. 25,0. 30,0. 35,0. 45};

序号	代　　码
06	long deduct[ ] = {0,105,555,1005,2755,5505,13505};
07	int level = 0;
08	double tax;
09	int lenth = sizeof(rank) / sizeof(rank[0]);
10	income = income − 3500;
11	while (income > rank[level] && level < lenth) {
12	level++;
13	}
14	if (level > 0) {
15	tax = income * rate[level] − deduct[level − 1];
16	return tax;
17	} else {
18	return 0.;
19	}
20	}
21	main()
22	{
23	double tax = computeTax(5368.0);
24	if (tax > 0) printf("The tax is %.2f",tax);
25	else printf("pays no income");
26	}

　　程序 c3_8.c 中定义了 3 个一维数组 rank、rate 和 deduct,分别用于存放税级距、税率和速算扣除数。第 9 行计算数组的长度,即数组元素的个数。第 11～13 行的 while 循环,用于找到对应的税率和速算扣除数。第 15 行用于计算个人所得税的大小。

　　程序 c3_8.c 也可以改用 if-else if-else 语句实现同样的功能,程序 c3_8_1.c 的代码如表 3-21 所示,可能程序 c3_8_1.c 比程序 c3_8.c 更好理解一些。

表 3-21　程序 c3_8_1.c 的代码

序号	代　　码
01	# include < stdio. h >
02	double computeTax(double income)
03	{
04	double rate,tax;
05	long rank;
06	income = income − 3500;
07	if(income <= 1500){rate = 0.03;rank = 0;}
08	else if(income > 1500 && income <= 4500){rate = 0.1;rank = 105;}
09	else if(income > 4500 && income <= 9000){rate = 0.2;rank = 555;}
10	else if(income > 9000 && income <= 35000){rate = 0.25;rank = 1005;}
11	else if(income > 35000 && income <= 55000){rate = 0.3;rank = 2755;}
12	else if(income > 55000 && income <= 80000){rate = 0.35;rank = 5505;}
13	else{rate = 0.45;rank = 13505;}
14	tax = income * rate − rank;
15	return tax;
16	}

序号	代　　码
17	main()
18	{
19	double tax = computeTax(5368.0);
20	if (tax > 0) printf("The tax is %.2f",tax);
21	else printf("pays no income");
22	}

任务 3-9　编写程序求一维数组的最大值与最小值

【任务描述】

编写 C 语言程序 c3_9.c,求一维数组的最大值与最小值。

【程序编码】

程序 c3_9.c 的参考代码如表 3-22 所示。

表 3-22　程序 c3_9.c 的代码

序号	代　　码
01	# include < stdio.h >
02	int arrayMaxVal(int array[ ],int n)
03	{
04	if(n == 1) return array[0];
05	if (array[0]> = arrayMaxVal(array + 1,n − 1))
06	return array[0];
07	else
08	return　arrayMaxVal(array + 1,n − 1);
09	}
10	main()
11	{
12	int array[ ] = {5,2,13,11,7,9,3},max;
13	max = arrayMaxVal(array,7);
14	printf("The max elem in the array is %d\n",max);
15	}

程序 c3_9.c 采用递归算法求一维数组的最大值,函数 arrayMaxVal 用于返回一维数组的最大值,函数的形参为一维数组名,实参为另一个一维数组。递归算法将后面的单元予以介绍,这里暂时借用一下。

由于一个函数只能得到一个返回值,如果一个函数要分别得到一维数组的最大值和最小值,可以使用全局变量在函数之间"传递"数据。程序 c3_9_1.c 的代码如表 3-23 所示。

135

表 3-23　程序 c3_9_1. c 的代码

序号	代　　码
01	int max,min;　　　　　 /＊ 全局变量 ＊/
02	void max_min_value(int array[ ], int n){
03	int ＊ p, ＊ array_end;
04	array_end = array + n;
05	max = min = ＊ array;
06	for(p = array + 1;p < array_end;p++)
07	if(＊ p > max) max = ＊ p;
08	else if (＊ p < min)min = ＊ p;
09	return;
10	}
11	main(){
12	int i,number[5];
13	printf("enter 5 integer umbers:\n");
14	for(i = 0;i < 5;i++)
15	scanf(" ％ d",&number[i]);
16	max_min_value(number,5);
17	printf("max = ％ d,min = ％ d\n",max,min);
18	}

　　将程序 c3_9_1. c 中函数 max_min_value 的形参数组 array 改为指针变量类型,实参也改用指针变量传递地址。程序 c3_9_2. c 的代码如表 3-24 所示。

表 3-24　程序 c3_9_2. c 的代码

序号	代　　码
01	int max,min;　　　　　 /＊ 全局变量 ＊/
02	void max_min_value(int ＊ array, int n){
03	int ＊ p, ＊ array_end;
04	array_end = array + n;
05	max = min = ＊ array;
06	for(p = array + 1;p < array_end;p++)
07	if(＊ p > max) max = ＊ p;
08	else if (＊ p < min)min = ＊ p;
09	return;
10	}
11	main(){
12	int i,number[5], ＊ p;
13	p = number;　　　　　 /＊ 使 p 指向 number 数组 ＊/
14	printf("enter 10 integer umbers:\n");
15	for(i = 0;i < 5;i++,p++)
16	scanf(" ％ d",p);
17	p = number;
18	max_min_value(p,5);
19	printf("max = ％ d,min = ％ d\n",max,min);
20	}

任务 3-10　编写程序打印出杨辉三角形

【任务描述】

编写 C 语言程序 c3_10.c,在屏幕上输出杨辉三角形,要求打印出 10 行。杨辉三角形是二项式系数在三角形中的一种几何排列。

【程序编码】

程序 c3_10.c 的参考代码如表 3-25 所示。

表 3-25　程序 c3_10.c 的代码

序号	代　　码
01	#include <stdio.h>
02	main()
03	{
04	int i,j;
05	int a[10][10];
06	printf("\n");
07	for(i = 0;i < 10;i++)
08	{
09	a[i][0] = 1;
10	a[i][i] = 1;
11	}
12	for(i = 2;i < 10;i++)
13	for(j = 1;j < i;j++)
14	a[i][j] = a[i-1][j-1] + a[i-1][j];
15	for(i = 0;i < 10;i++)
16	{
17	for(j = 0;j <= i;j++)
18	printf(" % 5d",a[i][j]);
19	printf("\n");
20	}
21	}

所谓杨辉三角形就是一个由数字排列而成的三角形数表,它的第 N 行就是二项式 $(a+b)^N$ 的展开式的系数。杨辉三角形具有明显规律,即杨辉三角形的两腰都为 1,除腰上的 1 以外的各数,都等于它的"肩上"的两数之和。例如,当 $N=2$ 时,中间的数字 2 等于它"肩上"的两数 1 和 1 的和;当 $N=4$ 时,数字 4 等于它"肩上"的两数 1 和 3 的和,6 等于它"肩上"的两数 3 和 3 的和。

根据以上分析,可以总结出这样的规律:

① 杨辉三角形中第 i 行有 i 个值(设起始行为第 1 行),即第 1 行有 1 个值,第 2 行有 2 个值,第 3 行有 3 个值,以此类推。

② 对于杨辉三角形中第 i 行的第 j 个值,有:

当 $j=1$ 或(和)$j=i$,其值为 1,即第 i 行的第 1 个或(和)第 i 个数据的值为 1;当 $j≠1$

137

且 $j\neq i$ 时,第 i 行第 j 个数据的值(其中 $j<i,i>2$,j 不等于 1 和 i)等于第 $i-1$ 行的第 $j-1$ 个和第 $i-1$ 行的第 j 个数据值之和。

程序 c3_10.c 中定义一个二维数组存放杨辉三角形的各个数据,第 7~11 行存放杨辉三角形的两腰上的数据,即 1。第 12~14 行的 for 循环嵌套结构将第 $i-1$ 行的第 $j-1$ 个和第 j 个数据值之和赋给数组元素 a[i][j]。二维数组赋值完成后,除最后一行外,其余各行都有部分元素未赋值,即其值为 0。第 15~20 行的 for 循环结构输出杨辉三角形的 10 行数据,由于二维数组有部分元素的值为 0,不需要输出,所以内层 for 循环的条件表达式为"j≤i"。

程序 c3_10.c 的运行结果如图 3-24 所示。

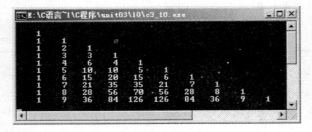

图 3-24　程序 c3_10.c 的运行结果

由图 3-24 可以看出,输出的杨辉三角形是一个直角三角形,而不是等腰三角形,接下来通过添加空格的方式,输出一个更美观的杨辉三角形。同时改用函数和递归算法实现输出杨辉三角形。

程序 c3_10_1.c 的参考代码如表 3-26 所示。

表 3-26　程序 c3_10_1.c 的代码

序号	代　码
01	# include< stdio. h>
02	int c(int x, int y)
03	{
04	int z;
05	if(y == 1||y == x)
06	return 1;
07	else
08	{
09	z = c(x - 1,y - 1) + c(x - 1,y);
10	return z;
11	}
12	}
13	main()
14	{
15	int i,j,n = 10;
16	for(i = 1;i <= n;i++)
17	{
18	for(j = 0;j <= n - i;j++)
19	printf("　");
20	for(j = 1;j <= i;j++)
21	printf("%4d",c(i,j));
22	printf("\n");
23	}
24	}

程序 c3_10_1.c 的运行结果如图 3-25 所示。

图 3-25　程序 c3_10_1.c 的运行结果

任务 3-11　编写程序实现矩阵的乘法运算

【任务描述】

有两个矩阵 A 和 B 如下所示：

$$A = \begin{bmatrix} 1 & 2 & 3 \\ 4 & 5 & 6 \end{bmatrix}, \quad B = \begin{bmatrix} 1 & 0 & 2 & 3 \\ 4 & 1 & 5 & 6 \\ 6 & 8 & 9 & 0 \end{bmatrix}$$

编写 C 语言程序 c3_11.c 实现这两个矩阵的乘积。

【程序编码】

程序 c3_11.c 的参考代码如表 3-27 所示。

表 3-27　程序 c3_11.c 的代码

序号	代　　码
01	# include < stdio. h >
02	int main(void)
03	{
04	int A[2][3] = {{1,2,3},{4,5,6}};　　　　　　　　/ * 初始化矩阵 A * /
05	int B[3][4] = {{1,0,2,3},{4,1,5,6},{6,8,9,0}};　/ * 初始化矩阵 B * /
06	int C[2][4] = {{0,0,0,0},{0,0,0,0}};
07	int i,j,k;
08	for(i = 0;i < 2;i++)
09	for(j = 0;j < 4;j++)
10	for(k = 0;k < 3;k++)
11	C[i][j] = C[i][j] + A[i][k] * B[k][j];
12	printf("The result is\n");
13	for(i = 0;i < 2;i++) {
14	for(j = 0;j < 4;j++)
15	printf(" % d ",C[i][j]);
16	printf("\n");
17	}
18	}

矩阵乘法的运算规则是：一个 $i \times j$ 的矩阵同一个 $j \times k$ 的矩阵相乘，结果是得到一个 $i \times k$ 的矩阵。一个 i 行 j 列的矩阵 A 与另一个 j 行 k 列的矩阵 B 相乘，得到一个 i 行 k 列的积矩阵 C，该矩阵中的元素 c_{ij} 为矩阵 A 的第 i 行与矩阵 B 的第 j 列对应元素的乘积的和。因此 A 矩阵的列数必须与 B 矩阵的行数相等。

程序 c3_11.c 中第 8 行与第 11 行应用到三重 for 循环语句，每一层的作用如下：

① 最内层的 for 语句循环 3 次，实现 A 矩阵的第 m 行和 B 矩阵的第 n 列对应元素相乘求和，得到 C 矩阵中的元素 c_{mn}。

② 第 2 层循环执行 4 次，实现 A 矩阵的第 m 行分别与 B 矩阵的第 $1 \sim 4$ 列相乘。

③ 最外层循环执行 2 次，实现 A 矩阵的第 $1 \sim 2$ 行分别与 B 矩阵的 n 列相乘，得到最终效果。

任务 3-12　编写程序输出数组中的全部元素

【任务描述】

编写 C 语言程序 c3_12.c，输出一维数组中的全部元素。

【程序编码】

程序 c3_12.c 利用下标法输出一维数组中的全部元素，其参考代码如表 3-28 所示。

表 3-28　程序 c3_12.c 的代码

序号	代　　码
01	#include <stdio.h>
02	main(){
03	int a[5],i;
04	for(i=0;i<5;i++)
05	a[i]=i;
06	for(i=0;i<5;i++)
07	printf("a[%d]=%d\n",i,a[i]);
08	}

程序 c3_12_1.c 通过数组名计算元素的地址，找出元素的值，输出一维数组中的全部元素，其代码如表 3-29 所示。

表 3-29　程序 c3_12_1.c 的代码

序号	代　　码
01	#include <stdio.h>
02	main(){
03	int a[5],i;
04	for(i=0;i<5;i++)
05	*(a+i)=i;
06	for(i=0;i<5;i++)
07	printf("a[%d]=%d\n",i,a[i]);
08	}

程序 c3_12_2.c 利用指针变量指向元素输出一维数组中的全部元素,其代码如表 3-30 所示。

表 3-30　程序 c3_12_2.c 的代码

序号	代　　码
01	# include < stdio.h >
02	main(){
03	int a[5],i,* p;
04	p = a;
05	for(i = 0;i < 5;i++)
06	* (p + i) = i;
07	for(i = 0;i < 5;i++)
08	printf("a[% d] = % d\n",i,* (p + i));
09	}

任务 3-13　编写程序使用指针比较整型数据的大小

【任务描述】

编写 C 语言程序 c3_13.c,使用指针比较整型数据的大小。

【程序编码】

程序 c3_13.c 中将变量的地址赋值指针变量,直接使用指针变量相互赋值交换数据,其参考代码如表 3-31 所示。

表 3-31　程序 c3_13.c 的代码

序号	代　　码
01	main(){
02	int * p1,* p2,* p,a,b;
03	scanf(" % d, % d",&a,&b);
04	p1 = &a; p2 = &b;
05	if(a < b){
06	p = p1;
07	p1 = p2;
08	p2 = p;
09	}
10	printf("a = % d,b = % d\n",a,b);
11	printf("max = % d,min = % d\n",* p1,* p2);
12	}

程序 c3_13_1.c 中定义了一个函数 swap,用于交换数据,并且使用指针变量做函数的参数,函数 swap 内部使用指针变量交换数据,其参考代码如表 3-32 所示。

141

表 3-32　程序 c3_13_1.c 的代码

序号	代　　码
01	swap(int * p1,int * p2){
02	int temp;
03	temp = * p1;
04	* p1 = * p2;
05	* p2 = temp;
06	}
07	main(){
08	int a,b;
09	int * pointer_1, * pointer_2;
10	scanf("% d, % d",&a,&b);
11	pointer_1 = &a;
12	pointer_2 = &b;
13	if(a < b) swap(pointer_1,pointer_2);
14	printf("a = % d,b = % d\n",a,b);
15	printf("max = % d,min = % d\n", * pointer_1, * pointer_2);
16	}

单 元 小 结

　　本单元通过渐进式的批量数据处理的编程训练,在程序设计过程中认识、了解、领悟并逐步掌握 C 语言的一维数组、二维数组、指针、应用指针操作数组、函数体及函数参数中使用指针变量、局部变量和全局变量、变量的存储类别等内容。同时也学会批量数据处理的编程技巧。

　　本单元所涉及的理论知识有一定难度,为进一步理清思路、加深了解,现小结如下。

1. C 语言各种形式定义的小结

　　C 语言各种形式的定义小结如表 3-33 所示。

表 3-33　C 语言各种形式的定义

定 义 语 句	含　　义
int i;	定义整型变量 i
int * p	p 为指向整型数据的指针变量
int a[n];	定义整型数组 a,它有 n 个元素
int * p[n];	定义指针数组 p,它由 n 个指向整型数据的指针元素组成
int (* p)[n];	p 为指向含 n 个元素的二维数组的指针变量
int f();	f 为带回整型函数值的函数
int * p();	p 为带回一个指针的函数,该指针指向整型数据
int (* p)();	p 为指向函数的指针,该函数返回一个整型值
int ** p;	p 是一个指针变量,它指向一个指向整型数据的指针变量

2. C 语言指针运算的小结

① 指针变量加(减)一个整数。例如：p++、p——、p+i、p-i、p+=i、p-=i。

一个指针变量加(减)一个整数并不是简单地将原值加(减)一个整数，而是将该指针变量的原值(是一个地址)和它指向的变量所占用的内存单元字节数加(减)。

② 指针变量赋值：将一个变量的地址赋给一个指针变量。

```
p = &a;              /* 将变量 a 的地址赋给 p */
p = array;           /* 将数组 array 的首地址赋给 p */
p = &array[i];       /* 将数组 array 第 i 个元素的地址赋给 p */
p = max;             /* max 为已定义的函数,将 max 的入口地址赋给 p */
p1 = p2;             /* p1 和 p2 都是指针变量,将 p2 的值赋给 p1 */
```

③ 指针变量可以有空值,即该指针变量不指向任何变量：

```
p = NULL;
```

④ 两个指针变量可以相减：如果两个指针变量指向同一个数组的元素,则两个指针变量值之差是两个指针之间的元素个数。

⑤ 两个指针变量比较：如果两个指针变量指向同一个数组的元素,则两个指针变量可以进行比较。指向前面的元素的指针变量"小于"指向后面的元素的指针变量。

3. 函数的实参与形参对应关系的小结

如果有一个实参数组,想在函数中改变此数组元素的值,实参与形参的对应关系归纳起来有以下 4 种：

① 形参和实参都是数组名。

② 实参用数组,形参用指针变量。

③ 实参、型参都用指针变量。

④ 实参为指针变量,型参为数组名。

单 元 习 题

一、单选题

1. 下面的程序中有错误的一行是(　　　)。

```
#include < stdio. h>
main()
{
    float array[5] = {0.0};        //第 A 行
    int i;
    for(i = 0;i < 5;i++)
        scanf(" % f ",&array[i]);
    for(i = 1;i < 5;i++)
        array[0] = array[0] + array[i];  //第 B 行
    printf(" % f\n",array[0]);      //第 C 行
}
```

  A. 第 A 行   B. 第 B 行   C. 第 C 行   D. 没有

2. 对于类型相同的指针变量,不能进行(　　)运算。

  A. +   B. −   C. =   D. ==

3. 若有以下说明语句,且 0≤i<10,则(　　)是对数组元素的错误引用。

```
int a[] = {1,2,3,4,5,6,7,8,9,0}, * p,i;
p = a;
```

  A. * (a+i)   B. a[p−a]   C. p+i   D. * (&a[i])

4. 若有以下说明和语句,且 0≤i<10,则(　　)是对数组元素地址的正确表示。

```
int a[] = {1,2,3,4,5,6,7,8,9,0}, * p,i;
p = a;
```

  A. &(a+1)   B. a++   C. &p   D. &p[i]

5. 以下程序的输出结果是(　　)。

```
# include < stdio. h>
main()
{
    int a[] = {1,2,3,4,5,6}, * p;
    p = a;
    * (p + 3) += 2;
    printf(" % d, % d\n", * p, * (p + 3));
}
```

  A. 0,5   B. 1,5   C. 0,6   D. 1,6

6. 以下程序的输出结果是(　　)。

```
# include < stdio. h>
main()
{
    int a[12] = {1,2,3,4,5,6,7,8,9,10,11,12}, * p[4],i;
    for(i = 0;i < 4;i++)
        p[i] = &a[i * 3];
    printf(" % d\n",p[3][2]);
}
```

  A. 输出项不合法 B. 6   C. 8   D. 12

7. 若有以下定义和语句,则 p2−p1 的值是(　　)。

```
int a[10], * p1, * p2;
p1 = a;
p2 = &a[5];
```

  A. 5   B. 6

  C. 10   D. 没有指针与指针的减法

8. 已知有以下的说明,那么执行语句"a＝p+2;"后,a[0]的值是(　　)。

```
float a[3] = {1.2,45.6, − 23.0};
float * p = a;
```

A. 1.2   B. 45.6   C. −23.0   D. 语句有错

9. 变量的指针,其含义是指该变量的(   )。

　　A. 值   B. 地址   C. 名   D. 一个标志

10. 若有语句"int * p,a＝4;"和"p＝&a;",下面均代表地址的一组选项是(   )。

　　A. a,p, * &a   B. & * a,&a, * p   C. * &p, * p,&a   D. &a,& * p,p

11. 凡是函数中未指定存储类型的局部变量,其隐含的存储类型为(   )。

　　A. auto   B. static   C. extern   D. register

12. 在一个 C 源程序文件中,若要定义一个只允许本源文件中所有函数使用的全局变量,则该变量需要使用的存储类型是(   )。

　　A. extern   B. register   C. auto   D. static

13. 如果在一个函数中的复合语句中定义了一个变量,则该变量(   )。

　　A. 只在该复合语句中有效   B. 在该函数中有效

　　C. 在本程序范围内均有效   D. 为非法变量

二、多选题

1. 下面各说明语句中合法的是(   )。

　　A. int abcd[0x80];   B. char 9ab[10];

　　C. char chi[−200];   D. int aaa[5]＝{3,4,5};

　　E. float key[]＝{3.0,4.0,1.0};   F. char disk[];

　　G. int cash[4]＝{1,2,3,4,5,6}   H. int n,floppy[n];

2. 下面是定义局部变量储存类别的保留字的是(   )。

　　A. int   B. auto   C. static   D. float

　　E. register   F. extern

三、填空题

1. 写出以下初始化数组的长度。

(1) int chn[3];数组 chn 的长度为_____。

(2) float isa[]＝{1.0,2.0,3.0,4.0,5.0};数组 isa 的长度为_____。

(3) int doom[8];数组 doom 的长度为_____。

(4) float pci[4][2];数组 pci 的长度为_____。

(5) int ast[3][3];数组 ast 的长度为_____。

(6) int att[3][4];数组 att 的长度为_____。

(7) float dell[][3]＝{{1,4,7},{2,5},{3,6,9}};数组 dell 的长度为_____。

2. 若有以下整型的 a 数组,数组元素和它们的初始值如下所示。

数组元素:a[0]   a[1]   a[2]   a[3]   a[4]   a[5]   a[6]   a[7]   a[8]   a[9]

元素的值: 9   4   12   8   2   10   7   5   1   3

(1) 请写出对该数组的说明,并赋以上初值_____。

(2) 该数组的最小下标值为_____,最大下标值为_____。

(3) 写出下面各式的值。

a[a[9]]的值为_____。

a[a[4]]+a[8]的值为_____。

3. 以下程序的功能是：输入 20 个数存放在一个数组中，并且输出其中最大者与最小、20 个数的和以及它们的平均值，请填空。

```c
void main()
{
    char array _____;
    int max,min,average,sum;
    int i;
      for(i = 0;i < _____;i++)
    {
        printf("请输入第 % d 个数:",i + 1);
        scanf(" % d",_____);
    }
    max = array[0];
    min = array[0];
    for(i = 0;i < = _____;i++)
    {
        if(max < array[i])
            _____
        if(min > array[i])
            _____
        sum = _____;
    }
    average = _____;
    printf("20 个数中最大值是 % d,",max);
    printf("最小值是 % d,",min);
    printf("和是 % d,"   ,  sum);
    printf("平均值是 % d. \n",average);
}
```

4. 以下程序的运行结果是：min＝_____,m＝_____,n＝_____。

```c
void main()
{
    float array[3][4] = {3.4, - 5.6,56.7,56.8,999, - 0.0123,0.45, - 5.77,123.5,43.4,0,111.2 };
    int i,j;
    float min;
    int m,n;
    min = array[0][0];
    m = 0;n = 0;
    for(i = 0;i < 3;i++)
       for(j = 0;j < 4;j++)
          if(min > array[i][j])
          {
            min = array[i][j];
            m = i;n = j;
          }
          printf("min = % .2f,m = % d,n = % d\n",min,m,n);
}
```

5. 已知有以下的声明：

int a[ ] = {8,1,2,5,0,4,7,6,3,9};

那么 a[* (a+a[3])] 的值为_____。

6. 以下程序的输出结果为_____。

```
# include "stdio. h"
main( )
{
 int i,a[10];
 clrscr( );
 for(i = 0;i < 10;i++)
 {
     a[i] = 3 * i + 1;
     printf(" % 5d",a[i]);
 }
 printf("\n");
 for(i = 9;i > = 0;i -- ,i -- )
    if(a[i]/2) printf(" % 5d",a[i]);
}
```

7. 以下程序的输出结果为_____。

```
# include "stdio. h"
main( )
  {
    float b[ ] = {0.5,1.6,2.7,3.8,4.9,5,6.1,6.2,7.3,8.4},s1,s2;
    int i;
    clrscr( );
    for(i = 1,s1 = s2 = 0;i < 9;i++)
      {
            if(i % 2)    s1 += (int)b[i];
            if(i % 3)    s2 +=  b[i] - (int)b[i];
      }
    printf("s1 = % .1f,s2 = % .1f",s1,s2);
}
```

8. 以下程序的输出结果为_____。

```
main( )
{
 int a,b, * p1, * p2;
   a = 10,b = 99;
   p1 = &b;p2 = &a;
   ( * p1)++;
   ( * p2) -- ;
   printf("\n% d, % d\n% d, % d",a,b, * p1, * p2);
}
```

9. 执行以下程序后,y=_____。

```
main( )
```

```
{
    int a[ ] = {1,3,5,7,9},y = - 1,x, * p;
    p = &a[1];
    for(x = 0;x < 3;x++)
        y -= * (p + x);
    printf(" % d",y);
}
```

10. 以下程序的输出结果为：_____。

```
# include "stdio. h"
int x = 1;
int y = 2;
int z = 3;
main( )
{
    int x = 10,a = 2,b;
    void fun1( ),fun2( );
    b = x + a;
    fun1(x,++x);
    fun2(a,x);
    getch( );
}
void fun1(int a, int b)
{
    printf(" % d",x + y + a + b);
}
void fun2(int c, int d)
{
    printf(" % d",x + y + z + c + d);
}
```

四、操作及解答题

1. 根据以下说明，写出正确的说明语句。

（1）men 是一个有 10 个整型元素的数组

（2）step 是一个有 4 个实型元素的数组，元素值分别为 1.9、−2.33、0、20.6

（3）grid 是一个二维数组，共有 4 行，10 列整型元素

2. 请解答下列问题。

（1）array 是一个一维整型数组，有 10 个元素，前 6 个元素的初值是 9、4、7、49、32、−5，请写出正确的说明语句。

（2）该数组下标的取值范围是多少（从小到大）？

（3）确定如何用 scanf 函数输入数组的第二个元素。

（4）确定如何用赋值语句把 39 存入第一个元素。

（5）确定如何表示以下内容：把第六个和第四个元素之和存入第一个元素。

单元 4　字符数据处理编程

　　字符数据的处理是程序设计语言必须解决的问题,因为我们日常工作与生活中对事物的描述不仅仅只用到数字,更多地用到字符或字符串,例如姓名、性别、地址、联系电话、E-mail 等。由于 C 语言没有字符串变量,因此使用字符数组来存放和处理字符串,C 语言程序中字符型变量只能存放 1 个字符,字符数组中可以存放多个字符,并且以字符'\0'作为字符串结束标识字符,字符串数组中的元素称为字符。C 语言提供了丰富的函数以方便处理字符数据和字符串数据,并且 C 语言对字符和字符串的处理函数也不相同。本单元通过字符数据处理的程序设计,主要学习 C 语言的字符数组、字符串处理函数、字符串指针、变量的存储类别等内容。

教 学 导 航

教学目标	通过编程训练领悟编程技巧和方法,在程序编写过程中理解与掌握 C 语言的语法知识: (1) 熟练掌握字符数组的定义、初始化与引用 (2) 理解与熟悉字符、字符变量、字符串、字符数组和字符串结束标志字符 (3) 掌握字符数组的输入与输出 (4) 熟悉字符串处理库函数的使用方法 (5) 熟悉字符串指针、字符数组名做函数参数、字符指针做函数参数 (6) 熟悉字符型指针变量的运算 (7) 理解指向指针的指针变量
知识要点	字符数组的定义、初始化、引用　字符串　字符串结束标志字符　字符数组的输入与输出　字符串处理库函数　字符串指针　指向指针的指针变量
参考资料	(1)附录 A　C 语言中的保留字;(2)附录 B　C 语言的运算符;(3)附录 D　C 语言的转义字符;(4)附录 F　C 语言的常用库函数;(5)附录 G　C 语言的输入/输出函数详解;(6)附录 H　在 Visual C++ 6.0 集成开发环境中创建、编译与运行 C 语言程序;(7)附录 I　C 语言的常见编程规范;(8)附录 J　C 语言程序调试常见错误信息
教学方法	任务驱动法、分组讨论法、探究学习法、理论实践一体教学法、讲授法
课时建议	4 课时

引 例 剖 析

任务 4-1　编写程序计算字符串中包含的单词个数

【任务描述】

编写 C 语言程序 c4_1.c,计算字符串中包含的单词个数,要求每个单词之间使用空格或者标点符号隔开,最后的字符为标点符号。

【程序编码】

程序 c4_1.c 的代码如表 4-1 所示。

表 4-1　程序 c4_1.c 的代码

序号	代　码
01	# include < stdio.h >
02	int main()
03	{
04	char cString[ ] = { "Where there is a will,there is a way."};/ * 定义保存字符串的数组 * /
05	int iWord,count = 0,flag;　　　　　　　　　　　　　　/ * iWord 表示单词的个数 * /
06	char cBlank;　　　　　　　　　　　　　　　/ * 表示空格 * /
07	for(iWord = 0; cString[iWord]!= '\0'; iWord++)　　　/ * 循环判断每一个字符 * /
08	{
09	cBlank = cString[iWord];　　　　　　　　　　/ * 得到数组中的字符元素 * /
10	if((cBlank > = 'A' && cBlank < = 'Z') || (cBlank > = 'a' && cBlank < = 'z')) 　　　　　　　　　　　　　　　　　/ * 判断是不是空格 * /
11	{
12	flag = 0;
13	}
14	else
15	{
16	flag++;
17	}
18	if(flag == 1)
19	count++;
20	}
21	printf(" % s\n",cString);　　　　　　　　　　/ * 显示原字符串 * /
22	printf("The string contains % d words.\n",count);　　/ * 输出其单词个数 * /
23	}

【运行结果】

C 语言程序 c4_1.c 的运行结果如图 4-1 所示。

图 4-1 C 语言程序 c4_1.c 的运行结果

【指点迷津】

① 第 4 行使用一维数组保存一个字符串,该字符串使用空格和标点符号分隔单词。

② 第 7 行的 for 循环判断字符串中的字符是否是结束符'\0',如果是则循环结束;如果不是,则在循环语句中判断是否是空格或标点符号等分隔符,如第 10 行所示。

③ 如果遇到空格或标点符号等分隔符则对单词计数变量 count 进行自加操作。由于第 18 行的 if 语句的条件表达式为"flag == 1",对于连续多个空格或者多个标点符号的情况下,也只会统计 1 次,不会出现错误计数。

④ 第 21 行使用格式符"%s"输出字符串,第 22 行使用格式符"%d"输出单词个数。

【程序拓展】

将程序 c4_1.c 进行改造,定义一个专用于统计单词个数的函数 wordsNumber,实参为字符数组名,形参为字符指针变量,程序 c4_1_1.c 的代码如表 4-2 所示。

表 4-2 程序 c4_1_1.c 的代码

序号	代　　码
01	# include < stdio. h >
02	int wordsNumber(char ∗ str)
03	{
04	int i, count = 0, flag;
05	char ∗ p = str;
06	while(∗ p != '\0')
07	{
08	if((∗ p > = 'A'&& ∗ p < = 'Z')‖(∗ p > = 'a'&& ∗ p < = 'z'))　　　　/∗ 是字母 ∗/
09	flag = 0;
10	else
11	{
12	flag++;
13	}
14	if(flag == 1)
15	count++;
16	p++;
17	}
18	return count;
19	}
20	main()
21	{
22	char str[] = "This is a test. ";　　　　　　　　　　　　　/∗ 初始化字符串 ∗/
23	printf(" % s\n", str);　　　　　　　　　　　　　　　　　/∗ 显示原字符串 ∗/
24	printf("The string contains % d words. \n", wordsNumber(str));　/∗ 输出其单词个数 ∗/
25	}

C 语言程序 c4_1_1. c 的运行结果如图 4-2 所示。

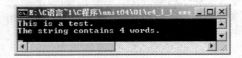

图 4-2 C 语言程序 c4_1_1. c 的运行结果

编 程 实 战

任务 4-2 编写程序分类统计字符个数

【任务描述】

编写 C 语言程序 c4_2. c,分别统计出一行字符中英文字母、空格、数字和其他字符的个数。

【程序编码】

程序 c4_2. c 的代码如表 4-3 所示。

表 4-3 程序 c4_2. c 的代码

序号	代 码
01	# include < stdio. h >
02	main()
03	{
04	char c;
05	int letters = 0, space = 0, digit = 0, others = 0;
06	printf("please input some characters\n");
07	while((c = getchar())!= '\n')
08	{
09	if(c >= 'a' && c <= 'z' || c >= 'A' && c <= 'Z')
10	letters++;
11	else if(c == ' ')
12	space++;
13	else if(c >= '0' && c <= '9')
14	digit++;
15	else
16	others++;
17	}
18	printf("all in all: char = % d space = % d digit = % d others = % d\n", letters, space, digit, others);
19	}
知识 标签	新学知识: 字符值的比较 复习知识: 字符型 getchar()函数 ASCII 编码 自加运算 if-else if-else 语句 嵌套结构

【运行结果】

运行 C 语言程序 c4_2.c,然后输入一行字符"3 plus two equals 5",统计结果如图 4-3 所示。

图 4-3　C 语言程序 c4_2.c 的运行结果

【指点迷津】

程序 c4_2.c 使用 while 循环语句和 if-else if-else 语句的嵌套结构统计字符个数。

① 通过 while 循环语句反复多次输入字符,如果输入回车符,即输入的字符为'\n'则循环结束,while 语句的循环条件为"c＝getchar())!＝'\n'",如代码的第 7 行所示。

② 使用 if-else if-else 语句判断输入的字符是属于字母、空格、数字或其他字符,如代码的第 9 行至第 16 行所示。

任务 4-3　编写程序求一个字符串的长度

【任务描述】

编写 C 语言程序 c4_3.c,求一个字符串的长度。

【程序编码】

程序 c4_3.c 的代码如表 4-4 所示。

表 4-4　程序 c4_3.c 的代码

序号	代　　码
01	# include < stdio. h>
02	int length(char *);
03	main( )
04	{
05	int len;
06	char str[20];
07	printf("Please input a string:\n");
08	scanf(" % s",str);
09	len = length(str);
10	printf("The string has % d characters.",len);
11	}
12	int length(char * p)
13	{
14	int n;
15	n = 0;
16	while(* p!= '\0')
17	{
18	n++;

续表

序号	代 码
19	p++;
20	}
21	return n;
22	}
知识 标签	新学知识：字符串 字符串的结束符 字符指针变量 指针参数 复习知识：字符型 函数 函数声明 关系表达式 指针运算符

【运行结果】

C 语言程序 c4_3.c 的运行结果如图 4-4 所示。

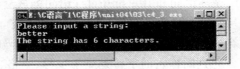

图 4-4　C 语言程序 c4_3.c 的运行结果

【指点迷津】

① C 语言程序 c4_3.c 定义了一个函数 length()计算字符串的长度，由于自定义函数的定义在主函数 main()之后，所以先要对自定义函数 length()进行声明，如代码的第 2 行所示。

② 自定义函数 length()的实参为字符数组名，形参为字符指针变量。

③ 第 16～20 的 while 循环语句通过指针的移动统计字符个数，"n＋＋"表示字符数量增加 1，"p＋＋"表示指针变量指向下一个字符，循环条件为"＊p！＝'\0'"，表示指针变量指向字符串的结束标志"\0"时则循环结束。

任务 4-4　编写程序实现字符串的复制

【任务描述】

编写 C 语言程序 c4_4.c，实现字符串的复制。

【程序编码】

程序 c4_4.c 的代码如表 4-5 所示。

表 4-5　程序 c4_4.c 的代码

序号	代 码
01	#include < stdio. h>
02	void mystrcpy(char ＊ source,char ＊ target)
03	{
04	int i = 0;
05	while(source[i] != '\0')

续表

序号	代　　码
06	`{`
07	`    target[i] = source[i];`
08	`    i++;`
09	`}`
10	`target[i] = '\0';`
11	`}`
12	`main()`
13	`{`
14	`char target [15], * source = "Change rapidly\n";`　　　/ * 设置源字符串和目的字符串 * /
15	`printf("source: % s",source);`　　　　　　　　　/ * 输出源字符串 src 中的内容 * /
16	`mystrcpy(source,target);`　　　　　　/ * 调用函数 mystrcpy 进行字符串复制操作 * /
17	`printf("target: % s",target);`　　　　　　/ * 输出目的字符串 target 中的内容 * /
18	`}`
知识 标签	新学知识：字符数组　字符指针变量　指针变量做实参和形参 复习知识：while 语句　数组元素的赋值　数组名做实参

【运行结果】

C 语言程序 c4_4.c 的运行结果如图 4-5 所示。

图 4-5　C 语言程序 c4_4.c 的运行结果

【指点迷津】

① 程序 c4_4.c 中定义一个函数 mystrcpy()，该函数用于实现字符串的复制，将源字符串中每个字符通过 while 循环语句逐一赋值给一个目标字符数组。

② 16 行中调用函数 mystrcpy 时，其实参分别为指针变量和字符数组名，第 2 行中函数 mystrcpy 的形参都是指针变量。

③ 第 5、7、10 行中，使用了指针变量名做数组名的数组，由于数组名可以表示地址，同样指针变量名也可以充当数组名。

④ 由于目标字符数组用于存放字符串，该数组结束位置应添加结束标识'\0'，如代码的第 10 行所示。

任务 4-5　编写程序删除字符串中的指定字符

【任务描述】

编写 C 语言程序 c4_5.c，删除字符串中的指定字符。

【程序编码】

程序 c4_5.c 的代码如表 4-6 所示。

表 4-6 程序 c4_5.c 的代码

序号	代　码
01	# include < stdio.h>
02	void delChar(char * str,char c)
03	{
04	char * q, * p = str;
05	while(* p!= '\0')
06	{
07	if(* p == c)
08	{
09	q = p;
10	do{
11	* q = * (q + 1);
12	q++;
13	}
14	while(* q != '\0');
15	}
16	p++;
17	}
18	}
19	
20	main()
21	{
22	char str[] = "A better life";　　　　　　　　/* 初始化字符串 */
23	char c;
24	printf("Input the charactor for deleting\n");
25	scanf(" % c",&c);　　　　　　　　/* 用户指定要删除的字符 */
26	printf("The string before deleting: % s\n",str);　/* 输出原字符串的内容 */
27	delChar(str,c);　　　　　　　　/* 删除指定的字符 */
28	printf("The string after deleting: % s\n",str);　/* 输出处理后的字符串 */
29	}
知识标签	新学知识：指针的移动 复习知识：字符数组　字符指针　字符串结束符　指针运算　混合嵌套结构

【运行结果】

C 语言程序 c4_5.c 的运行结果如图 4-6 所示。

图 4-6 C 语言程序 c4_5.c 的运行结果

【指点迷津】

① 程序 c4_5.c 中定义一个函数 delChar(),该函数用于实现从字符串中删除指定的字符的功能。

② 函数 delChar 的一个形参为指针变量,第 4 行定义了 2 个指针变量。外层循环为 while 语句,通过指针的移动,查找待删除的字符。如果找到该字符,则 if 语句的条件表达式"＊p ＝＝ c"成立,此时将指针变量中存放的地址值赋给另一个指针变量 q。内层循环为 do-while 语句,将字符串中删除字符位置以后的各个字符依次覆盖前一个字符,最后使用字符串结束标识字符"\0"覆盖倒数第 2 个字符,此时由于循环条件"＊q !＝ '\0'"成立,do-while 循环结束。内层循环结束后,执行外层循环中的语句"p＋＋;",如果再一次发现待删除的字符,则重复上述字符覆盖的操作,直到字符变量 p 指向字符串结束标识字符"\0"则 while 循环条件"＊p!＝'\0'"不成立,外层循环结束。

③ 第 11 行的语句"＊q ＝ ＊(q＋1);"表示字符指针变量 q 所指向位置的后一个字符覆盖前一个字符。

④ 第 12 行的语句"q＋＋;"和第 16 行的语句"p＋＋;"都表示移动指针,指针变量中存放的地址值为字符数组中下一个位置的地址值。

任务 4-6　编写程序将星期序号转换为英文星期名称

【任务描述】

编写 C 语言程序 c4_6.c,将星期序号转换为英文星期名称。

【程序编码】

程序 c4_6.c 的代码如表 4-7 所示。

表 4-7　程序 c4_6.c 的代码

序号	代　　　码
01	main(){
02	int i;
03	char ＊ day_name(int n);
04	printf("input Day No:");
05	scanf("％d",&i);
06	if(i＜0) exit(1);
07	printf("Week No:％2d--＞％s\n",i,day_name(i));
08	}
09	char ＊ day_name(int n){
10	static char ＊ name[] ＝ {
11	"Illegal day","Monday","Tuesday","Wednesday","Thursday","Friday","Saturday","Sunday"
12	};
13	return((n＜1 ‖ n＞7) ? name[0] : name[n]);
14	}
知识标签	新学知识:字符串数组　指向指针的指针　exit 函数 复习知识:字符串指针　条件运算符　指针函数

【运行结果】

C语言程序 c4_6.c 的运行结果如图 4-7 所示。

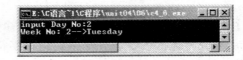

图 4-7　C语言程序 c4_6.c 的运行结果

【指点迷津】

程序 c4_6.c 通过一个指针型函数实现将星期序号转换为英文星期名称。

① 程序中定义了一个指针型函数 day_name，它的返回值指向一个字符串。

② 函数 day_name 中定义了一个静态指针数组 name。name 数组初始化赋值为 8 个字符串，分别为出错提示信息及各个星期名。形参 n 表示与星期名所对应的整数。

③ 在主函数中，把输入的整数 i 作为实参，在 printf 语句中调用 day_name 函数并把 i 值传送给形参 n。

④ day_name 函数中的 return 语句包含一个条件表达式，n 值若大于 7 或小于 1，则把 name[0] 指针返回主函数输出出错提示字符串"Illegal day"，否则返回主函数输出对应的星期名。

⑤ 主函数中的第 6 行是个条件语句，其含义是，如果输入为负数（i<0），则中止程序运行退出程序。exit 是一个库函数，exit(1) 表示发生错误后退出程序，exit(0) 表示正常退出。

任务 4-7　编写程序实现字符串排序

【任务描述】

编写 C 语言程序 c4_7.c，实现字符串排序。

【程序编码】

程序 c4_7.c 的代码如表 4-8 所示。

表 4-8　程序 c4_7.c 的代码

序号	代　　码
01	# include "stdio.h"　　　　　　　　　　　　　　/ * 引用头文件 * /
02	# include "string.h"
03	sort(char * strings[ ],int n)
04	{
05	char * temp;　　　　　　　　　　　　　　/ * 声明字符型指针变量 * /
06	int i,j;　　　　　　　　　　　　　　　　/ * 声明整型变量 * /
07	for (i = 0; i < n; i++)　　　　　　　　/ * 外层循环 * /
08	{
09	for (j = i + 1; j < n; j++)

续表

序号	代　　码
10	{
11	if (strcmp(strings[i],strings[j]) > 0)　　　　/* 比较两个字符串 */
12	{
13	temp = strings[i];　　　　　　　　/* 交换字符串位置 */
14	strings[i] = strings[j];
15	strings[j] = temp;
16	}
17	}
18	}
19	}
20	void main()
21	{
22	int n = 5;
23	int i;
24	char ** p;　　　　　　　　　　　　　　　　/* 指向指针的指针变量 */
25	char * strings[ ] =
26	{
27	"XiaYang ","WuHao ","ChenLi ","LiXin","ZhouPin"
28	};　　　　　　　　　　　　　　　　　　　/* 初始化字符串数组 */
29	p = strings;　　　　　　　　　　　　　　/* 指针指向数组首地址 */
30	printf("Sort the array before:\n");
31	for(i = 0;i < n;i++)
32	{
33	printf(" % s ",strings[i]);
34	}
35	sort(p,n);　　　　　　　　　　　　　　　/* 调用排序自定义过程 */
36	printf("\nThe sorted array:\n");
37	for (i = 0; i < n; i++)　　　　　　　　　/* 循环输出排序后的数组元素 */
38	{
39	printf(" % s ",strings[i]);
40	}
41	}
知识 标签	新学知识: 指针数组　字符串比较　字符串位置交换 复习知识: 指向指针的指针　混合嵌套结构

【运行结果】

C 语言程序 c4_7.c 的运行结果如图 4-8 所示。

图 4-8　C 语言程序 c4_7.c 的运行结果

159

【指点迷津】

① 程序 c4_7.c 中定义一个自定义函数 sort()，实现对多个字符串进行排序，该函数中调用库函数 strcmp() 比较两个字符串，然后通过交换指针数组中的地址值达到交换字符串位置的目的。

② 第 24 行定义的变量 p 前面有两个 * 号，相当于 *(* p)。显然 * p 是指针变量的定义形式，如果没有最前面的 * ，那就是定义了一个指向字符数据的指针变量。现在它前面又有一个 * 号，表示指针变量 p 是指向一个字符指针型变量的。 * p 就是 p 所指向的另一个指针变量。

③ 第 25 行定义的" * strings[]"是一个指针数组，它的每一个元素是一个指针型数据，其值为地址。strings 是一个数组，它的每一个元素都有相应的地址。数组名 strings 代表该指针数组的首地址。strings＋i 是 strings[i] 的地址，就是指向指针型数据的指针（地址）。还可以设置一个指针变量 p，使它指向指针数组元素，p 就是指向指针型数据的指针变量，代码如第 29 行所示。

④ 第 3 行中函数 sort() 的形参" * strings[]"表示该数组为存放地址值的数组，各个元素存放了字符串的首地址。

知 识 探 究

4.1 C 语言的字符数组

用来存放字符量的数组称为字符数组。

1. 字符数组的定义

形式与前面介绍的数值数组相同。例如：

```
char c[4];
```

由于字符型和整型通用，也可以定义为 int c[4]，但这时每个数组元素占 2 个字节的内存单元。

字符数组也可以是二维或多维数组。例如："char c[2][4];"即为二维字符数组。

2. 字符数组的初始化

字符数组也允许在定义时作初始化赋值。例如：

```
char c[4] = {'g','o','o','d'};
```

赋值后各元素的值为：c[0] 的值为 'g'，c[1] 的值为 'o'，c[2] 的值为 'o'，c[3] 的值为 'd'。当对全体元素赋初值时也可以省去长度说明。

例如：

```
char c[] = {'g','o','o','d'};
```

这时 C 数组的长度自动定为 4。

3. 字符数组的引用

字符数组和普通数组一样，也是通过下标引用，例如 c[0]、c[1]、c[i]、a[i][j]等。

4. 字符串和字符串结束标志

在 C 语言中没有专门的字符串变量,通常用一个字符数组来存放一个字符串。单元 1 面介绍字符串常量时,已说明字符串总是以'\0'作为串的结束符。因此当把一个字符串存入一个数组时,也把结束符'\0'存入数组,并以此作为该字符串是否结束的标志。有了'\0'标志后,就不必再用字符数组的长度来判断字符串的长度了。

C 语言允许用字符串的方式对数组作初始化赋值。

例如:

```
char c[ ] = {'g','o','o','d'};
```

可写为:

```
char c[ ] = {"good"};
```

或去掉{}写为:

```
char c[ ] = "good";
```

用字符串方式赋值比用字符逐个赋值要多占一个字节,用于存放字符串结束标志'\0'。上面的数组 c 在内存中的实际存放情况为:

g	o	o	d	\0

'\0'是由 C 编译系统自动加上的。由于采用了'\0'标志,所以在用字符串赋初值时一般无须指定数组的长度,而由系统自行处理。

5. 字符数组的输入/输出

在采用字符串方式后,字符数组的输入/输出将变得简单方便。除了上述用字符串赋初值的办法外,还可用 printf 函数和 scanf 函数一次性输入/输出一个字符数组中的字符串,而不必使用循环语句逐个地输入/输出每个字符。

例如:使用 printf()输出整个字符数组的代码如下。

```
char c[ ] = "good";
printf("%s\n",c);
```

注意,在这个 printf 函数中,使用的格式字符串为"%s",表示输出的是一个字符串。在输出表列中给出数组名则可,不能写为"printf("%s",c[ ]);"。

例如:使用 scanf()从控制台输入一个字符串的代码如下。

```
char str[5];
scanf("%s",str);
```

这里,由于定义数组长度为 5,因此输入的字符串长度必须小于 5,以留出一个字节用于存放字符串结束标志'\0'。应该说明的是,对一个字符数组,如果不作初始化赋值,则必须说明数组长度。还应该特别注意的是,当用 scanf 函数输入字符串时,字符串中不能含有空格,否则将以空格作为字符串的结束符。

前面介绍过,scanf 的各输入项必须以地址方式出现,例如 &a、&b 等。但在这里却是以数组名方式出现的,这是为什么呢?

这是由于在 C 语言中规定,数组名就代表了该数组的首地址。整个数组是以首地址开头的一块连续的内存单元。如有字符数组 char c[5]，在内存中的存放情况可表示为如下。

c[0]	c[1]	c[2]	c[3]	c[4]

设数组 c 的首地址为 100，也就是说 c[0]单元地址为 100。则数组名 c 就代表这个首地址。因此在 c 前面不能再加地址运算符 &。如写作"scanf("%s",&c);"则是错误的。在执行函数 printf("%s",c)时，按数组名 c 找到首地址，然后逐个输出数组中各个字符直到遇到字符串终止标志'\0'为止。

4.2　C 语言的字符串处理函数

C 语言提供了丰富的字符串处理函数，大致可分为字符串的输入、输出、合并、修改、比较、转换、复制、搜索等类型。使用这些函数可大大减轻编程的负担。用于输入/输出的字符串函数，在使用前应包含头文件 stdio.h，使用其他字符串函数则应包含头文件 string.h。C 语言常用的字符串处理函数使用说明详见附录 F。

4.3　C 语言的字符串指针

C 语言中可以用两种方法访问一个字符串。
例如，用字符数组存放一个字符串，然后输出该字符串的代码如下：

```
main(){
    char * str = "good";
    printf("% s\n",str);
}
```

说明：和前面介绍的数组属性一样，str 是数组名，它代表字符数组的首地址。这里首先定义 str 是一个字符指针变量，然后把字符串的首地址赋予 str（应写出整个字符串，以便编译系统把该串装入连续的一块内存单元），并把首地址送入 str。
程序中有以下声明：

```
char * ps = "good";
```

等效于：

```
char * ps;
ps = "good";
```

注意，对指向字符变量的指针变量应赋予该字符变量的地址。例如：以下声明

```
char c, * p = &c;
```

表示 p 是一个指向字符变量 c 的指针变量。
而以下声明

```
char * s = "good";
```

则表示 s 是一个指向字符串的指针变量，把字符串的首地址赋予 s。
用字符数组和字符指针变量都可实现字符串的存储和运算。但是两者是有区别的。在使用时应注意以下两个问题：

162

① 字符串指针变量本身是一个变量,用于存放字符串的首地址。而字符串本身是存放在以该首地址为首的一块连续的内存空间中并以'\0'作为字符串的结束。字符数组是由若干个数组元素组成的,它可用来存放整个字符串。

② 对字符串指针方式

```
char  * ps = "good";
```

可以写为:

```
char  * ps;
ps = "good";
```

而对数组方式

```
static char st[ ] = {"good"};
```

不能写为:

```
char st[20];
st = {"good"};
```

而只能对字符数组的各元素逐个赋值。

从以上几点可以看出字符串指针变量与字符数组在使用时的区别,同时也可看出使用指针变量更加方便。

前面说过,当一个指针变量在未取得确定地址前使用是危险的,容易引起错误。但是对指针变量直接赋值是可以的。因为 C 系统对指针变量赋值时要给以确定的地址。

因此,以下用法都是合法的:

```
char  * ps = "good";
```

或者

```
char  * ps;
ps = "good";
```

4.4　C 语言指向指针的指针变量

如果一个指针变量存放的又是另一个指针变量的地址,则称这个指针变量为指向指针的指针变量。在前面已经介绍过,通过指针访问变量称为间接访问。由于指针变量直接指向变量,所以称为“单级间址”。而如果通过指向指针的指针变量来访问变量则构成“二级间址”,如图 4-9 所示。

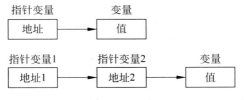

图 4-9　“单级间址”与“二级间址”示意图

163

定义一个指向指针型数据的指针变量的格式如下：

char ** p;

p 前面有两个 * 号，相当于 *（* p）。显然 * p 是指针变量的定义形式，如果没有最前面的 *，那就是定义了一个指向字符数据的指针变量。现在它前面又有一个 * 号，表示指针变量 p 是指向一个字符指针型变量的。* p 就是 p 所指向的另一个指针变量。

小 试 牛 刀

任务 4-8 编写程序判断字符串是否为回文

【任务描述】

编写 C 语言程序 c4_8.c，判断输入的字符串是否为回文字符串，例如 abcdcba 是回文。

【程序编码】

程序 c4_8.c 的参考代码如表 4-9 所示。

表 4-9 程序 c4_8.c 的代码

序号	代　　码
01	# include < stdio. h >
02	# include < string. h >
03	main()
04	{
05	char str[80];
06	int i, n, flag;
07	printf("Please input a string:");
08	gets(str);
09	n = strlen(str);
10	flag = 1;
11	for(i = 0; i < n/2; i++)
12	if(str[i] != str[n − i − 1]) flag = 0;
13	if (flag) printf("The string is a palindrome\n");
14	else printf("The string is not a palindrome\n");
15	}
知识标签	字符数组　字符串长度　数组元素序号　if-else 语句

程序 c4_8.c 中字符数组 str 存放字符串，其值通过键盘输入；n 表示字符串长度，使用库函数 strlen() 获取字符串长度；i 为 for 语句的循环变量；flag 是判断字符串是否为回文的标志。

该程序的难点是控制数组下标的变化规律。例如对于"str[] = "abcdcba";"来说，表达式 n/2 的值为 3，所以判断 3 次即可。str[0] 与 str[6]、str[1] 与 str[5]、str[2] 与 str[4]，只须合理控制下标,分别指向对应元素。

任务 4-9 编写程序实现字符串倒置

【任务描述】

编写 C 语言程序 c4_9. c,实现字符串倒置,例如字符串"better"倒置后,变成字符串"retteb"。

【程序编码】

程序 c4_9. c 的参考代码如表 4-10 所示。

表 4-10 程序 c4_9. c 的代码

序号	代　　码
01	# include < stdio. h >
02	# include < string. h >
03	void reverse(char * s)
04	{
05	int len = strlen(s) − 1, i = 0;
06	char tmp;
07	while(i!= len && i < len)
08	{
09	tmp = s[i];
10	s[i] = s[len];
11	s[len] = tmp;
12	i++;
13	len −− ;
14	}
15	}
16	main()
17	{
18	char s[ ] = "better";
19	printf("The string is % s\n",s);
20	reverse(s);
21	printf("The reversed string is % s\n",s);
22	}
知识标签	字符数组　函数　数组名做函数实参　指针变量做函数形参　while 语句

程序 c4_9. c 中定义了一个用于字符串倒置的函数 reverse(),调用该函数的实参为字符数组名,定义该函数的形参为指针变量。调用库函数 strlen 求出字符数组的长度。通过 while 语句将第 1 个字符与最后 1 个字符,第 2 个字符与倒数第 2 个字符交换,以此类推,将第 i 个字符与 len-i 个字符交换。

任务 4-10　编写程序实现字符串连接

【任务描述】

编写 C 语言程序 c4_10.c，实现将两个已有的字符串进行连接，然后放到另外一个字符数组中，并将连接后的字符串输出到屏幕上。

【程序编码】

程序 c4_10.c 的参考代码如表 4-11 所示。

表 4-11　程序 c4_10.c 的代码

序号	代　　码
01	# include < stdio. h >
02	# include < string. h >
03	char * cnnString(char * s1, char * s2)
04	{
05	int len, len1, len2, i;
06	char * s3;
07	len1 = strlen(s1);
08	len2 = strlen(s2);
09	len = len1 + len2 + 1;
10	s3 = (char *)malloc(len);
11	for(i = 0; i < len1; i++)
12	s3[i] = s1[i];　　　　　　　　 /* 复制字符串 s1 */
13	for(i = 0; i < len2; i++)
14	s3[len1 + i] = s2[i];　　　　　 /* 复制字符串 s2 */
15	s3[len − 1] = '\0';
16	return s3;
17	}
18	main()
19	{
20	char s1[ ] = "This is a test ";
21	char s2[ ] = "for connecting two string.";
22	printf(" % s\n", s1);　　　　　　　　/* 输出字符串 s1 */
23	printf(" % s\n", s2);　　　　　　　　/* 输出字符串 s2 */
24	printf(" % s\n", cnnString(s1, s2));　 /* 输出连接后的字符串 s3 */
25	}
知识标签	字符数组　　字符数组名做函数实参　　指针变量做函数形参　　字符串结束标识字符　　malloc 函数

程序 c4_10.c 中的自定义函数 cnnString 用于连接两个字符串，该函数是一个指针型函数，其形参为字符型指针变量，返回值为指针。代码中调用 malloc 函数在内存的动态存储区中分配一块长度为 len 字节的连续区域，malloc 函数将在单元 5 予以介绍。由于库函数 strlen 计算字符串 s1 和 s2 中字符的个数时不包括终止符'\0'，两个字符串连接后的字符串长度应该等于两个原字符串长度之和再加上 1，代码如第 9 行所示。同时两个字符串连接完成后，还需要添加结束符'\0'，代码如第 15 行所示。

直接通过指针移位进行字符串连接的程序 c4_10_1.c 的参考代码如表 4-12 所示。

表 4-12　程序 c4_10_1.c 的代码

序号	代　　码
01	include < stdio. h >
02	connect(char * s,char * t,char * q);
03	int main(void)
04	{
05	char * str, * target, * p;
06	char strConn[50];
07	str = "One world,";
08	target = "one dream.";
09	p = strConn;
10	printf("The first string is: % s\n",str);
11	printf("The second string is: % s\n",target);
12	connect(str,target,p);
13	printf("The connected string is:");
14	printf(" % s",p);
15	}
16	connect(char * s,char * t,char * q)
17	{
18	for (; * s!= '\0';)
19	{
20	* q = * s;
21	s++;
22	q++;
23	}
24	for (; * t!= '\0';)
25	{
26	* q = * t;
27	t++;
28	q++;
29	}
30	* q = '\0';
31	}
知识标签	字符指针　字符型指针变量　指向字符串的指针　指针移位　字符串结束标识字符　指针运算符

程序 c4_10_1.c 中连接两个字符串的函数直接通过指针移位进行字符串连接,调用该函数的实参使用字符型指针变量,通过字符串结束标识字符'\0'控制 for 语句是否循环结束。两个字符串连接完成后,还需要添加结束符'\0'。

任务 4-11　编写程序在指定位置插入指定字符

【任务描述】

编写 C 语言程序 c4_11.c 在指定位置插入指定字符,并输出结果。

【程序编码】

程序 c4_11.c 的参考代码如表 4-13 所示。

表 4-13　程序 c4_11.c 的代码

序号	代　　码
01	# include < stdio. h >
02	# include < string. h >
03	void insert (char s[ ],char t, int i)　　　/ * 自定义函数 insert * /
04	{
05	char string[100];　　　　　　　　　　　/ * 定义数组 string 作为中间变量 * /
06	if (!strlen(s))
07	string[0] = t;　　　　　　　/ * 若 s 数组长度为 0,则直接将 t 数组内容复制到 s 中 * /
08	else　　　　　　　　　　　　　　/ * 若长度不为空,执行以下语句 * /
09	{
10	strncpy (string,s,i);　　　　　　/ * 将 s 数组中的前 i 个字符复制到 string 中 * /
11	string[i] = t;
12	string[i + 1] = '\0';
13	strcat (string,(s + i));　　　　　/ * 将 s 中剩余字符串连接到 string * /
14	strcpy (s,string);　　　　　　　/ * 将 string 中字符串复制到 s 中 * /
15	}
16	}
17	main ()
18	{
19	char str1[100] = "Happy ever day! Always healthy!";　　　/ * 定义 str1 字符型数组 * /
20	char c = 'y';
21	int position = 10;　　　　　　　　/ * 定义变量 position 为整型 * /
22	insert(str1,c,position);　　　　　　/ * 调用 insert 函数 * /
23	puts(str1);　　　　　　　　　　　/ * 输出最终得到的字符串 * /
24	getch();
25	}
知识标签	字符数组　　strcpy()库函数　　strncpy()库函数　　strcat()库函数　　字符串结束标识字符

　　程序 c4_11.c 中使用了多个字符串处理函数。strcpy()库函数用于将字符串 2 复制到字符数组 1 中,复制时连同字符串后的'\0'一起复制到字符数组 1 中。strncpy()库函数用于复制字符串 2 中前 len 个字符到字符数组 1 中。strcat()库函数用于连接两个字符数组中的字符串。

任务 4-12　编写程序将月份号转换为英文月份名称

【任务描述】

　　编写 C 语言程序 c4_12.c,将月份号转换为英文月份名称。使用指针数组创建一个元素值为月份英文的字符串数数组,并使用指向指针的指针变量指向该字符串数组,通过该变量实现输出数组中的指定字符串。

【程序编码】

程序 c4_12.c 使用指向指针的指针变量实现对字符串数组中指定字符串的输出,其参考代码如表 4-14 所示。

表 4-14　程序 c4_12.c 的代码

序号	代　　码
01	# include < stdio. h >
02	main()
03	{
04	char ＊ Month[ ] = {　　　　　　　　　　/＊定义字符串数组＊/
05	"January","February","March","April","May","June","Junly",
06	"August","September","October","November","December"
07	};
08	int i;
09	char ＊＊ p;　　　　　　　　　　　/＊声明指向指针的指针变量＊/
10	p = Month;　　　　　　　　　　　/＊将数组首地址值赋给指针变量＊/
11	printf("Input a number for month\n");
12	scanf("％d",&i);　　　　　　　　　/＊输入要显示的月份号＊/
13	printf("The month is:");
14	printf("％s\n", ＊(p + i − 1));　　　/＊输出字符串数组中的对应字符串＊/
15	}
知识标签	指针数组　　字符串数组　　指向指针和指针变量　　指针运算

单 元 小 结

本单元通过渐进式的字符数据处理的编程训练,在程序设计过程中认识、了解、领悟并逐步掌握 C 语言的字符数组、字符串处理函数、字符串指针等内容。同时也学会字符数据处理的编程技巧。

单 元 习 题

一、单选题

1. 下面(　　)是不正确的字符串赋值或赋初值的方式。

　　A. char ＊ str; str＝"string";

　　B. char str[7]＝{'s','t','r','i','n','g'};

　　C. char str1[10];str1＝"string";

　　D. char str1[]＝"string",str2[]＝"12345678";

2. 若有以下说明和语句,则输出结果是(   )。

```
char s[12] = "a book!";
printf("%d",strlen(s));
```

    A. 12   B. 8   C. 7   D. 11

3. 若有以下说明和语句,则输出结果是(   )。

(strlen(s)为求字符串 s 的长度的函数)
```
char sp[] = "\t\v\\0will\n";
printf("%d",strlen(sp));
```

    A. 14   B. 3
    C. 9   D. 字符串中有非法字符

4. 若有以下说明和语句,则输出结果是为(   )。

```
char str[] = "\"c:\\abc.dat\"";
printf("%s",str);
```

    A. 字符串中有非法字符   B. \"c:\\abc.dat\"
    C. "c:\abc.dat"   D. "c:\\abc.dat"

二、填空题

1. 字符串"ab\n\\012/\\\""的长度为_____。

2. 写出下面这个程序的输出结果。

```
void main()
{
 char str[] = "ABCDEFGHIJKL";
 printf("%s\n",str);          /*屏幕上显示_____*/
 printf("%s\n",&str[4]);      /*屏幕上显示_____*/
 str[2] = str[5];
 printf("%s\n",str);          /*屏幕上显示_____*/
 str[9] = '\0';
 printf("%s\n",str);          /*屏幕上显示_____*/
}
```

3. 读懂下面的程序并填空。

```
void main()
{
    char str[80];
    int i = 0;
    gets(str);
    while(str[i]!= '\0')
    {
        if(str[i]>= 'a'&&str[i]<= 'z')
          str[i] -= 32;
        i++;
    }
    puts(str);
}
```

程序运行时如果输入 upcase,则屏幕显示 _____。

程序运行时如果输入 Aa1Bb2Cc3,则屏幕显示_____。

4. 以下程序的输出结果是_____。

```
# include "conio. h"
# include "string. h"
main( )
{
    char c[ ] = "12345678";
    int i,d[10];
    clrscr();
    for(i = 0;i < strlen(c);i += 2)
      {
        c[ i] = c[ i] + 1;
        d[ i] = 48 + c[ i];
      }
    puts(c);
    for(i = 0;i < strlen(c);i += 2)
        printf(" % d",d[ i]);
}
```

5. 以下程序的输出结果是_____。

```
main( )
{
    char s[ ] = "ABCD", * p;
    for(p = s;p < s + 4;p++)
        printf("\n % s",p);
}
```

单元 5　构造数据处理编程

　　C 语言的构造类型除了数组外,还有结构体类型,数组只能用来存放和处理一组类型相同的数据。而实际应用中,一组数据通常是由一些不同类型的数据构成,例如学生信息通常包括学号、姓名、性别、出生日期、联系电话、成绩等数据项,各数据项的数据类型不尽相同,要表示其中一个学生的组合数据,仅靠以前介绍的一种类型,都会破坏数据项之间的内在联系和整体性。为此,C 语言提供了一种"结构体"数据类型,它可以将多个数据项组合起来,作为一个数据整体进行处理。结构体类型是把多个基本类型的数据封装成一个构造类型,例如"学生"可以看作结构体构造类型,学号、姓名、性别、成绩等数据项则是"学生"结构体类型的成员。结构体类型构成的数据也称为"记录"数据,它是面向对象程序设计语言中"类"的雏形。本单元通过构造数据处理的程序设计,主要学习 C 语言的结构体类型、结构体类型变量、结构体与指针、动态存储分配等内容。

教　学　导　航

教学目标	通过编程训练领悟编程技巧和方法,在程序编写过程中理解与掌握 C 语言的语法知识: (1) 熟练掌握结构体类型的定义、结构类型变量的声明、赋值和初始化 (2) 熟练掌握结构体变量成员的访问方法 (3) 熟练掌握结构体数组的定义以及结构体数组元素的成员访问方法 (4) 熟练使用指向结构体变量的指针变量和指向结构体数组的指针变量 (5) 了解结构体指针变量作函数参数、动态存储分配
知识要点	结构体类型　结构体变量　结构体数组　结构体指针变量　指向结构体数组的指针　结构体指针变量做函数参数　动态存储分配
参考资料	(1)附录 A　C 语言中的保留字;(2)附录 B　C 语言的运算符;(3)附录 G　C 语言的输入/输出函数详解;(4)附录 H　在 Visual C++ 6.0 集成开发环境中创建、编译与运行 C 语言程序;(5)附录 I　C 语言的常见编程规范;(6)附录 J　C 语言程序调试常见错误信息
教学方法	任务驱动法、分组讨论法、探究学习法、理论实践一体教学法、讲授法
课时建议	4 课时

引 例 剖 析

任务 5-1　编写程序输入与输出学生的数据记录

【任务描述】

编写 C 语言程序 c5_1.c,输入与输出学生的数据记录。

【程序编码】

程序 c5_1.c 的代码如表 5-1 所示。

表 5-1　程序 c5_1.c 的代码

序号	代　　码
01	# include < stdio. h >
02	# define N 2
03	struct student
04	{
05	char num[6];
06	char name[8];
07	int score[3];
08	}stu[N];
09	
10	input()
11	{
12	int i,j;
13	for(i = 0;i < N;i++)
14	{
15	printf("Please input % d of % d\n",i + 1,N);
16	printf("num :");
17	scanf(" % s",stu[i].num);
18	printf("name:");
19	scanf(" % s",stu[i].name);
20	for(j = 0;j < 3;j++)
21	{
22	printf("score % d:",j + 1);
23	scanf(" % d",&stu[i].score[j]);
24	}
25	printf("\n");
26	}
27	}
28	
29	print()
30	{
31	int i,j;
32	printf("No.　　　Name\tScore1\tScore2\tScore3\n");

续表

序号	代　　码
33	`for(i = 0;i < N;i++)`
34	`{`
35	`   printf(" % - 6s % - 10s",stu[i].num,stu[i].name);`
36	`   for(j = 0;j < 3;j++)`
37	`       printf(" % - 8d",stu[i].score[j]);`
38	`   printf("\n");`
39	`}`
40	`}`
41	
42	`main()`
43	`{`
44	`   input();`
45	`   print();`
46	`}`

【运行结果】

C 语言程序 c5_1.c 的运行结果如图 5-1 所示。

图 5-1　C 语言程序 c5_1.c 的运行结果

【指点迷津】

① 程序 c5_1.c 定义了两个函数 input()和 print()，分别用于输入与输出学生的数据记录。

② 第 2 行声明了一个符号常量，即输入/输出 2 条数据记录。

③ 第 3~8 行定义了一个结构体类型 student，同时定义了一个一维结构体数组 stu。结构体类型 student 有 3 个成员：一维字符数组 num 用于存放学号；一维字符数组 name 用于存放姓名；一维整型数组 score 用于存放三门课程的成绩。

④ 函数 input()包含两层 for 循环，外层循环分别输入各个学生的学号和姓名，内层循环分别输入每个学生的 3 门课程的成绩。

⑤ 第 32 行用于输出数据标题。函数 print()也包含两层 for 循环，外层循环分别输出各个学生的学号和姓名，内层循环分别输出每个学生的 3 门课程的成绩。

编　程　实　战

任务 5-2　编写程序建立学生数据记录

【任务描述】

编写 C 语言程序 c5_2.c,建立学生数据记录。

【程序编码】

程序 c5_2.c 的代码如表 5-2 所示。

表 5-2　程序 c5_.2c 的代码

序号	代　　码
01	# include < stdio. h >
02	main(){
03	struct student{
04	int num;
05	char * name;
06	char sex;
07	float score;
08	};
09	struct student stu1,stu2;
10	stu1. num = 14102;
11	stu1. name = "XiaYang";
12	stu1. sex = 'M';
13	stu1. score = 95;
14	stu2 = stu1;
15	printf("Number = % d\nName = % s\n",stu2.num,stu2.name);
16	printf("Sex = % c\nScore = %.1f\n",stu2.sex,stu2.score);
17	}
知识标签	新学知识:结构体的定义　结构类型变量　结构变量成员的访问方法　结构变量的赋值 复习知识:数据的基本类型　赋值表达式

【运行结果】

C 语言程序 c5_2.c 的运行结果如图 5-2 所示。

图 5-2　C 语言程序 c5_2.c 的运行结果

【指点迷津】

① 程序 c5_2.c 中第 3 行至第 8 行定义了一个结构体类型 student，该结构包括 4 个成员，分别是整型变量、字符指针变量、字符变量和单精度变量。

② 第 9 行声明了两个结构体变量 stu1 和 stu2。

③ 第 10~13 行给结构体变量的第 1、2、3、4 个成员赋值。

④ 第 14 行将结构变量 stu1 各个成员的值整体赋给结构变量 stu2，也就是结构变量 stu2 与结构变量 stu1 各个成员的值完全相同。

⑤ 第 15 行输出结构变量 stu2 第 1、2 个成员的值。

⑥ 第 16 行输出结构变量 stu2 第 3、4 个成员的值。

【举一反三】

结构体类型在定义的同时还可以声明结构变量，定义形式如下所示。

```
main(){
    struct student{
        int num;
        char * name;
        char sex;
        float score;
    }stu1,stu2;
```

结构体类型在定义的同时还可以声明结构变量，并对结构变量进行初始化赋值，程序 c5_2_1.c 的代码如表 5-3 所示。

表 5-3　程序 c5_2_1.c 的代码

序号	代　　码
01	#include < stdio.h>
02	main(){
03	struct student{
04	int num;
05	char * name;
06	char sex;
07	float score;
08	}stu2,stu1 = {14102,"XiaYang",'M',95};
09	stu2 = stu1;
10	printf("Number = % d\nName = % s\n",stu2.num,stu2.name);
11	printf("Sex = % c\nScore = % .1f\n",stu2.sex,stu2.score);
12	}
知识标签	新学知识：结构变量的初始化 复习知识：结构体的定义　结构类型变量　结构变量成员的表示方法

C 语言程序 c5_2_1.c 的运行结果如图 5-3 所示。

图 5-3　C 语言程序 c5_2_1.c 的运行结果

任务 5-3　编写程序利用指针变量输出结构体数组的值

【任务描述】

编写 C 语言程序 c5_3.c,利用指针变量输出结构体数组各元素的值。

【程序编码】

程序 c5_3.c 的代码如表 5-4 所示。

表 5-4　程序 c5_3.c 的代码

序号	代　　码
01	#include <stdio.h>
02	struct student{
03	int num;
04	char * name;
05	char sex;
06	float score[3];
07	}stu[5] = {
08	{14101,"XiaYang",'M',95,84,91},
09	{14102,"WuHao",'M',82.5,76,93},
10	{14103,"ChenLi",'F',92.5,67,81},
11	{14104,"LiXin",'F',87,90,74},
12	{14105,"ZhouPin",'M',78,82,94.5}
13	};
14	main(){
15	struct student * ps;
16	printf("No\tName\t\tSex\tScore1\tScore2\tScore3\t\n");
17	for(ps = stu;ps < stu + 5;ps++)
18	{
19	printf(" % d\t % s\t\t % c",ps->num,ps->name,ps->sex);
20	printf("\t % .1f\t % .1f\t % .1f\t\n",ps->score[0],ps->score[1],ps->score[2]);
21	}
22	}
知识标签	新学知识:结构类型数组　结构体数组的指针 复习知识:结构体的定义　结构变量成员的指针表示方法

【运行结果】

C 语言程序 c5_3.c 的运行结果如图 5-4 所示。

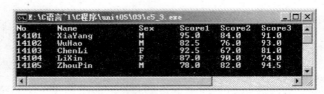

图 5-4　C 语言程序 c5_3.c 的运行结果

【指点迷津】

① 第 2～13 行定义了一个结构体类型,第 13 行的半角分号";"是结构体类型定义语句的结束标识符。该结构体有 4 个成员,分别是整型变量、字符型指针变量、字符型变量、单精度一维数组,该数组的长度为 3。在定义结构体的同时声明了一个结构体数组,该数组的长度为 5,并对结构体数组各成员进行了初始化赋值。

② 第 15 行定义了一个指向结构体变量的指针变量 ps;第 16 行输出数据标题。

③ 第 17～21 行的 for 循环语句输出了结构体数组所有成员的值。for 语句的表达式 1 通过赋值运算,将指针变量 ps 指向结构体数组 stu。for 循环的条件表达式"ps<stu+5"进行指针比较运算。表达式 3 改变指针位置,使指针变量指向结构体数组的下一个元素。

④ 第 19 行和第 20 行输出结构体数组元素的各个成员值,使用成员运算符"->"。

任务 5-4　编写程序通过多种方式输出学生数据

【任务描述】

编写 C 语言程序 c5_4.c,通过结构体变量和指针变量等多种方式输出学生数据。

【程序编码】

程序 c5_4.c 的代码如表 5-5 所示。

表 5-5　程序 c5_4.c 的代码

序号	代　码
01	# include <stdio.h>
02	struct student{
03	char * num;
04	char * name;
05	char sex;
06	float score;
07	} stu1 = {"14101","XiaYang",'M',95}, * pstu;
08	main(){
09	pstu = &stu1;
10	printf("Number: % s\nName: % s\n",stu1.num,stu1.name);
11	printf("Sex: % c\nScore: % .1f\n\n",stu1.sex,stu1.score);
12	printf("Number: % s\nName: % s\n",(* pstu).num,(* pstu).name);
13	printf("Sex: % c\nScore: % .1f\n\n",(* pstu).sex,(* pstu).score);
14	printf("Number: % s\nName: % s\n",pstu -> num,pstu -> name);
15	printf("Sex: % c\nScore: % .1f\n\n",pstu -> sex,pstu -> score);
16	}
知识 标签	新学知识:结构变量成员多种访问方法的比较 复习知识:结构体的定义　结构类型变量　结构变量的初始化

【运行结果】

C 语言程序 c5_4.c 的运行结果如图 5-5 所示。

图 5-5 C 语言程序 c5_4.c 的运行结果

【指点迷津】

① 第 2～7 行定义了一个结构体类型,同时声明了一个普通结构体变量 stu1 和一个指向结构体变量的指针变量 pstu,并对结构体变量 stu1 进行了初始化赋值。

② 第 9 行通过赋值将指针变量指向结构体变量。

③ 第 10、11 行使用普通结构本变量访问结构体的成员。

④ 第 12、13 行使用"(* 结构指针变量).成员名"的方式访问结构体的成员。

⑤ 第 14、15 行使用"结构指针变量->成员名"的方式访问结构体的成员。

任务 5-5 编写程序计算学生平均成绩和统计优秀人数

【任务描述】

编写 C 语言程序 c5_5.c,计算学生平均成绩和统计优秀人数。

【程序编码】

程序 c5_5.c 的代码如表 5-6 所示。

表 5-6 程序 c5_5.c 的代码

序号	代码
01	#include < stdio.h>
02	struct student{
03	char * num;
04	char * name;
05	char sex;
06	float score;
07	}stu[ ] = {
08	{"14101","XiaYang",'M',95},
09	{"14102","WuHao",'M',82.5},
10	{"14103","ChenLi",'F',92.5},
11	{"14104","LiXin",'F',87},

续表

序号	代　　码
12	{"14105","ZhouPin",'M',78}
13	};
14	main(){
15	int i,count = 0;
16	float average,total = 0;
17	for(i = 0;i < 5;i++){
18	total += stu[i].score;
19	if(stu[i].score > 90) count += 1;
20	}
21	printf("total = % .2f\n",total);
22	average = total/5;
23	printf("average = % .2f\ncount = % d\n",average,count);
24	}
知识 标签	新学知识:结构体变量成员的运算 复习知识:结构体的定义　结构体数组　结构变量成员的表示方法　结构变量的初始化

【运行结果】

C 语言程序 c5_5.c 的运行结果如图 5-6 所示。

图 5-6　C 语言程序 c5_5.c 的运行结果

【指点迷津】

① 第 2～13 定义了结构体类型、声明了结构体数组并对结构体数组各元素的成员进行了初始化赋值。

② 第 17～20 行的 for 循环语句计算 5 位学生总分和成绩大于 90 分的人数。

③ 第 22 行计算平均成绩。

【举一反三】

对 C 语言程序 c5_5.c 进行改造,单独定义一个函数 average()计算总分、成绩大于 90 的人数和平均成绩。使用结构指针变量作函数参数,通过结构指针变量访问结构体数组元素的各个成员。程序 c5_5_1.c 的代码如表 5-7 所示。

表 5-7　程序 c5_5_1.c 的代码

序号	代　　码
01	struct student{
02	char * num;
03	char * name;
04	char sex;

序号	代　　码
05	`    float score[3];`
06	`}stu[ ] = {`
07	`    {"14101","XiaYang",'M',95,84,91},`
08	`    {"14102","WuHao",'M',82.5,76,93},`
09	`    {"14103","ChenLi",'F',92.5,67,81},`
10	`    {"14104","LiXin",'F',87,90,74},`
11	`    {"14105","ZhouPin",'M',78,82,54.5}`
12	`};`
13	`main(){`
14	`    struct student * ps;`
15	`    void average(struct student * ps);`
16	`    ps = stu;`
17	`    average(ps);`
18	`}`
19	`void average(struct student * ps){`
20	`    int count = 0,i,j;`
21	`    float average,total = 0;`
22	`    for(i = 0;i < 5;i++,ps++){`
23	`      for(j = 0;j < 3;j++){`
24	`          total += ps -> score[j];`
25	`          if(ps -> score[j]< 60) count += 1;`
26	`        }`
27	`    }`
28	`    printf("s = % .2f\n",total);`
29	`    average = total/15;`
30	`    printf("average = % .2f\ncount = % d\n",average,count);`
31	`}`
知识标签	新学知识:结构体指针变量做函数参数 复习知识:结构体的定义　结构体数组　结构变量的初始化

C 语言程序 c5_5_1.c 的运行结果如图 5-7 所示。

图 5-7　C 语言程序 c5_5_1.c 的运行结果

知 识 探 究

5.1　C 语言的结构体

在实际问题中,一组数据往往具有不同的数据类型。例如,在学生信息中,姓名应为字符型,学号可为整型或字符型,年龄应为整型,性别应为字符型,成绩可为整型或实型。显然不能用一个数组来存放这一组数据。因为数组中各元素的类型和长度都必须一致,以便于编译系统处理。为了解决这个问题,C 语言中给出了另一种构造数据类型——"结构(structure)"或叫"结构体"。

1. C 语言结构体的定义

"结构体"是一种构造类型,它是由若干"成员"组成的。每一个成员可以是一个基本数据类型或者又是一个构造类型。结构体既是一种"构造"而成的数据类型,那么在声明和使用之前必须先定义它,也就是构造它。如同在声明和调用函数之前要先定义函数一样。

定义一个结构的一般形式为:

```
struct 结构名{
    成员表列
};
```

成员表列由若干个成员组成,每个成员都是该结构的一个组成部分。对每个成员也必须作类型声明,其形式为:

```
类型说明符   成员名;
```

成员名的命名应符合标识符的书写规定。例如:

```
struct stu{
    int num;
    char name[20];
    char sex;
    float score;
};
```

在这个结构定义中,结构名为 stu,该结构由 4 个成员组成。第一个成员为 num,整型变量;第二个成员为 name,字符数组;第三个成员为 sex,字符变量;第四个成员为 score,实型变量。应注意在括号后的分号是不可少的。结构定义之后,即可进行变量声明。凡声明为结构 stu 的变量都由上述 4 个成员组成。由此可见,结构是一种复杂的数据类型,是数目固定,类型不同的若干有序变量的集合。

2. C 语言结构类型变量的声明

声明结构变量有以下三种方法。以上面定义的 stu 为例来加以声明。

(1) 先定义结构,再声明结构变量。

例如:

```
struct stu{
    int num;
    char name[20];
    char sex;
    float score;
};
struct stu stu1,stu2;
```

声明了两个变量 stu1 和 stu2 为 stu 结构类型。

(2) 在定义结构类型的同时声明结构变量。

例如:

```
struct stu{
    int num;
    char name[20];
    char sex;
    float score;
}stu1,stu2;
```

这种形式声明的一般形式为：

```
struct 结构名{
      成员表列
 }变量名表列;
```

（3）直接声明结构变量。

例如：

```
struct{
    int num;
    char name[20];
    char sex;
    float score;
}stu1,stu2;
```

这种形式声明的一般形式为：

```
struct{
    成员表列
 }变量名表列;
```

第 3 种方法与第 2 种方法的区别在于第 3 种方法中省去了结构名，而直接给出结构变量。3 种方法中声明的 stu1、stu2 变量都具有下图所示的结构。

声明了变量 stu1、stu2 为 stu 结构类型后，即可向这两个变量中的各个成员赋值。

在上述 stu 结构定义中，所有的成员都是基本数据类型或数组类型。成员也可以又是一个结构，即构成了嵌套的结构，如下所示。

| num | name | sex | birthday | | | score |
| | | | month | day | year | |

我们可以给出以下结构定义：

```
struct date{
    int month;
    int day;
    int year;
};
struct{
    int num;
    char name[20];
    char sex;
    struct date birthday;
```

```
    float score;
}stu1,stu2;
```

首先定义一个结构 date,由 month(月)、day(日)、year(年)3 个成员组成。在定义并声明变量 stu1 和 stu2 时,其中的成员 birthday 被声明为 data 结构类型。成员名可与程序中其他变量同名,互不干扰。

3. C 语言结构变量成员的访问方法

在程序中使用结构变量时,往往不把它作为一个整体来使用。在 ANSI C 中除了允许具有相同类型的结构变量相互赋值以外,一般对结构变量的使用,包括赋值、输入、输出、运算等都是通过结构变量的成员来实现的。

访问结构变量成员的一般形式是:

结构变量名.成员名

例如:

```
stu1.num
```

即第 1 个学生的学号

```
stu2.sex
```

即第 2 个学生的性别

如果成员本身又是一个结构则必须逐级找到最低级的成员才能使用。

例如:

```
stu1.birthday.month
```

即第 1 个学生的出生月份,结构的成员可以在程序中单独使用,与普通变量完全相同。

4. C 语言结构变量的赋值

结构变量的赋值就是给各成员赋值,可使用输入语句或赋值语句来完成。

```
stu1.num = 14101;
stu1.name = "LiMin";
scanf("%c %f",&stu1.sex,&stu1.score);
stu2 = stu1;
```

这里使用赋值语句给 num 和 name 两个成员赋值,用 scanf 函数动态地输入 sex 和 score 成员值,然后把 stu1 的所有成员的值整体赋予 stu2。

5. C 语言结构变量的初始化

和其他类型变量一样,对结构变量可以在定义时进行初始化赋值。

例如:

```
struct stu{              /*定义结构*/
    int num;
    char name[20];
    char sex;
    float score;
}stu2,stu1 = {14101,"LiMin",'M',98.5};
```

这里,stu2、stu1 均被定义为结构变量,并对 stu1 作了初始化赋值。

6. C 语言结构体数组的定义

数组的元素也可以是结构类型的,因此可以构成结构型数组。结构型数组的每一个元素都是具有相同结构类型的下标结构变量。在实际应用中,经常用结构数组来表示具有相同数据结构的一个群体。如一个班的学生档案、一个公司职工的工资表等。

定义结构型数组的方法和定义结构变量相似,只需声明它为数组类型即可。

例如:

```
struct stu{
    int num;
    char name[20];
    char sex;
    float score;
}stu[5];
```

定义了一个结构数组 stu,共有 5 个元素,stu[0]~stu[4]。每个数组元素都具有 struct stu 的结构形式。对结构数组可以作初始化赋值。

例如:

```
struct stu{
    int num;
    char name[20];
    char sex;
    float score;
}stu[5] = {
    {101,"LiMin","M",85},
    {102,"ZhangHao","M",92.5},
    {103,"HePing","F",82.5},
    {104,"ChengFang","F",87},
    {105,"WangLin","M",98} };
```

当对全部元素作初始化赋值时,也可不给出数组长度。

5.2　C 语言的结构体与指针

1. C 语言指向结构体变量的指针变量

一个指针变量当用来指向一个结构变量时,称为结构指针变量。结构指针变量中的值是所指向的结构变量的首地址。通过结构指针即可访问该结构变量,这与数组指针和函数指针的情况是相同的。

结构指针变量声明的一般形式为:

struct 结构名 * 结构指针变量名

例如,在前面的实例中定义了 stu 这个结构,如要声明一个指向 stu 的指针变量 pstu,可写为:

struct stu * pstu;

当然也可在定义 stu 结构时同时声明 pstu。与前面讨论的各类指针变量相同,结构指针变量也必须要先赋值后才能使用。

赋值是把结构变量的首地址赋予该指针变量,不能把结构类型名赋予该指针变量。如果 boy 是被声明为 stu 类型的结构变量,则 pstu=&boy 是正确的,而 pstu=&stu 是错误的。

结构类型名和结构变量是两个不同的概念,不能混淆。结构类型名只能表示一个结构形式,类似 C 语言的基本数据类型,例如 int,编译系统并不对它分配内存空间。只有当某变量被声明为这种类型时,才对该变量分配存储空间。因此上面 &stu 这种写法是错误的,不可能去取一个结构类型名的首地址。有了结构指针变量,就能更方便地访问结构变量的各个成员。

其访问的一般形式为:

(∗ 结构指针变量). 成员名

或为:

结构指针变量->成员名

例如:

(∗ pstu). num

或者

pstu->num

应该注意,(∗ pstu)两侧的括号不可少,因为成员符"."的优先级高于"∗"。如去掉括号写作 ∗ pstu. num 则等效于 ∗ (pstu. num),这样意义就完全不对了。

下面通过实例来说明结构指针变量的声明和使用方法。

```
struct stu{
    int num;
    char * name;
    char sex;
    float score;
} stu1 = {14102,"LiMin",'M',98.5}, * pstu;
main(){
    pstu = &stu1;
    printf("Number = % d\nName = % s\n",stu1. num,stu1. name);
    printf("Sex = % c\nScore = % f\n\n",stu1. sex,stu1. score);
    printf("Number = % d\nName = % s\n",( * pstu). num,( * pstu). name);
    printf("Sex = % c\nScore = % f\n\n",( * pstu). sex,( * pstu). score);
    printf("Number = % d\nName = % s\n",pstu->num,pstu->name);
    printf("Sex = % c\nScore = % f\n\n",pstu->sex,pstu->score);
}
```

程序中定义了一个结构类型 stu 和一个 stu 类型的结构变量 stu1,并进行了初始化赋值,还定义了一个指向 stu 类型结构的指针变量 pstu。在 main 函数中,pstu 被赋予 stu1 的地址,因此 pstu 指向 stu1。然后在 printf 语句内用三种形式输出 stu1 的各个成员值。从运行结果可以看出:

结构变量. 成员名
(∗ 结构指针变量). 成员名
结构指针变量->成员名

这三种用于表示结构成员的形式是完全等效的。

2. C 语言指向结构体数组的指针变量

指针变量可以指向一个结构数组,这时结构指针变量的值是整个结构数组的首地址。

结构指针变量也可指向结构数组的一个元素,这时结构指针变量的值是该结构数组元素的首地址。

设 ps 为指向结构数组的指针变量,则 ps 也指向该结构数组的 0 号元素,ps+1 指向 1 号元素,ps+i 则指向 i 号元素。这与普通数组的情况是一致的。

应该注意的是,一个结构指针变量虽然可以用来访问结构变量或结构数组元素的成员,但是,不能使它指向一个成员。也就是说不允许取一个成员的地址来赋予它。因此,下面的赋值是错误的。

```
ps = &boy[1].sex;
```

而只能是:

```
ps = boy;(赋予数组首地址)
```

或者是:

```
ps = &boy[0];(赋予 0 号元素首地址)
```

3. 结构体指针变量作函数参数

在 ANSI C 标准中允许用结构变量作函数参数进行整体传送,但是这种传送要将全部成员逐个传送,特别是成员为数组时将会使传送的时间和空间开销很大,严重地降低了程序的效率。因此最好的办法就是使用指针,即用指针变量作函数参数进行传送。这时由实参传向形参的只是地址,从而减少了时间和空间的开销。

5.3 C 语言动态存储分配

数组的长度是预先定义好的,在整个程序中固定不变。C 语言中不允许使用动态数组。例如:

```
int n;
scanf(" %d",&n);
int a[n];
```

用变量表示长度,希望对数组的大小作动态声明,这是错误的。但是在实际的编程中,往往会发生这种情况,即所需的内存空间取决于实际输入的数据,而无法预先确定。对于这种问题,用数组的办法很难解决。为了解决上述问题,C 语言提供了一些内存管理函数,这些内存管理函数可以按需要动态地分配内存空间,也可把不再使用的空间回收待用,为有效地利用内存资源提供了方法。

常用的内存管理函数有以下三个。

1. 分配内存空间函数 malloc

malloc 函数用于分配内存空间,其功能是在内存的动态存储区中分配一块长度为 size 字节的连续区域。函数的返回值为该区域的首地址。

malloc 函数的调用形式为:

```
(类型说明符 * )malloc(size)
```

各参数的含义说明如下:
① "类型说明符"表示把该区域用于何种数据类型。

② "（类型说明符＊）"表示把返回值强制转换为该类型指针。

③ size 是一个无符号数。

例如：

```
pc = (char * )malloc(100);
```

表示分配 100 个字节的内存空间，并强制转换为字符数组类型，函数的返回值为指向该字符数组的指针，把该指针赋予指针变量 pc。

2. 分配内存空间函数 calloc

calloc 函数也可以用于分配内存空间，其功能是在内存动态存储区中分配 n 块长度为 size 字节的连续区域，函数的返回值为该区域的首地址。

calloc 函数的调用形式为：

```
(类型说明符 * )calloc(n,size)
```

（类型说明符＊）用于强制类型转换。

calloc 函数与 malloc 函数的区别仅在于一次可以分配 n 块区域。

例如：

```
ps = (struet student * )calloc(2,sizeof(struct student));
```

其中的 sizeof(struct student) 是求 student 的结构长度。因此该语句的意思是：按 student 的长度分配 2 块连续区域，强制转换为 student 类型，并把其首地址赋予指针变量 ps。

3. 释放内存空间函数 free

free 函数用于释放内存空间，其调用形式为：

```
free(void * ptr);
```

其功能为释放 ptr 所指向的一块内存空间，ptr 是一个任意类型的指针变量，它指向被释放区域的首地址。被释放区应是由 malloc 或 calloc 函数所分配的区域。

分配一块区域，输入一个学生数据的示例代码如下。

```
main(){
    struct Student{
        int num;
        char * name;
        char sex;
        float score;
    } * ps;
    ps = (struct Student * )malloc(sizeof(struct Student));
    ps -> num = 14102;
    ps -> name = "LiMing";
    ps -> sex = 'M';
    ps -> score = 92.5;
    printf("Number = % d\nName = % s\n",ps -> num,ps -> name);
    printf("Sex = % c\nScore = % .1f\n",ps -> sex,ps -> score);
    free(ps);
}
```

上述代码中定义了结构类型 Student 和 Student 类型的指针变量 ps。然后分配一块 Student 大小的内存区,并把首地址赋予 ps,使 ps 指向该区域。再以 ps 为指向结构的指针变量对各成员赋值,并用 printf 输出各成员值。最后用 free 函数释放 ps 指向的内存空间。整个程序包含了申请内存空间、使用内存空间、释放内存空间三个步骤,实现存储空间的动态分配。

小 试 牛 刀

任务5-6 编写程序建立通讯录

【任务描述】

编写 C 语言程序 c5_6.c,建立通讯录,通讯录每一条记录包括姓名和联系电话两个数据。

【程序编码】

程序 c5_6.c 的代码如表 5-8 所示。

表 5-8 程序 c5_6.c 的代码

序号	代 码
01	#include"stdio.h"
02	#define NUM 3
03	struct contacts{
04	char name[20];
05	char phone[13];
06	};
07	main(){
08	struct contacts man[NUM];
09	int i;
10	for(i=0;i<NUM;i++){
11	printf("input name:\n");
12	gets(man[i].name);
13	printf("input phone:\n");
14	gets(man[i].phone);
15	}
16	printf("name\tphone\n");
17	for(i=0;i<NUM;i++)
18	printf("%s\t%s\n",man[i].name,man[i].phone);
19	}
知识标签	结构体类型的定义　结构体变量的声明　结构体变量成员的访问

程序 c5_6.c 第 2 行声明了一个符号常量。第 3 行至第 6 行定义了一个结构体类型。第 8 行声明了一个结构体数组。第 10～15 行的 for 循环语句调用 gets() 函数为结构体数

组元素的各个成员输入数据。第 17～18 行的 for 循环语句调用 printf() 函数输出结构体数组元素各个成员的值。

任务 5-7　编写程序利用结构指针变量输出一条通讯录记录数据

【任务描述】

编写 C 语言程序 c5_7.c,利用结构指针变量输出一条通讯录记录数据。

【程序编码】

程序 c5_7.c 的代码如表 5-9 所示。

表 5-9　程序 c5_7.c 的代码

序号	代　码
01	# include "stdio.h"
02	struct contacts{
03	char * name;
04	char * phone;
05	};
06	void main()
07	{
08	struct contacts classmate1 =
09	{
10	"XiaYang","18901188088"
11	};
12	struct contacts * p;
13	p = &classmate1;
14	printf("Name: % s\n",p - > name);
15	printf("Phone: % s\n",p - > phone);
16	}
知识标签	结构体类型的定义　结构体变量的声明　结构体变量的赋值　结构体变量成员的访问

程序 c5_7.c 先定义一个结构体类型 contacts,然后声明结构体变量并对各成员进行了赋值。第 12 行定义一个结构指针变量;第 13 行通过赋值使结构指针变量指向一个结构体变量。第 14、15 行通过结构指针变量访问结构体变量成员输出数据。

任务 5-8　编写程序利用结构指针变量输出多条通讯录记录数据

【任务描述】

编写 C 语言程序 c5_8.c,结构指针变量输出多条通讯录记录数据。

【程序编码】

程序 c5_8.c 的代码如表 5-10 所示。

表 5-10　程序 c5_8.c 的代码

序号	代　　　码
01	# include "stdio.h"
02	struct contacts{
03	char * name;
04	char * phone;
05	};
06	void main( )
07	{
08	struct contacts classmate1[ ] =
09	{
10	{"XiaYang","18901188088"},
11	{"WuHao","13312453846"},
12	{"ChenLi","13007333319"},
13	};
14	struct contacts * p;
15	int i;
16	p = &classmate1;
17	for(i = 0;i < 3;i++)
18	{
19	printf("Name: % s\n",(p + i) -> name);
20	printf("Phone: % s\n",(p + i) -> phone);
21	}
22	}
知识标签	结构体类型的定义　　结构体数组的声明　　结构体数组元素的赋值　　结构体数组元素的成员访问

　　程序 c5_8.c 先定义一个结构体类型 contacts；然后声明结构体数组并对各数组元素的成员进行了赋值。第 14 行定义一个结构指针变量；第 16 行通过赋值使结构指针变量指向一个结构体数组。第 19、20 行通过结构指针变量访问结构体数组元素的成员输出数据，其访问方式为"(p+i)->name"，i 的值分别为 0、1、2，这样便可以访问结构体数组的第 1 个元素、第 2 个元素和第 3 个元素。

单 元 小 结

　　本单元通过渐进式的构造数据处理的编程训练，在程序设计过程中认识、了解、领悟并逐步掌握 C 语言的结构体类型、结构体类型变量、结构体与指针、动态存储分配等内容。同时也学会构造数据处理的编程技巧。

单 元 习 题

一、单选题

1. 当说明一个结构体变量时,系统分配给它的内存是(　　)。

   A. 各成员所需内存量的总和　　　　　B. 结构中第一个成员所需内存量

   C. 成员中占内存量最大者所需的容量　　D. 结构中最后一个成员所需内存量

2. 设有以下说明语句:

```
struct stu
{
 int  a;
 float b;
} stutype;
```

则下面的叙述不正确的是(　　)。

   A. struct 是定义结构体类型的关键字

   B. struct stu 是用户定义的结构体类型名

   C. stutype 是用户定义的结构体类型名

   D. a 和 b 都是结构体成员名

3. C 语言结构体类型变量在程序执行期间(　　)。

   A. 所有成员一直驻留在内存中　　　　B. 只有一个成员驻留在内存中

   C. 部分成员驻留在内存中　　　　　　D. 没有成员驻留在内存中

4. 在 16 位 PC 上使用 C 语言,若有如下定义:

```
struct data
{
  int i;
  char ch;
  double f;
} b;
```

则结构变量 b 占用内存的字节数是(　　)。

   A. 1　　　　　　　　B. 2　　　　　　　　C. 8　　　　　　　　D. 11

5. 以下程序的运行结果是(　　)。

```
# include "stdio. h"
main ()
{
    struct date
    {
        int year,month,day;
    } today;
printf ("% d\n",sizeof (struct date));
}
```

   A. 6　　　　　　　　B. 8　　　　　　　　C. 10　　　　　　　　D. 12

6. 以下 scanf 函数调用语句中对结构体变量成员的不正确引用是(   )。

```
struct pupil
  {
    char name [20];
    int   age;
    int   sex;
  } pup[5], * p;
  p = pup;
```
    A. scanf ("%",pup[0]. name);   B. scanf ("%d",&pup[0]. ge);
    C. scanf ("%d,&(p->sex));   D. scanf ("%d",p->age);

7. 下面哪些定义的结构在内存分配上是完全相同的?(   )

(1) struct abc{
        char x;
        char y;
        int data;
        };
(2) struct abc{
        char x,y;
        int data;
        };
(3) struct abc{
        int data;
        char x;
        char y;
        };

    A. (1)和(2)   B. (2)和(3)   C. (1)和(3)   D. (1)(2)和(3)

二、多选题

如果有以下的定义:

```
struct person
{
    char name[20];
    int   age;
    char sex;
};
struct person a = {"xiao min",20,'m'}, * p = &a;
```

则对字符串"xiao min"的引用方式可以是(   )。
    A. (* p). name   B. p. name   C. a. name   D. p->name

三、填空题

(1) 读懂源程序,并写出正确结果。

```
# include < stdio. h>
struct stu {
    char name[10];
    int score[3];
```

```
    };
    void main()
    {
        struct stu student = {
                "xiaoming",
                {99,87,90}
        };
        struct stu * p1 = &student;
        int * p2 = student . score;
        printf(" % d\n",student . score[0]);
        printf(" % s\n",p1 -> name);
        printf(" % d\n",p2[2]);
        printf(" % d\n", * (p2 + 1));
    }
```

/ * 屏幕显示＿＿＿＿＿＿ * /
/ * 屏幕显示＿＿＿＿＿＿ * /
/ * 屏幕显示＿＿＿＿＿＿ * /
/ * 屏幕显示＿＿＿＿＿＿ * /

（2）以下程序的运行结果是＿＿＿＿。

```
# include < stdio. h>
struct n {
            int x;
            char c;
};
main ()
{
    struct n a = {10,'x'};
    func (a);
      printf (" % d, % c",a. x,a. c);
}
func (struct n b)
{
    b. x = 20;
    b. c = 'y';
}
```

（3）以下程序的运行结果是＿＿＿＿。

```
main()
  {
    struct example {
        struct {
                int x;
                int y;
            } in;
        int a;
        int b;
    }e;
    e . a = 1;
    e . b = 2;
    e . in. x = e . a * e . b;
    e . in. y = e . a + e . b;
    printf (" % d, % d",e . in. x,e . in . y);
}
```

（4）以下程序的功能是输出结构体变量 bt 所占内存单元的字节数，请正确填空。

```
struct ps
 {
    double   i    ;
    char     arr [20];
 };
main ()
  {
    struct   ps   bt;
    printf ("bt size: % d\n", _____);
  }
```

（5）以下程序的输出结果分别是_____和_____。

```
main()
{
 struct num
    {
      int a;
      int b;
      float f;
    }n = {1,3,5.0};
    struct num    * pn = &n;
    printf(" % d\n", pn -> b/n . a * ++pn -> b);
    printf(" % f\n", ( * pn).a + pn -> f);
 }
```

（6）以下程序的运行结果是_____。

```
struct ks
  {
    int a;
    int * b;
  } s[4], * p;
main ()
{
    int n = 1,i;
    for (i = 0; i < 4; i++)
      {
        s[i].a = n;
        s[i].b = &s[i].a;
        n = n + 2;
      }
    p = &s[0];
    p++;
    printf(" % d, % d\n",(++p) -> a,(p++) -> a);
}
```

单元6 文件内容处理编程

文件是计算机中的一个重要概念,通常是指存储在外部介质上的数据集合。存储程序代码的文件通常称为程序文件,存储数据的文件通常称为数据文件。前面各单元进行数学运算和数据处理时,程序运行的结果只能输出到屏幕上。如果将输入/输出的数据以磁盘文件的形式存储起来,则在进行大批量数据处理时将会十分方便。本单元通过文件内容处理的程序设计,主要学习 C 语言的文件打开与关闭、内容读写和 main 函数参数等内容。

教 学 导 航

教学目标	通过编程训练领悟编程技巧和方法,在程序编写过程中理解与掌握 C 语言的语法知识: (1) 理解 C 语言的文件、FILE 类型以及 FILE 类型的指针变量 (2) 熟练掌握文件的打开与关闭方法 (3) 熟练掌握文件中字符的读写、字符串的读写方法 (4) 一般掌握文件中数据块的读写、格式化读写方法 (5) 熟练掌握文件的随机读写方法 (6) 了解带参数的 main() 函数
知识要点	文件　文件的打开　文件的关闭　文件的读写　文件定位　带参数的 main() 函数
参考资料	(1)附录 A　C 语言中的保留字;(2)附录 B　C 语言的运算符;(3)附录 D　C 语言的转义字符;(4)附录 F　C 语言的常用库函数;(5)附录 G　C 语言的输入/输出函数详解;(6)附录 H 在 Visual C++ 6.0 集成开发环境中创建、编译与运行 C 语言程序;(7)附录 I　C 语言的常见编程规范;(8)附录 J　C 语言程序调试常见错误信息
教学方法	任务驱动法、分组讨论法、探究学习法、理论实践一体教学法、讲授法
课时建议	4 课时

引 例 剖 析

任务6-1　编写程序利用磁盘文件存储与输出学生的记录数据

【任务描述】

编写 C 语言程序 c6_1.c,利用磁盘文件存储与输出学生的数据记录。

【程序编码】

程序 c6_1.c 的代码如表 6-1 所示。

表 6-1 程序 c6_1.c 的代码

序号	代 码
01	# include < stdio. h >
02	# define N 5
03	struct student
04	{
05	int num;
06	char name[10];
07	float score[3];
08	float average;
09	}stu[ ] = {
10	{14101,"XiaYang",95,84,91},
11	{14102,"WuHao",82.5,76,93},
12	{14103,"ChenLi",92.5,67,81},
13	{14104,"LiXin",87,90,74},
14	{14105,"ZhouPin",78,82,54.5}
15	};
16	main()
17	{
18	void savefile(),outfile();
19	savefile();
20	outfile();
21	}
22	void savefile()
23	{
24	int i,j;
25	float sum;
26	FILE * fp;
27	for(i = 0;i < N;i++)
28	{
29	sum = 0;
30	for(j = 0;j < 3;j++)
31	{
32	sum += stu[i].score[j];
33	}
34	stu[i].average = sum/3.0;
35	}
36	fp = fopen("e:\\example\\scorefile.txt","w");
37	for(i = 0;i < N;i++)
38	{
39	if(fwrite(&stu[i],sizeof(struct student),1,fp)!= 1)
40	printf("file write error\n");
41	}
42	fclose(fp);
43	}

续表

序号	代　　码
44	void outfile()
45	{
46	int i;
47	FILE * fp;
48	fp = fopen("e:\\example\\scorefile. txt","rb");
49	printf("number\tname\t　score1　score2　score3　average\n");
50	for(i = 0;i < N;i++)
51	{
52	fread(&stu[i],sizeof(struct student),1,fp);
53	printf(" % 5d\t% - 10s ",stu[i]. num,stu[i]. name);
54	printf(" % 6.1f % 8.1f % 8.1f % 8.1f\n",stu[i]. score[0],stu[i]. score[1],stu[i]. score[2],stu[i]. average);
55	}
56	fclose(fp);
57	}

【运行结果】

C 语言程序 c6_1. c 的运行结果如图 6-1 所示。

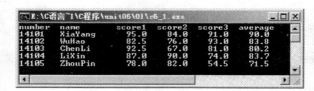

图 6-1　C 语言程序 c6_1. c 的运行结果

【指点迷津】

① 程序 c6_1. c 中定义结构体类型的同时声明了一个结构数组,并进行初始化赋值。定义两个函数 savefile()、outfile(),其中 savefile()函数用于向文件中写入记录数据,outfile()用于将文件中的记录数据输出到屏幕上。

② 第 26 行声明了一个 FILE 类型的指针变量 fp,第 36 行打开文件 scorefile,只允许进行"写"操作,并使 fp 指向该文件。

③ 第 39 行调用 fwrite()函数向 scorefile 文件中依次写入结构体数组各个元素的成员数据。

④ 第 42 行调用关闭文件函数 fclose()将文件关闭。

⑤ 第 47 行声明了一个 FILE 类型的指针变量 fp,第 48 行只读打开二进制文件 scorefile,只允许"读"数据,并使 fp 指向该文件。

⑥ 第 52 行调用 fread()函数从文件 scorefile 中依次读出结构体数组各个元素的成员数据。

⑦ 第 56 行调用关闭文件函数 fclose()将文件关闭。

编 程 实 战

任务6-2　编写程序从文件中逐个读取字符并在屏幕上输出

【任务描述】

编写 C 语言程序 c6_2.c,从文件中逐个读取字符并在屏幕上输出这些字符。

【程序编码】

程序 c6_2.c 的代码如表 6-2 所示。

表 6-2　程序 c6_2.c 的代码

序号	代　　码
01	# include < stdio. h >
02	main(){
03	FILE * fp;
04	char ch;
05	if((fp = fopen("e:\\example\\c2.txt","rt")) == NULL){
06	printf("\nCannot open file strike any key exit!");
07	exit(1);
08	}
09	ch = fgetc(fp);
10	while(ch!= EOF){
11	putchar(ch);
12	ch = fgetc(fp);
13	}
14	fclose(fp);
15	}
知识标签	新学知识: FILE 类型　文件的打开　文件中字符的读出　文件的关闭　fgetc()函数 复习知识: 指针变量　putchar()函数　字符类型　关系表达式

【运行结果】

C 语言程序 c6_2.c 的运行结果如图 6-2 所示。

图 6-2　C 语言程序 c6_2.c 的运行结果

【指点迷津】

① 程序 c6_2.c 的功能是从文件中逐个读取字符,在屏幕上显示这些字符。

② 程序中定义了 FILE 类型的文件指针 fp,以读文本文件方式打开文件"E:\example\ c2.txt",并使 fp 指向该文件。如果打开文件出错,给出提示信息并退出程序。

③ 程序第 9 行先读出一个字符,然后进入 while 循环,只要读出的字符不是文件结束标志(每个文件末尾有一结束标志 EOF),就把该字符显示在屏幕上,再读入下一字符。每读一次,文件内部的位置指针向后移动一个字符,文件结束时,该指针指向 EOF。

任务 6-3 编写程序对文件进行读写操作

【任务描述】

编写 C 语言程序 c6_3.c,从键盘输入一行字符,写入一个文件,再把该文件内容读出显示在屏幕上。

【程序编码】

程序 c6_3.c 的代码如表 6-3 所示。

表 6-3 程序 c6_3.c 的代码

序号	代　　码
01	#include<stdio.h>
02	main(){
03	FILE * fp;
04	char ch;
05	if((fp = fopen("e:\\example\\c3.txt","wt + ")) == NULL){
06	printf("Cannot open file strike any key exit!");
07	exit(1);
08	}
09	printf("Input a string:\n");
10	ch = getchar();
11	while (ch!= '\n'){
12	fputc(ch,fp);
13	ch = getchar();
14	}
15	printf("Output the string:\n");
16	rewind(fp);
17	ch = fgetc(fp);
18	while(ch!= EOF){
19	putchar(ch);
20	ch = fgetc(fp);
21	}
22	printf("\n");
23	fclose(fp);
24	}
知识 标签	新学知识:文件中字符的写入　文件指针移位 复习知识:文件的打开　文件中字符的读出　文件的关闭　输入字符　输出字符

【运行结果】

C 语言程序 c6_3.c 的运行结果如图 6-3 所示。

图 6-3　C 语言程序 c6_3.c 的运行结果

【指点迷津】

① 程序 c6_3.c 中第 5 行以写文本文件方式打开文件 c3.txt。

② 第 10 行从键盘读入一个字符后进入循环,当读入字符不为回车符时,则把该字符写入文件之中,然后继续从键盘读入下一字符。每输入一个字符,文件内部位置指针向后移动一个字节。写入完毕,该指针已指向文件末。

③ 如要把文件从头读出,须把指针移向文件头,程序第 16 行 rewind 函数用于把 fp 所指文件的内部位置指针移到文件头。

④ 第 17~21 行用于读出文件中的一行内容。

任务 6-4　编写程序统计文件中字符串出现的次数

【任务描述】

编写 C 语言程序 c6_4.c,统计文件中字符串出现的次数。

【程序编码】

程序 c6_4.c 的代码如表 6-4 所示。

表 6-4　程序 c6_4.c 的代码

序号	代　　码
01	# include "stdio.h"
02	# include "string.h"
03	FILE * cp;
04	char fname[20] = "e:\\example\\c4.txt";
05	char buf[100];
06	int num;
07	struct key{　　　　　　　　　　　/*定义关键字存放的结构体类型*/
08	char word[10];
09	int count;
10	}keyword[] = {"Happy",0,"New",0,"Year",0,"good",0};
11	/*定义数组存放 4 种待查找的单词以及出现的次数*/
12	char * getword(FILE * fp){　　　/*函数的功能是取出文件中的每个单词*/
13	int i = 0;

序号	代　　码
14	`char c;`
15	`c = fgetc(fp);`
16	`if (c == EOF)`
17	`    return NULL;`
18	`while (c!= EOF && c!= ' '&& c!= '\t' && c!= '\n'){`
19	`    buf[i++] = c;`　　　　　　　`/* 取出连续的字符 */`
20	`    c = fgetc(fp);`
21	`}`
22	`buf[i] = '\0';`　　　　　　`/* 每个单词作为一个字符串 */`
23	`return(buf);`　　　　　　`/* 返回单词 */`
24	`}`
25	
26	`void find(char * p){`　　`/* 函数的功能是查找 p 指向的字符串是否和关键字字符串相等 */`
27	`    int i;`
28	`    char * q;`
29	`    for (i = 0; i < num; i++){`　　`/* 利用循环访问字符关键字数组 */`
30	`        q = keyword[i].word;`　　`/* 保存数组中第一个元素的下标 */`
31	`        if (strcmp(p, q) == 0){`　　`/* 关键字统计项自加 */`
32	`            keyword[i].count++;`
33	`            return;`
34	`        }`
35	`    }`
36	`}`
37	`main(){`
38	`    int i;`
39	`    char * word;`
40	`    if ((cp = fopen(fname, "r")) == NULL){`　　`/* 打开文件 */`
41	`        printf("File open error: % s\n", fname);`
42	`        exit(0);`
43	`    }`
44	`    num = sizeof(keyword)/sizeof(struct key);`　　`/* 关键字的个数 */`
45	`    while (!feof(cp))`
46	`        if ((word = getword(cp))!= NULL)`　　`/* 取得每一个单词,查找出现的次数 */`
47	`            find(word);`
48	`    for(i = 0; i < num; i++)`
49	`    {`
50	`        if (keyword[i].count >= 1)`
51	`        printf("keyword: % s found! \n", keyword[i].word);`
52	`        else`
53	`        printf("keyword:\" % s\" not found! \n", keyword[i].word);`
54	`    }`
55	`    fclose(cp);`　　　　　`/* 关闭文件 */`
56	`}`

知识标签	新学知识：文件中单词的获取　strcmp()函数
	复习知识：结构体类型　结构体数组　文件的打开　指针函数　指针变量做函数参数

202

【运行结果】

C 语言程序 c6_4.c 的运行结果如图 6-4 所示。

图 6-4 C 语言程序 c6_4.c 的运行结果

【指点迷津】

① 第 7～10 行定义了一个结构体类型,该结构体有 2 个成员,分别为字符数组和整型变量。定义结构体类型的同时声明了结构体数组并进行了初始化赋值。

② 第 12～24 行定义了一个函数 getword(),该函数的功能是从文件取出每一个单词,该函数的返回值是指针,参数是 FILE 类型的指针变量。

③ 第 26～36 行定义了一个函数 find(),该函数的功能是查找指定关键字并进行计数,其参数是字符指针变量。

④ main() 函数先以只读方式打开文件,然后依次调用自定义函数 getword() 从文件中取出每一个单词,并对指定的关键字的次数进行统计,接着输出文件中关键字出现的次数,最后关闭文件。

任务 6-5 编写程序删除文件中的指定记录数据

【任务描述】

编写 C 语言程序 c6_5.c,删除文件中的指定记录数据。具体要求如下:打开指定文件,向该文件中输入员工数据,显示文件中的内容,然后指定要删除的员工姓名,在文件中进行删除操作,最后将删除后的内容显示在屏幕上。

【程序编码】

程序 c6_5.c 的代码如表 6-5 所示。

表 6-5 程序 c6_5.c 的代码

序号	代　　码
01	#include < stdio. h >
02	#include < string. h >
03	struct employee　　　　　　　/*定义结构体,存放员工数据*/
04	{
05	char name[10];
06	int salary;
07	} emp[ ] = {
08	{"XiaYang",6584},

序号	代　　码
09	{"WuHao",5276},
10	{"ChenLi",9267},
11	{"LiXin",4790},
12	{"ZhouPin",3882}
13	};
14	main()
15	{
16	FILE * fp1,　 * fp2;
17	int i,j,flag;
18	int n = 5;
19	char name[10] = "LiXin";　　　　　　　　　 /* 要删除的员工姓名 */
20	char filename[50] = "e:\\example\\employeeInfo.txt";　 /* 定义数组为字符类型 */
21	if ((fp1 = fopen(filename,"ab")) == NULL)　 /* 以追加的方式打开指定的二进制文件 */
22	{
23	printf("Can not open the file.");
24	exit(0);
25	}
26	for (i = 0; i < n; i++)
27	if (fwrite(&emp[i],sizeof(struct employee),1,fp1) != 1)　　 /* 将员工信息写入 */ /* 到磁盘文件 */
28	printf("error\n");
29	fclose(fp1);
30	if ((fp2 = fopen(filename,"rb")) == NULL)
31	{
32	printf("Can not open file.");
33	exit(0);
34	} printf("original data:");
35	for (i = 0; fread(&emp[i],sizeof(struct employee),1,fp2) != 0; i++) 　　　　　　　　　　　　　　　　　 /* 读取员工数据到数组中 */
36	printf("\n % - 8s % 7d",emp[i].name,emp[i].salary);
37	printf("\n");
38	n = i;
39	fclose(fp2);
40	for (flag = 1,i = 0; flag && i < n; i++)
41	{
42	if (strcmp(name,emp[i].name) == 0)　　　　 /* 查找与输入姓名相匹配的位置 */
43	{
44	for (j = i; j < n − 1; j++)
45	{
46	strcpy(emp[j].name,emp[j + 1].name);
47	/* 查找到要删除信息的位置后将后面信息前移 */
48	emp[j].salary = emp[j + 1].salary;
49	} flag = 0;　　　　　　　　　　 /* 标志位置 0 */
50	}
51	}
52	if (!flag)
53	n = n − 1;　　　　　　　　　　　 /* 记录个数减 1 */
54	else

续表

序号	代　　码
55	printf("\nNot found");
56	printf("Now,the content of file:");
57	fp2 = fopen(filename,"wb");　　　　　　　　　/ * 以只写方式打开指定文件 * /
58	for (i = 0; i < n; i++)
59	fwrite(&emp[i],sizeof(struct employee),1,fp2); 　　　　　　　　　　　　　　　　　　　　　　/ * 将员工数据输出到磁盘文件中 * /
60	fclose(fp2);
61	fp2 = fopen(filename,"rb");　　　　　　　　　/ * 以只读方式打开指定二进制文件 * /
62	for (i = 0; fread(&emp[i],sizeof(struct employee),1,fp2) != 0; i++)
63	printf("\n % - 8s % 7d",emp[i].name,emp[i].salary);　　/ * 输出员工数据 * /
64	fclose(fp2);
65	}

知识标签	新学知识: strcpy()函数　追加的方式打开二进制文件 复习知识: 文件的打开　文件中数据的读出　文件中数据的写入　文件的关闭　strcmp()函数

【运行结果】

C 语言程序 c6_5.c 的运行结果如图 6-5 所示。

图 6-5　C 语言程序 c6_5.c 的运行结果

【指点迷津】

① 本程序以追加方式打开一个二进制文件,如果以只写方式打开,会使文件中的原有内容丢失。

② 输入要删除员工的姓名,使用 strcmp()函数查找相匹配的姓名,确定要删除记录的位置,将该位置后的记录分别前移一位,也就是将要删除的记录用后面的记录覆盖。

③ 将删除后剩余的记录使用 fwrite()函数再次写入磁盘文件中,使用 fread()函数读取文件内容到 emp 数组中,并显示在屏幕上。

任务 6-6　编写程序实现文件的合成

【任务描述】

编写 C 语言程序 c6_6.c,实现两个文件的合成。具体要求是:把命令行参数中的前一个文件名标识的文件,复制到后一个文件名标识的文件中,如果命令行中只有一个文件名则

205

把该文件写到标准输出文件(显示器)中。

【程序编码】

程序 c6_6.c 的代码如表 6-6 所示。

表 6-6　程序 c6_6.c 的代码

序号	代　　码
01	# include < stdio. h >
02	main(int argc,char * argv[]){
03	FILE * fp1, * fp2;
04	char ch;
05	if(argc == 1)
06	{
07	printf("have not enter file name strike any key exit");
08	exit(0);
09	}
10	if((fp1 = fopen(argv[1],"rt")) == NULL)
11	{
12	printf("Cannot open % s\n",argv[1]);
13	exit(1);
14	}
15	if(argc == 2)　　fp2 = stdout;
16	else if((fp2 = fopen(argv[2],"wt + ")) == NULL)
17	{
18	printf("Cannot open % s\n",argv[1]);
19	exit(1);
20	}
21	while((ch = fgetc(fp1))!= EOF)
22	fputc(ch,fp2);
23	fclose(fp1);
24	fclose(fp2);
25	}
知识 标签	新学知识：带参数的 main 函数 复习知识：文件的打开　　文件内容的读出　　文件内容的写入　　文件的关闭

【指点迷津】

程序 c6_6.c 中 main 函数带有两个参数,这两个参数可以认为是 main 函数的形式参数。

程序中定义了两个文件指针 fp1 和 fp2,分别指向命令行参数中给出的文件。如果命令行参数中没有给出文件名,则给出提示信息。例如操作系统的命名行中输入"C:\> C6_6",由于可执行文件名 C6_6 本身也算一个参数,所以只有一个参数。

程序第 15 行表示如果只给出一个文件名,则使 fp2 指向标准输出文件(即显示器)。例如操作系统的命名行中输入"C:\> C6_6 C6_6_1.txt",argc 的取值为 2,输出到标准输出文件 stdout,即在显示器上显示文件内容。

程序中第 21 行至 22 行用循环语句逐个读出文件 1 中的字符再送到文件 2 中。执行 DOS 命令时,如果命令行中给出了 2 个文件名,例如"C:\> C6_6 C6_6_2.txt C6_6_1.txt",把 C6_6_2.txt 文件中的内容读出,写入 C6_6_1.txt 文件之中。

知 识 探 究

6.1 C 语言文件概述

所谓"文件"是指一组相关数据的有序集合。这个数据集有一个名称,叫做文件名。实际上在前面的各单元中我们已经多次使用了文件,例如源程序文件、目标文件、可执行文件、头文件等。

文件通常是驻留在外部介质(如磁盘等)上的,在使用时才调入内存中来。从不同的角度可对文件作不同的分类。

(1) 从用户的角度看,文件可分为普通文件和设备文件两种。

普通文件是指驻留在磁盘或其他外部介质上的一个有序数据集,可以是源文件、目标文件、可执行程序;也可以是一组待输入处理的原始数据,或者是一组输出的结果。对于源文件、目标文件、可执行程序可以称作程序文件,对输入/输出数据可称作数据文件。

设备是指与主机相连的各种外部设备,例如显示器、打印机、键盘等。在操作系统中,把外部设备也看作是一个文件来进行管理,把它们的输入、输出等同于对磁盘文件的读和写。

通常把显示器定义为标准输出文件,一般情况下在屏幕上显示有关信息就是向标准输出文件输出。例如前面经常使用的 printf、putchar 函数就是这类输出。

键盘通常被指定标准的输入文件,从键盘上输入就意味着从标准输入文件上输入数据。scanf、getchar 函数就属于这类输入。

(2) 从文件编码的方式来看,文件可分为 ASCII 码文件和二进制码文件两种。

ASCII 文件也称为文本文件,这种文件在磁盘中存放时每个字符对应一个字节,用于存放对应的 ASCII 码。

例如,数 5678 的存储形式为:

ASCII码: 00110101 00110110 00110111 00111000

十进制码: 5   6   7   8

共占用 4 个字节。

ASCII 码文件可在屏幕上按字符显示,例如源程序文件就是 ASCII 文件。由于是按字符显示,因此能读懂文件内容。

二进制文件是按二进制的编码方式来存放文件的。

例如,数 5678 的存储形式为: 00010110 00101110。

只占两个字节。二进制文件虽然也可在屏幕上显示,但其内容无法读懂。C 编译系统在处理这些文件时,并不区分类型,都看成是字符流,按字节进行处理。输入/输出字符流的开始和结束只由程序控制而不受物理符号(如回车符)的控制。因此也把这种文件称作"流式文件"。

在 C 语言中用一个指针变量指向一个文件,这个指针称为文件指针。通过文件指针就可对它所指的文件进行各种操作。

定义说明文件指针的一般形式为:

FILE * 指针变量标识符;

其中 FILE 应为大写,它实际上是由系统定义的一个结构,该结构中含有文件名、文件状态和文件当前位置等信息。在编写源程序时不必关心 FILE 结构的细节。例如:

```
FILE * fp;
```

表示 fp 是指向 FILE 结构的指针变量,通过 fp 即可找到存放某个文件信息的结构变量,然后按结构变量提供的信息找到该文件,实施对文件的操作。习惯上也把 fp 称为指向一个文件的指针。

6.2 C 语言文件的读写

文件在进行读写操作之前要先打开,使用完毕要关闭。所谓打开文件,实际上是建立文件的各种有关信息,并使文件指针指向该文件,以便进行其他操作。关闭文件则断开指针与文件之间的联系,也就禁止再对该文件进行操作。

在 C 语言中,文件操作都是由库函数来完成的。

1. 文件的打开(fopen 函数)

fopen 函数用来打开一个文件,其调用的一般形式为:

```
文件指针名 = fopen(文件名,使用文件方式);
```

其中:

① "文件指针名"必须是被说明为 FILE 类型的指针变量。

② "文件名"是被打开文件的文件名,应为字符串常量或字符串数组。

③ "使用文件方式"是指文件的类型和操作要求。

例如:

```
FILE * fp;
fp = ("file.c","r");
```

其意义是在当前目录下打开文件 file.c,只允许进行"读"操作,并使 fp 指向该文件。

文件使用的方式共有 12 种,其符号和意义如表 6-7 所示。

表 6-7　文件使用方式的符号和意义

文件使用方式	含　义
rt	以只读方式打开一个文本文件,只允许读数据
wt	以只写方式打开或建立一个文本文件,只允许写数据
at	以追加方式打开一个文本文件,并在文件末尾写数据
rb	以只读方式打开一个二进制文件,只允许读数据
wb	以只写方式打开或建立一个二进制文件,只允许写数据
ab	以追加方式打开一个二进制文件,并在文件末尾写数据
rt+	以读写方式打开一个文本文件,允许读和写
wt+	以读写方式打开或建立一个文本文件,允许读和写
at+	以读写方式打开一个文本文件,允许读,或在文件末尾追加数据
rb+	以读写方式打开一个二进制文件,允许读和写
wb+	以读写方式打开或建立一个二进制文件,允许读和写
ab+	以读写方式打开一个二进制文件,允许读,或在文件末追加数据

对于文件使用方式的几点说明如下。

① 文件使用方式由 r、w、a、t、b 和＋等 6 个字符组合而成,各字符的含义是:

r(read)表示"读"；w(write)表示"写"；a(append)表示"追加"；t(text)表示"文本文件"(可省略不写)；b(banary)表示"二进制文件"；"＋"表示"读和写"。

② 凡用"r"打开一个文件时,该文件必须已经存在,且只能从该文件读出。

③ 用"w"打开的文件只能向该文件写入。若打开的文件不存在,则以指定的文件名建立该文件；若打开的文件已经存在,则将该文件删除,重建一个新文件。

④ 若要向一个已存在的文件追加新的信息,只能用"a"方式打开文件。但此时该文件必须是存在的,否则将会出错。

⑤ 在打开一个文件时,如果出错,fopen 将返回一个空指针值 NULL。在程序中可以用这一信息来判别是否完成打开文件的工作,并作相应的处理。因此常用以下程序段打开文件:

```
if((fp = fopen("C:\\myfile","rb") == NULL){
    printf("\nerror on open C:\\myfile file!");
    getch();
    exit(1);
}
```

这段程序的意义是,如果返回的指针为空,表示不能打开 C 盘根目录下的 myfile 文件,则给出提示信息"error on open C:\ myfile file!"。下一行 getch()的功能是从键盘输入一个字符,但不在屏幕上显示。在这里,该行的作用是等待,只有当用户从键盘按下任一键时,程序才继续执行,因此用户可利用这个等待时间阅读出错提示。按下键后执行 exit(1)退出程序。

⑥ 把一个文本文件读入内存时,要将 ASCII 码转换成二进制码,而把文件以文本方式写入磁盘时,也要把二进制码转换成 ASCII 码,因此文本文件的读写要花费较多的转换时间。对二进制文件的读写不存在这种转换。

⑦ 标准输入文件(键盘)、标准输出文件(显示器)、标准出错输出(出错信息)是由系统打开的,可直接使用。

2. 文件关闭函数(fclose 函数)

文件一旦使用完毕,应用关闭文件函数把文件关闭,以避免文件的数据丢失等错误。

fclose 函数调用的一般形式是:

```
fclose(文件指针);
```

例如:

```
fclose(fp);
```

正常完成关闭文件操作时,fclose 函数返回值为 0。如返回非零值则表示有错误发生。

3. 字符读写函数 fgetc 和 fputc

字符读写函数是以字符(字节)为单位的读写函数,每次可从文件读出或向文件写入一个字符。

（1）读字符函数 fgetc

fgetc 函数的功能是从指定的文件中读一个字符，函数调用的形式为：

字符变量 = fgetc(文件指针);

例如：

ch = fgetc(fp);

其意义是从打开的文件 fp 中读取一个字符并送入 ch 中。

对于 fgetc 函数的使用有以下几点说明：

① 在 fgetc 函数调用中，读取的文件必须是以读或读写方式打开的。

② 读取字符的结果也可以不向字符变量赋值，但是读出的字符不能保存。例如：

fgetc(fp);

③ 在文件内部有一个位置指针，用来指向文件的当前读写字节。在文件打开时，该指针总是指向文件的第一个字节。使用 fgetc 函数后，该位置指针将向后移动一个字节。因此可连续多次使用 fgetc 函数，读取多个字符。应注意文件指针和文件内部的位置指针不是一回事。文件指针是指向整个文件的，须在程序中定义说明，只要不重新赋值，文件指针的值是不变的。文件内部的位置指针用以指示文件内部的当前读写位置，每读写一次，该指针均向后移动，它不需在程序中定义说明，而是由系统自动设置的。

（2）写字符函数 fputc

fputc 函数的功能是把一个字符写入指定的文件中。函数调用的形式为：

fputc(字符量,文件指针);

其中，待写入的字符量可以是字符常量或变量，例如：

fputc('a',fp);

其意义是把字符 a 写入 fp 所指向的文件中。

对于 fputc 函数的使用有以下几点说明：

① 被写入的文件可以用写、读写、追加方式打开，用写或读写方式打开一个已存在的文件时将清除原有的文件内容，写入字符从文件首开始。如需保留原有文件内容，希望写入的字符以文件末开始存放，必须以追加方式打开文件。被写入的文件若不存在，则创建该文件。

② 每写入一个字符，文件内部位置指针向后移动一个字节。

③ fputc 函数有一个返回值，如写入成功则返回写入的字符，否则返回一个 EOF。可用此来判断写入是否成功。

4. 字符串读写函数 fgets 和 fputs

（1）读字符串函数 fgets

函数的功能是从指定的文件中读一个字符串到字符数组中，函数调用的形式为：

fgets(字符数组名,n,文件指针);

其中的 n 是一个正整数，表示从文件中读出的字符串不超过 n−1 个字符。在读入的最后一个字符后加上串结束标志'\0'。例如：

```
fgets(str,n,fp);
```

其意义是从 fp 所指的文件中读出 n−1 个字符送入字符数组 str 中。

对 fgets 函数有以下两点说明：

① 在读出 n−1 个字符之前，如遇到了换行符或 EOF，则读出结束。

② fgets 函数也有返回值，其返回值是字符数组的首地址。

（2）写字符串函数 fputs

fputs 函数的功能是向指定的文件写入一个字符串，其调用形式为：

```
fputs(字符串,文件指针);
```

其中字符串可以是字符串常量，也可以是字符数组名或指针变量，例如：

```
fputs("abcd",fp);
```

其意义是把字符串“abcd”写入 fp 所指的文件之中。

5. 数据块读写函数 fread 和 fwrite

C 语言还提供了用于整块数据的读写函数，可用来读写一组数据，例如一个数组元素、一个结构变量的值等。

读数据块函数调用的一般形式为：

```
fread(buffer,size,count,fp);
```

写数据块函数调用的一般形式为：

```
fwrite(buffer,size,count,fp);
```

其中各个参数的含义说明如下。

① buffer：是一个指针，在 fread 函数中，它表示存放输入数据的首地址。在 fwrite 函数中，它表示存放输出数据的首地址。

② size：表示数据块的字节数。

③ count：表示要读写的数据块块数。

④ fp：表示文件指针。

例如：

```
fread(fa,4,5,fp);
```

其意义是从 fp 所指的文件中，每次读 4 个字节（一个实数）送入实数组 fa 中，连续读 5 次，即读 5 个实数到 fa 中。

6. 格式化读写函数 fscanf 和 fprintf

fscanf 函数、fprintf 函数与前面使用的 scanf 和 printf 函数的功能相似，都是格式化读写函数。两者的区别在于 fscanf 函数和 fprintf 函数的读写对象不是键盘和显示器，而是磁盘文件。

这两个函数的调用格式为：

```
fscanf(文件指针,格式字符串,输入表列);
```

```
fprintf(文件指针,格式字符串,输出表列);
```

例如：

```
fscanf(fp,"%d%s",&i,s);
fprintf(fp,"%d%c",j,ch);
```

6.3 C 语言文件的随机读写

前面介绍的对文件的读写方式都是顺序读写，即读写文件只能从头开始，顺序读写各个数据。但在实际问题中常要求只读写文件中某一指定的部分。为了解决这个问题可移动文件内部的位置指针到需要读写的位置，再进行读写，这种读写称为随机读写。

1. 文件定位

实现随机读写的关键是要按要求移动位置指针，这称为文件的定位。

移动文件内部位置指针的函数主要有两个，即 rewind() 和 fseek()。

rewind 函数前面已多次使用过，其调用形式为：

```
rewind(文件指针);
```

其功能是把文件内部的位置指针移到文件首。

fseek 函数用来移动文件内部位置指针，其调用形式为：

```
fseek(文件指针,位移量,起始点);
```

其中各个参数的含义如下：

① "文件指针"指向被移动的文件。

② "位移量"表示移动的字节数，要求位移量是 long 型数据，以便在文件长度大于64KB 时不会出错。当用常量表示位移量时，要求加后缀"L"。

③ "起始点"表示从何处开始计算位移量，规定的起始点有三种：文件首，当前位置和文件尾。其表示方法如表 6-8 所示。

表 6-8　fseek 函数中起始点的表示方法

起　始　点	表　示　符　号	数　字　表　示
文件首	SEEK_SET	0
当前位置	SEEK_CUR	1
文件末尾	SEEK_END	2

例如：

```
fseek(fp,100L,0);
```

其意义是把位置指针移到离文件首 100 个字节处。

fseek 函数一般用于二进制文件。在文本文件中由于要进行转换，故往往计算的位置会出现错误。

2. 文件的随机读写

在移动位置指针之后，即可用前面介绍的任一种读写函数进行读写。由于一般是读写一个数据据块，因此常用 fread 和 fwrite 函数。

3. C 语言文件检测函数

C 语言中常用的文件检测函数有以下几个。

（1）文件结束检测函数 feof 函数

调用格式：

```
feof(文件指针);
```

其功能为判断文件是否处于文件结束位置，如文件结束，则返回值为 1，否则为 0。

（2）读写文件出错检测函数 ferror 函数

调用格式：

```
error(文件指针);
```

其功能为检查文件在用各种输入/输出函数进行读写时是否出错。如 ferror 返回值为 0 表示未出错，否则表示有错。

（3）清除出错标志和文件结束标志函数 clearerr 函数

调用格式：

```
clearerr(文件指针);
```

其功能为用于清除出错标志和文件结束标志，使它们为 0 值。

6.4　C 语言的 main 函数参数

前面介绍的 main 函数都是不带参数的。因此 main 后的括号都是空括号。实际上，main 函数可以带参数，这个参数可以认为是 main 函数的形式参数。C 语言规定 main 函数的参数只能有两个，习惯上这两个参数写为 argc 和 argv。因此，main 函数的函数头可写为：

```
main (argc,argv)
```

C 语言还规定 argc（第一个形参）必须是整型变量；argv（第二个形参）必须是指向字符串的指针数组。加上形参说明后，main 函数的函数头应写为：

```
main (int argc,char * argv[])
```

由于 main 函数不能被其他函数调用，因此不可能在程序内部取得实际值。那么，在何处把实参值赋予 main 函数的形参呢？实际上，main 函数的参数值是从操作系统命令行上获得的。当我们要运行一个可执行文件时，在 DOS 提示符下输入文件名，再输入实际参数即可把这些实参传送到 main 的形参中去。

DOS 提示符下命令行的一般形式为：

```
C:\>可执行文件名　参数　参数…;
```

但是应该特别注意的是，main 的两个形参和命令行中的参数在位置上不是一一对应的。因为，main 的形参只有两个，而命令行中的参数个数原则上未加限制。argc 参数表示了命令行中参数的个数（注意：文件名本身也算一个参数），argc 的值是在输入命令行时由系统按实际参数的个数自动赋予的。argv 参数是字符指针数组，其各元素值为命令行中各字符串参数的首地址。指针数组的长度即为参数个数,数组元素初值由系统自动赋予。

小 试 牛 刀

任务 6-7　编写程序将键盘输入的字符写入到磁盘文件中

【任务描述】

编写 C 语言程序 c6_7.c,将键盘输入的字符写入到磁盘文件中,并以回车结束字符串的输入。

【程序编码】

程序 c6_7.c 的代码如表 6-9 所示。

表 6-9　程序 c6_7.c 的代码

序号	代　　码
01	# include < stdio. h>
02	main()
03	{
04	FILE * fp;
05	char ch, filename[10];
06	/ * scanf(" % s",filename); * /
07	if((fp = fopen("e:\\example\\c7.txt","w")) == NULL)
08	{
09	printf("cannot open file\n");
10	exit(0);
11	}
12	ch = getchar();
13	while(ch!= '\n')
14	{
15	fputc(ch,fp);
16	putchar(ch);
17	ch = getchar();
18	}
19	fclose(fp);
20	}
知识标签	FILE 类型指针　文件的打开　文件中字符的写入　文件的关闭

程序 c6_7.c 中第 4 行定义一个 FILE 类型的指针变量;第 7 行以只写的方式打开一个文本文件,然后将从键盘输入的字符逐一写入到指定的文件,如果按 Enter 键则结束输入。

任务 6-8　编写程序从文件中读出字符串

【任务描述】

编写 C 语言程序 c6_8.c,从文件中读出指定长度的字符串。

【程序编码】

程序 c6_8.c 的代码如表 6-10 所示。

表 6-10　程序 c6_8.c 的代码

序号	代　　码
01	#include<stdio.h>
02	main(){
03	FILE＊fp;
04	char str[50];
05	if((fp=fopen("e:\\example\\c8.txt","rt"))==NULL){
06	printf("Cannot open file strike any key exit!");
07	exit(1);
08	}
09	fgets(str,50,fp);
10	printf("\n%s\n",str);
11	fclose(fp);
12	}
知识标签	FILE 类型指针　文件的打开　从文件中读取指定长度的字符串　文件的关闭

程序 c6_8.c 中定义了一个长度为 50 字节字符数组 str,在以读文本文件方式打开文件指定的文件后,从中读出 50 个字符送入 str 数组,在数组最后一个单元内将加上'\0',然后在屏幕上显示输出 str 数组。

任务 6-9　编写程序实现文件的复制

【任务描述】

编写 C 语言程序 c6_9.c,实现文件的复制。

【程序编码】

程序 c6_9.c 的代码如表 6-11 所示。

表 6-11　程序 c6_9.c 的代码

序号	代　　码
01	#include "stdio.h"
02	main() {
03	FILE＊from,＊to;　　　　　　　　　　　　/＊定义文件指针 from 和 to ＊/
04	char ch;

序号	代　　码
05	char in[ ] = "e:\\example\\c6_9_1.txt";
06	char out[ ] = "e:\\example\\c6_9_2.txt";
07	if ((from = fopen(in,"r")) == NULL){　　　　　/* 以只读方式打开被复制文件 */
08	printf("can not open infile % s\n",in);
09	exit(0);　　　　　　　　　　　　　　　　/* 如果文件不能打开,退出程序 */
10	}
11	if((to = fopen(out,"w")) == NULL){　　　　　/* 以写方式打开复制文件 */
12	printf("can not open outfile % s\n",out);
13	exit(0);
14	}
15	while(!feof(from))
16	fputc(fgetc(from),to);　　　　　　　　　/* 将文件内容复制,直到文件结束 */
17	fclose(from);
18	fclose(to);　　　　　　　　　　　　　　　　/* 关闭文件 */
19	}
知识标签	FILE 类型指针　　文件的打开　　文件中字符的读出与写入　　文件的关闭

C 语言程序 c6_9.c 要实现文件的复制操作,需要先打开两个文件,被复制文件以只读方式打开,复制文件以写方式打开,然后通过 while 循环语句从被复制文件中依次取出字符,写入到复制文件,如代码第 16 行所示。文件内容复制完毕关闭两个文件即可。

任务 6-10　编写程序在文件中追加一个字符串

【任务描述】

编写 C 语言程序 c6_10.c 在指定文件中追加一个字符串。

【程序编码】

程序 c6_10.c 的代码如表 6-12 所示。

表 6-12　程序 c6_10.c 的代码

序号	代　　码
01	# include < stdio. h>
02	main(){
03	FILE * fp;
04	char ch;
05	char str[20] = "way";
06	if((fp = fopen("e:\\example\\c10.txt","at + ")) == NULL)
07	{
08	printf("Cannot open file!");
09	exit(1);
10	}
11	fputs(str,fp);

续表

序号	代　　码
12	rewind(fp);　　　　　　　　　/ * 文件指针定位到开头 * /
13	ch = fgetc(fp);
14	while(ch!= EOF)
15	{
16	putchar(ch);
17	ch = fgetc(fp);
18	}
19	printf("\n");
20	fclose(fp);
21	}
知识标签	FILE 类型指针　　文件的打开　　文件中字符的追加　　文件指针定位　　文件的关闭

程序 c6_10.c 要求在 c10.txt 文件末加写字符串"way",因此,在程序第 6 行以追加读写文本文件的方式打开文件 c10.txt。然后用 fputs 函数把该字符串写入文件 c10.txt。在程序中第 12 行用 rewind 函数把文件内部位置指针移到文件首。再进入 while 循环逐个显示当前文件中的全部内容。

单 元 小 结

本单元通过渐进式的文件内容处理的编程训练,在程序设计过程中认识、了解、领悟并逐步掌握 C 语言的文件打开、关闭、内容读写和 main 函数参数等内容。同时也学会文件内容处理的编程技巧。

文件操作小结如下:

① C 系统把文件当作一个"流",按字节进行处理。

② C 文件按编码方式分为二进制文件和 ASCII 文件。

③ C 语言中,用文件指针标识文件,当一个文件被打开时,可取得该文件指针。

④ 文件在读写之前必须打开,读写结束必须关闭。

⑤ 文件可按只读、只写、读写、追加 4 种操作方式打开,同时还必须指定文件的类型是二进制文件还是文本文件。

⑥ 文件可按字节、字符串、数据块为单位读写,文件也可按指定的格式进行读写。

⑦ 文件内部的位置指针可以指示当前的读写位置,移动该指针可以对文件实现随机读写。

单 元 习 题

一、单选题

1. C 语言中的文件类型分为(　　　)。

　　A. 索引文件和文本文件　　　　　　　　B. ASCII 文件和二进制文件

  C. 只有文本文件一种   D. 只有二进制文件一种

2. 系统的标准输入文件是指(　　　)。

  A. 键盘   B. 显示器   C. 文件   D. 硬盘

3. 以下可作为函数 fopen 中的第一个参数的正确格式是(　　　)。

  A. C：user\text. txt   B. C：\user\text. txt

  C. "C：\user\text. txt"   D. "C：\\user\\text. txt"

4. 如果想把一些新的数据添加到文件 xh. txt 中,则应该用(　　　)方式打开文件。

  A. fp＝fopen(xh. txt,"a");   B. fp＝fopen("xh. txt",a);

  C. fp＝fopen("xh. txt","a");   D. fp＝fopen("xh. txt",'a');

5. 若执行 fopen 函数时发生错误,则函数的返回值是(　　　)。

  A. 地址值   B. 0   C. 1   D. EOF

6. 若要用 fopen 函数打开一个新的二进制文件,该文件要既能读也能写,则文件方式
字符串应是(　　　)。

  A. "ab＋"   B. "wb＋"   C. "rb＋"   D. "ab"

7. 若以"a＋"方式打开一个已存在的文件,则以下叙述正确的是(　　　)。

  A. 文件打开时,文件原内容不被删除,位置指针移到文件末尾,可作添加和读操作

  B. 文件打开时,文件原内容不被删除,位置指针移到文件开头,可作重写和读操作

  C. 文件打开时,原有文件内容被删除,只可作写操作

  D. 以上各种说法皆不正确

8. 当顺利执行了文件关闭操作时,fclose 函数的返回值是(　　　)。

  A. －1   B. TURE   C. 0   D. 1

9. fgetc 函数的作用是从指定文件读入一个字符,该文件的打开方式必须是(　　　)。

  A. 只写   B. 追加

  C. 读或读写   D. 答案 B 和 C 都正确

10. (　　　)是从文件中读取一个字符。

  A. ch＝getc();   B. fputc(ch,fp);

  C. fscanf("%c",&ch);   D. scanf("%c",&ch);

11. 函数调用语句"fseek (fp,－20L,2);"的含义是(　　　)。

  A. 将文件位置指针移到距离文件头 20 个字节处

  B. 将文件位置指针从当前位置向后移动 20 个字节

  C. 将文件位置指针从文件末尾处向前移动 20 个字节

  D. 文件位置指针移到离当前位置 20 个字节处

12. 利用 fseek 函数的正确调用形式是(　　　)。

  A. fseek (文件类型指针,起始点,位移量);

  B. fseek (fp,位移量,起始点);

  C. fseek (位移量,起始点,fp);

  D. fseek (起始点,位移量,文件类型指针);

二、填空题

1. 在 C 语言程序中,对文件的存取方式有两种_____和_____。

2. C 语言程序中,数据可以用_____和_____两种代码形式存放。

3. 调用 fopen 函数以文本方式打开文本文件 aaa. txt,实现方法如下:

FILE * fp＝fopen("aaa. txt",_____);

如果为了输出而打开应在空白处填入_____,

如果为了输入而打开应在空白处填入_____,

如果为了追加而打开应在空白处填入_____。

4. 以下程序的功能是由终端键盘输入字符,存放到文件中,用"!"结束输入。请正确填空。

```
# include  < stdio. h >
main ()
  {
    file * fp;
    char ch,fname [10];
    printf ("input name of file \n");
    gets (fname);
    if ((fp = fopen (fname,"w")) == null)
     {
       printf ("cannot open\n");
       exit (0);
     }
    printf ("enter data:\n ");
    while (_____! = '!')  fputc (_____);
    fclose (fp);
  }
```

5. 函数调用语句"fgets (buf,n,fp);"从 fp 指向的文件中读入_____个字符放到 buf 字符数组中,函数值为_____。

6. feof (fp)函数用来判断文件是否结束,如果遇到文件结束,函数值为_____;否则为_____。

7. 当调用函数 read 从磁盘文件中读数据时,若函数的返回值为 10,则表明_____;若函数的返回值为 0,则是_____;若函数的返回值为－1,则意味着_____。

8. 设有以下结构类型:

```
struct st
{
   char name [8];
   int num;
   float s [4];
} student [50];
```

并且结构体数组 student 中的元素都已有值,若要将这些元素写到硬盘文件 fp 中,请将以下 fwrit 语句补充完整。

```
fwrite (student,_____,1,fp)
```

三、解答题

1. 以下程序将用户从键盘输入的字符写入 keyb. dat 文件中,当输入字符'!'时,结束输入,把'!'写入文件后关闭文件,程序结束。请找出以下程序中存在的错误。

```
# include < stdio. h>
void main()
{
  char ch;
  FILE * fp;
  fp = fopen("keyb. dat","wb");
  do
    {
      ch = getchar();
      fprintf(fp," % c",ch);
  }while(ch!= '!')
  close(fp);
}
```

2. 如果要把一个字符'A'写入文件指针 fp 所指定的文件里,应该如何编写程序语句?

如果要把一个字符串"Hello!"写入文件指针 fp 所指定的文件里,应该如何编写程序语句?

如果要把两个整数 23 和 567 以 ASCII 码方式写入文件指针 fp 所指定的文件里,且整数之间以一个空格相隔,应该如何编写程序语句?

3. 如果有三个整数以 ASCII 码方式写入了文件指针 fp 所指定的文件里,且整数之间以逗号相隔。用 a,b,c 三个整型变量来获取这三个整数,该如何编写程序语句?

单元 7　趣味数学运算编程

在人类社会进步和发展的历史长河中,人们发现和探索了许多有趣的数学问题,也形成了一些数学规律和运算公式,例如杨辉三角形、卡布列克常数、百钱买百鸡问题、汉诺塔问题等,数学家们提出这些数学问题,并进行了验证和求解。利用计算机的运算速度快的特点,通过编写程序也能快速对这些趣味数学问题进行验证和求解。本单元通过趣味数学运算的程序设计,进一步巩固和应用 C 语言的三种结构,熟悉嵌套结构的应用和函数的递归调用,培养编程兴趣、拓宽编程思维、提高编程能力。

教 学 导 航

教学目标	通过编程训练领悟编程技巧和方法,在程序编写过程中理解与掌握 C 语言的语法知识: (1)熟练掌握常见趣味数学运算的编程技巧和算法设计 (2)熟练掌握函数的嵌套调用和函数的递归调用 (3)熟悉与巩固 for 循环语句、while 循环语句、if 语句和 if-else 语句 (4)熟练使用多层嵌套结构和混合嵌套结构 (5)熟悉与巩固求余运算、数据类型强制转换和逻辑表达式
知识要点	函数　函数的嵌套调用　函数的递归调用　求余运算　数据类型强制转换　逻辑表达式 for 循环语句　while 循环语句　if 语句　if-else 语句　多层嵌套结构　混合嵌套结构
参考资料	(1)附录 B　C 语言的运算符;(2)附录 C　C 语言的数据类型;(3)附录 F　C 语言的常用库函数;(4)附录 H　在 Visual C++ 6.0 集成开发环境中创建、编译与运行 C 语言程序;(5)附录 I　C 语言的常见编程规范;(6)附录 J　C 语言程序调试常见错误信息
教学方法	任务驱动法、分组讨论法、探究学习法、理论实践一体教学法、讲授法
课时建议	6 课时

引 例 剖 析

任务 7-1　编写程序求解兔子产仔问题

【任务描述】

编写 C 语言程序 c7_1.c,求解兔子产仔问题:有一对兔子,从出生后的第 3 个月起每个月都生一对兔子。小兔子长到第 3 个月后每个月又生一对兔子,假设所有兔子都不死,问第

12 个月内每个月的兔子总数为多少？

【程序编码】

程序 c7_1.c 的代码如表 7-1 所示。

表 7-1　程序 c7_1.c 的代码

序号	代　码
01	# include < stdio. h>
02	void main()
03	{
04	long fib1 = 1,fib2 = 1,fib;
05	int i;
06	printf(" % 6ld % 6ld",fib1,fib2);　　　/ * 输出第一个月和第二个月的兔子数 * /
07	for(i = 3;i < = 12;i++)
08	{
09	fib = fib1 + fib2;　　　　　　　/ * 迭代求出当前月份的兔子数 * /
10	printf(" % 6ld",fib);　　　　　　/ * 输出当前月份兔子数 * /
11	if(i % 4 == 0)
12	printf("\n");　　　　　　　　/ * 每行输出 4 个 * /
13	fib2 = fib1;　　　　　　　　　　/ * 为下一次迭代作准备,求出新的 fib2 * /
14	fib1 = fib;　　　　　　　　　　/ * 求出新的 fib1 * /
15	}
16	}

【运行结果】

C 语言程序 c7_1.c 的运行结果如图 7-1 所示。

图 7-1　C 语言程序 c7_1.c 的运行结果

【指点迷津】

根据问题描述可以看出,每个月的兔子总数依次为 1、1、2、3、5、8、13…,这就是
Fibonacci 数列,总结该数列的规律为从前两个月的兔子数可以推出第 3 个月的兔子数。算
法可以描述为：

$$\begin{cases} fib_1 = fib_2 = 1 \\ fib_n = fib_{n-1} + fib_{n-2}(n \geqslant 3) \end{cases}$$

程序 c7_1.c 中第 9 行为迭代公式,其中 fib 变量中存放的是当前新求出的兔子数；fib1
变量中存放的是前一个月的兔子数；fib2 变量中存放的是前 2 个月的兔子数。第 13 行和
第 14 行的赋值语句为迭代运算,迭代次数由 for 循环语句的循环变量控制。

【程序拓展】

程序 c7_1.c 也可以改为递归函数的方法实现,程序 c7_1_1.c 的代码如表 7-2 所示。

表 7-2 程序 c7_1_1.c 的代码

序号	代　　码
01	# include < stdio. h>
02	Fibonacci(n){　　　　　　　　　　　　　　　　　　　　/ * 递归函数 * /
03	if (n == 1 || n == 2) return 1;
04	else
05	return Fibonacci(n − 1) + Fibonacci(n − 2);　　/ * 递归调用函数 Fibonacci * /
06	}
07	main()
08	{
09	printf("There are % d pairs of rabbits 1 year later",Fibonacci(12));
10	}

编 程 实 战

任务 7-2　编写程序求解不重复的 3 位数问题

【任务描述】

编写 C 语言程序 c7_2.c,求解不重复的 3 位数问题,即用 1、2、3、4 共 4 个数字能组成多少个互不相同且无重复数字的 3 位数?

【程序编码】

程序 c7_2.c 的代码如表 7-3 所示。

表 7-3　程序 c7_2.c 的代码

序号	代　　码
01	# include< stdio. h>
02	main()
03	{
04	int i,j,k,count = 0;
05	printf("\n");
06	for(i = 1;i < 5;i++)
07	for(j = 1;j < 5;j++)
08	for(k = 1;k < 5;k++)
09	{
10	if(i != k&&i != j&&j != k)　　　　/ * 判断三个数是否互不相同 * /
11	{
12	count++;

续表

序号	代　　码
13	printf("%d%d%d ",i,j,k);
14	if(count%8==0)　　　　　　/*每输出8个数换行*/
15	printf("\n");
16	}
17	}
18	printf("The total number is %d.\n",count);
19	}
知识 标签	新学知识:求解不重复的3位数问题的编程技巧 复习知识:for语句　三重循环嵌套　换行控制　求余运算　逻辑表达式

【运行结果】

C语言程序c7_2.c的运行结果如图7-2所示。

图7-2　C语言程序c7_2.c的运行结果

【指点迷津】

程序c7_2.c利用多重循环嵌套的for语句求解不重复的3位数,用三重循环分别控制百位、十位、个位上的数字,它们都可以是1、2、3、4。在已组成的排列数中,还要再去掉出现重复的1、2、3、4这些数字的不满足条件的排列。程序中变量count充当计数器的作用,有一个满足条件的数据出现计数器的值加1。为了使每行能输出8个数字,每输出一个数字就对count的值进行判断看是否能被8整除,若能整除则输出换行符,代码如第14、15行所示。

任务7-3　编写程序求解百钱买百鸡问题

【任务描述】

编写C语言程序c7_3.c求解百钱买百鸡问题:中国古代数学专著《张丘建算经》中提出了一个著名的"百钱买百鸡问题",鸡翁一,值钱五,鸡母一,值钱三,鸡雏三,值钱一,百钱买百鸡,问翁、母、雏各几何?

【程序编码】

程序c7_3.c的代码如表7-4所示。

表 7-4　程序 c7_3. c 的代码

序号	代　　码
01	# include < stdio. h >
02	main()
03	{
04	int cock, hen, chicken;
05	for(cock = 0;cock < = 20;cock++)　　　　 /∗外层循环控制公鸡数量取值范围 0～20∗/
06	for(hen = 0;hen < = 33;hen++)　　　　 /∗内层循环控制母鸡数量取值范围 0～33∗/
07	for(chicken = 0;chicken < = 99;chicken++) 　　　　　　　　　　　　　　　 /∗内层循环控制小鸡数量取值范围 0～100∗/
08	{
09	if((5 ∗ cock + 3 ∗ hen + chicken/3.0 == 100) && (cock + hen + chicken == 100))
10	if(chicken % 3 == 0)
11	printf("cock = % 2d, hen = % 2d, chicken = % 2d\n", cock, hen, chicken);
12	}
13	}
知识标签	新学知识：求解百钱买百鸡问题的编程技巧 复习知识：for 语句　if 语句　多层混合嵌套结构　算术运算　逻辑表达式

【运行结果】

C 语言程序 c7_3. c 的运行结果如图 7-3 所示。

图 7-3　C 语言程序 c7_3. c 的运行结果

【指点迷津】

根据问题描述设公鸡、母鸡和雏鸡分别为 cock、hen、chicken,如果使用数学的方法求解百钱买百鸡问题,可将问题写成以下方程组:

$$\begin{cases} 5\text{cock} + 3\text{hen} + \dfrac{1}{3}\text{chicken} = 100 \\ \text{cock} + \text{hen} + \text{chicken} = 100 \end{cases}$$

如果 100 元全买公鸡,那么最多能买 20 只,所以 cock 的取值范围为 $0 \leqslant \text{cock} \leqslant 20$;如果 100 元全买母鸡,那么最多能买 33 只,所以 hen 的取值范围为 $0 \leqslant \text{hen} \leqslant 33$;如果 100 元全买小鸡,那么最多允许买 99 只,因为小鸡的数量应小于 100 且是 3 的整数倍。在确定了各种鸡的取值范围后进行穷举判断,判断条件如下。

① 所买的 3 种鸡的钱数总和为 100 元。

② 所买的 3 种鸡的数量之和为 100。

③ 所买的小鸡数必须是 3 个整数倍。

【举一反三】

将程序 c7_3. c 第 9、10 行判断条件是否成立改为函数也能实现相同的功能,程序 c7_3_ 1. c 的代码如表 7-5 所示。

表 7-5 程序 c7_3_1. c 的代码

序号	代　　码
01	＃include ＜string. h＞
02	＃include ＜stdio. h＞
03	int accord(int i,int j,int k);
04	void main()
05	{
06	int i,j,k;
07	printf("The possible plans for buying 100 fowls with 100 yuan are:\n\n");
08	for(i＝0;i＜＝100;i++)
09	for(j＝0;j＜＝100;j++)
10	for(k＝0;k＜＝100;k++)
11	if(accord(i,j,k))
12	printf("cock＝％d,hen＝％d,chicken＝％d\n",i,j,k);
13	}
14	int accord(int i,int j,int k)
15	{
16	if(5＊i＋3＊j＋k/3＝＝100 &&k ％3＝＝0 && i＋j＋k＝＝100)/＊显然 k 必为 3 的整数倍＊/
17	return 1;
18	else
19	return 0;
20	}
知识 标签	for 语句　if 语句　多层混合嵌套结构　函数　算术运算　逻辑表达式

C 语言程序 c7_3_1. c 的运行结果如图 7-4 所示。

图 7-4 C 语言程序 c7_3_1. c 的运行结果

任务 7-4 编写程序求解完全数问题

【任务描述】

编写 C 语言程序 c7_4. c 求解完全数问题:一个数如果恰好等于它的因子之和,这个数就称为"完全数"。例如 6 的因子为 1、2、3,且 6＝1＋2＋3,因此 6 是一个完全数,求 500 以内的所有完全数。

【程序编码】

程序 c7_4.c 的代码如表 7-6 所示。

表 7-6　程序 c7_4.c 的代码

序号	代　　码
01	#include<stdio.h>
02	main()
03	{
04	int i,j,s,n;　　　/*变量 i 控制选定数范围,j 控制除数范围,s 记录累加因子之和*/
05	printf("Please enter the selected range limit:");
06	scanf("%d",&n);　　　　　　　　　　　　　/*n 的值由键盘输入*/
07	for(i=2;i<=n;i++)
08	{
09	s=0;　　　　　　　　　　　　　/*保证每次循环时 s 的初值为 0*/
10	for(j=1;j<i;j++)
11	{
12	if(i%j==0)　　　　　　　　　　/*判断 j 是否为 i 的因子*/
13	s+=j;
14	}
15	if(s==i)　　　　　　　　　　　　/*判断因子之和是否和原数相等*/
16	printf("It's a perfect number:%d.\n",i);
17	}
18	}
知识标签	新学知识:求解完全数问题的编程技巧 复习知识:for 语句　if 语句　多层混合嵌套结构　求余运算

【运行结果】

C 语言程序 c7_4.c 的运行结果如图 7-5 所示。

图 7-5　C 语言程序 c7_4.c 的运行结果

【指点迷津】

程序中判断一个数 a 是否完全数,需要分为两个步骤完成:第一步求出 a 所有的因子及其和 s;第二步判断各个因子之和 s 是否等于 a,如果二者相等则该数 a 是完全数,否则 a 不是完全数。

求 a 的因子也应用了穷举法,在 1～(a−1)之间穷举出每一个整数,判断它是否是 a 的因子,即判断它是否可以整除 a,再通过一个变量 s 将 a 的所有因子累加求和,计算出 a 的所有因子之和。

【举一反三】

程序 c7_4.c 中可以将判断是否为完全数和求解各个因子及其和分别通过定义函数 perfextnumber()和 factorSum()来实现其功能,程序 c7_4_1.c 的代码如表 7-7 所示。

表 7-7　程序 c7_4_1.c 的代码

序号	代 码
01	# include "stdio.h"
02	
03	int factorSum(a)　　　　　　　　　　/ * 求 a 的因子和 * /
04	{
05	int i,sum = 0;
06	for(i = 1;i < a;i++)
07	if(a % i == 0)　　　　　　　/ * i 是 a 的一个因子 * /
08	sum = sum + i;　　　　　/ * 累加求和 * /
09	return sum;　　　　　　　　　　/ * 返回 a 的因子的和 * /
10	}
11	int perfextnumber(int a)　　　　　　/ * 判断 a 是否是完全数 * /
12	{
13	if(a == factorSum(a)) return 1;
14	else return 0;
15	}
16	
17	main()
18	{
19	int a;
20	printf("There are following perfect numbers 1~1000 are:");
21	for(a = 1;a < = 500;a++)
22	{　　　　　　　　　　　　　　/ * 寻找 1~500 以内的完全数 * /
23	if(perfextnumber(a))
24	printf(" % d ",a);
25	}
26	}
知识标签	自定义函数　if 语句　if-else 语句　for 语句　嵌套结构

C 语言程序 c7_4_1.c 的运行结果如图 7-6 所示。

图 7-6　C 语言程序 c7_4_1.c 的运行结果

任务 7-5　编写程序输出所有的"水仙花数"

【任务描述】

编写 C 语言程序 c7_5.c,输出所有的"水仙花数",所谓"水仙花数"是指一个三位数,其各位数字立方和等于该数本身。例如,153 是一个"水仙花数",因为 $153 = 1^3 + 5^3 + 3^3$。

【程序编码】

程序 c7_5.c 的代码如表 7-8 所示。

表 7-8 程序 c7_5.c 的代码

序号	代　　码
01	# include < stdio. h >
02	main( )
03	{
04	int i,j,k,n;
05	printf("'water flower'number is:");
06	for(n = 100;n < 1000;n++)
07	{
08	i = n/100; /＊分解出百位＊/
09	j = n/10％10; /＊分解出十位＊/
10	k = n％10; /＊分解出个位＊/
11	if(i＊100 + j＊10 + k == i＊i＊i + j＊j＊j + k＊k＊k)
12	printf("％ － 5d",n);
13	}
14	}
15	
知识标签	新学知识：输出所有水仙花数的编程技巧 复习知识：for 循环语句 if 语句 除法运算 求余运算 算术表达式

【运行结果】

C 语言程序 c7_5.c 的运行结果如图 7-7 所示。

图 7-7 C 语言程序 c7_5.c 的运行结果

【指点迷津】

根据"水仙花数"的定义,判断一个数是否为"水仙花数",最重要的是要把给出的三位数的个位、十位、百位分别拆分,并求其立方和,若立方和与给出的三位数相符,该三位数为"水仙花数",反之,则不是。

"水仙花数"是指满足指定条件的三位数,确定其取值范围为 100～999,C 语言程序 c7_5.c 中利用 for 循环控制 100～999 个数,对每个数通过除法或求余运算分解出个位、十位和百位。如果设一个数为 n,则 $n/100$ 可分解出百位数字,$n/10％10$ 可分解出十位数字,$n％10$ 可分解出个数字。对于一个三位数拆分其每位上的数字的方法有多种,根据不同情况进行选择即可。

【举一反三】

程序 c7_5.c 中如果将输出"水仙花数"和寻找"水仙花数"功能分别定义为函数 print()和 isNarcissus()也能实现,程序 c7_5_1.c 的代码如表 7-9 所示。

表 7-9 程序 c7_5_1.c 的代码

序号	代　　码
01	void print();
02	int isNarcissus(int a);
03	void main()
04	{
05	printf("The Narcissus numbers below are:");
06	print();
07	}
08	void print()
09	{　　/*寻找 100~999 的水仙花数*/
10	int i;
11	for(i = 100; i <= 999; i++)
12	if(isNarcissus(i))
13	printf("%d ", i);
14	}
15	int isNarcissus(int a)
16	{　　/*判断是否是水仙花数,是则返回 1,不是则返回 0*/
17	int sum = 0, tmp;
18	tmp = a;
19	while(tmp > 0)
20	{
21	sum = sum + (tmp%10)*(tmp%10)*(tmp%10);
22	tmp = tmp/10;
23	}
24	if(sum == a)
25	return 1;　　　　/*a 是水仙花数*/
26	else
27	return 0;　　　　/*a 不是水仙花数*/
28	}
知识标签	for 语句　　while 语句　　if 语句　　if-else 语句　　函数　　除法运算　　求余运算

C 语言程序 c7_5_1.c 的运行结果如图 7-8 所示。

图 7-8　C 语言程序 c7_5_1.c 的运行结果

任务 7-6 编写程序验证卡布列克常数问题

【任务描述】

编写 C 语言程序 c7_6.c,验证卡布列克常数问题。

对于任意一个四位数 n,进行如下运算:

① 将组成该四位数的 4 个数字由大到小排列,形成由这 4 个数字构成的最大的四位数;

② 将组成该四位数 4 个数字由小到大排列,形成由这 4 个数字构成的最小的四位数;

③ 求这两个数的差,得到一个新的四位数(高位 0 保留)。

这称为对 n 进行了一次卡布列克运算。

存在这样一个规律:对一个各位数字不全相同的四位数重复进行若干次卡布列克运算,最后得到的结果总是 6174,这个数被为卡布列克常数。

例如:

6543-3456 = 3087
8730-378 = 8325
8325-2358 = 6174

【程序编码】

程序 c7_6.c 的代码如表 7-10 所示。

表 7-10 程序 c7_6.c 的代码

序号	代 码
01	# include < stdio.h >
02	void kblk(int);
03	void parse_sort(int num, int * array);
04	void max_min(int * array, int * max, int * min);
05	void parse_sort(int num, int * array);
06	int count = 0;
07	main( )
08	{
09	int n;
10	printf("Please enter a four bit integer:");
11	scanf(" % d",&n); /* 输入任意正整数 */
12	kblk(n); /* 调用 kblk 函数进行验证 */
13	}
14	/* 递归函数 */
15	void kblk(int num)
16	{
17	int array[4], max, min;
18	if(num!= 6174 && num) /* 若不等于 6174 且不等于 0 则进行卡布列克运算 */
19	{
20	parse_sort(num, array); /* 将四位整数分解,各位数字存入 array 数组中 */
21	max_min(array, &max, &min); /* 求各位数字组成的最大值和最小值 */

序号	代　　码
22	`num = max − min;`　　　　　　　　/ * 求最大值和最小值的差 * /
23	`printf("[ % d]: % d − % d = % d\n",++count,max,min,num);` / * 输出该步计算过程 * /
24	`kblk(num);`　　　　　　　　/ * 递归调用,继续进行卡布列克运算 * /
25	`    }`
26	`}`
27	`/ * 分解并排序 * /`
28	`void parse_sort( int num, int * array)`
29	`{`
30	`    int i, * j, * k,temp;`
31	`    for(i = 0;i < 4;i++)`　　　　　　　　/ * 将 num 分解为数字 * /
32	`    {`
33	`        j = array + 3 − i;`　　　　　　/ * 指针变量 j 用来指向数组元素 * /
34	`        * j = num % 10;`　　　　　/ * 将四位整数 num 中的各位数字存入 array 数组 * /
35	`        num/ = 10;`
36	`    }`
37	/ * 冒泡排序,每次产生一个最大值 * /
38	`    for(i = 0;i < 3;i++)`
39	`        for(j = array,k = array + 1;j < array + 3 − i;j++,k++)`
40	`            if( * j > * k)`
41	`            {`
42	`                temp = * j;`
43	`                * j = * k;`
44	`                * k = temp;`
45	`            }`
46	`    return;`
47	`}`
48	`/ * 求出分解后的四位数字所构成的最大值和最小值 * /`
49	`void max_min( int * array, int * max, int * min)`
50	`{`
51	`    int * i;`
52	`    * min = 0;`
53	`    for(i = array;i < array + 4;i++)`　　　/ * 得到最小的整数 * /
54	`        * min = * min * 10 + * i;`
55	`    * max = 0;`
56	`    for(i = array + 3;i > = array;i −− )`　　　/ * 得到最大的整数 * /
57	`        * max = * max * 10 + * i;`
58	`    return;`
59	`}`
知识标签	新学知识:验证卡布列克常数问题的编程技巧
	复习知识:嵌套结构　递归函数　指针变量做函数参数　指针变量的　指针运算

【运行结果】

C 语言程序 c7_6.c 的运行结果如图 7-9 所示。

图 7-9　C 语言程序 c7_6.c 的运行结果

【指点迷津】

程序 c7_6.c 中定义了多个函数(包括递归函数)对卡布列克常数问题进行验证。

① 第 15～26 行定义了一个递归函数 kblk(),该函数表示可以对 n 进行卡布列克运算,直至结果为 6174 或 0 为止,其中 0 表示个位数完全相同时所得到的结果。函数 kblk(n) 对 n 进行一次卡布列克运算可以得到数值 num,如果 num 既不是 6174 也不是 0,则递归调用函数 kblk(),将 num 作为参数传递给它,即 kblk(num)。递归函数的出口是最终结果为 6174 或 0。

② 第 28～47 行定义了一个函数 parse_sort(),该函数第 36～41 行的 for 循环语句用于拆分四位整数,并拆分的数字进行排序。数组 array 用于存放拆分后每位上的数字,指针变量 j 指向数组 array 中的每个元素。指针变量 j 开始时指向 array[3],即初值 j＝array＋3－0,此时整型变量 i=0。随着 i 不断自增,j 依次指向 array[2]、array[1] 和 array[0]。当 j 指向 array[3] 时,"＊j"就表示了 array[3] 元素的值。因此,当 i 在 0～3 变化时,第 38 行和第 39 行代码用来将 num 的个位数字存入 array[3];十位数字存入 array[2];百位数字存入 array[1];千位数字存入 array[0]。

③ 第 38～45 行的 for 循环嵌套对分解后的四位整数进行排序,使用指向整型的指针变量 j 和 k 来操作 array 数组中的元素值,使用冒泡排序算法对 4 个数字由小到大进行排序,即 array[0] 中的数字最小,array[3] 中的数字最大。

④ 第 49～59 行定义函数 max_min(),该函数将分解后的四位数字重新构成最大值和最小值。

任务 7-7　编写程序将正整数分解为质因数

【任务描述】

编写 C 语言程序 c7_7.c,将一个正整数分解为质因数。例如,从键盘输入 90,则输出为 90＝2＊3＊3＊5。

【程序编码】

程序 c7_7.c 的代码如表 7-11 所示。

表 7-11 程序 c7_7.c 的代码

序号	代 码
01	#include < stdio.h>
02	main()
03	{
04	int n,i;
05	printf("Please input a number:");
06	scanf("%d",&n);
07	printf("%d = ",n);
08	for(i = 2;i <= n;i++)
09	while(n!= i)
10	{
11	if(n % i == 0)
12	{
13	printf("%d * ",i);
14	n = n/i;
15	}
16	else
17	break;
18	}
19	printf("%d",n);
20	}
知识 标签	新学知识：将正整数分解质因数问题的编程技巧 复习知识：for循环语句　while循环语句　if-else语句　多层混合嵌套

【运行结果】

C 语言程序 c7_7.c 的运行结果如图 7-10 所示。

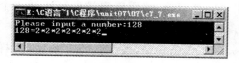

图 7-10　C 语言程序 c7_7.c 的运行结果

【指点迷津】

对 n 进行分解质因数,应先找到一个最小的质数 k,然后按下述步骤完成:

① 如果这个质数恰等于 n,则说明分解质因数的过程已经结束,输出该数即可。

② 如果 $n<>k$,但 n 能被 k 整除,则应输出 k 的值,并用 n 除以 k 的商,作为新的正整数 n,重复执行第一步。

③ 如果 n 不能被 k 整除,则用 $k+1$ 作为 k 的值,重复执行第一步。

【举一反三】

分解质因数也可以通过递归算法求解,程序 c7_7_1.c 的代码如表 7-12 所示。

表 7-12　程序 c7_7_1.c 的代码

序号	代　　码
01	♯ include < stdio. h >
02	int isPrime(int a)
03	{ /* 判断 a 是否是质数,是质数返回 1,不是质数返回 0 */
04	int i;
05	for(i = 2;i < = a - 1;i++)
06	if(a % i == 0)
07	return 0; /* 不是质数 */
08	return 1; /* 是质数 */
09	}
10	void PrimeFactor(int n) /* 对参数 n 分解质因数 */
11	{
12	int i;
13	if(isPrime(n)) printf(" % d ",n);
14	else
15	{
16	for(i = 2;i < = n - 1;i++)
17	if(n % i == 0)
18	{
19	printf(" % d ",i); /* 第一个因数一定是质因数 */
20	if(isPrime(n/i)) { /* 判断第二个因数是否是质因数 */
21	printf(" % d ",n/i);
22	break; /* 找到全部质因子 */
23	}
24	else
25	PrimeFactor(n/i); /* 递归地调用 PrimeFactor 分解 n/i */
26	break;
27	}
28	}
29	}
30	main()
31	{
32	int n;
33	printf("Please input a integer for getting Prime factor:");
34	scanf(" % d",&n);
35	PrimeFactor(n); /* 对 n 分解质因数 */
36	}
知识标签	自定义函数　if 语句　if-else 语句　for 语句　break 语句　嵌套结构

第 2～9 行定义了函数 isPrime(),该函数用于判断是否为质数。第 10～29 行定义了函数 PrimeFactor(),该函数为递归函数,用于分解质因数,该函数中调用了 isPrime()函数判断参数是否为质数。如果参数 n/i 为质数,则说明在本层中找到了全部质因数,递归调用结束。

C 语言程序 c7_7_1.c 的运行结果如图 7-11 所示。

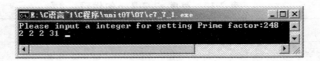

图 7-11　C 语言程序 c7_7_1.c 的运行结果

知 识 探 究

7.1　C 语言函数的嵌套调用

　　C 语言中不允许嵌套的函数定义,因此各函数之间是平行的,不存在上一级函数和下一级函数的问题。但是 C 语言允许在一个函数的定义中出现对另一个函数的调用。这样就出现了函数的嵌套调用。即在被调函数中又调用其他函数。这与其他语言的子程序嵌套的情形是类似的。其关系可表示如图 7-12 所示。

图 7-12　C 语言函数嵌套调用示意图

　　图 7-12 表示了两层嵌套的情形。其执行过程是:执行 main 函数中调用 x 函数的语句时,即转去执行 x 函数,在 x 函数中调用 y 函数时,又转去执行 y 函数,y 函数执行完毕返回 x 函数的断点继续执行,x 函数执行完毕返回 main 函数的断点继续执行。

7.2　C 语言函数的递归调用

　　一个函数在它的函数体内调用它自身称为递归调用,这种函数称为递归函数。C 语言允许函数的递归调用。在递归调用中,主调函数又是被调函数。执行递归函数将反复调用其自身,每调用一次就进入新的一层。例如有函数 fun 如下:

```
int fun(int x){
    int y;
    z = fun(y);
    return z;
}
```

　　这个函数是一个递归函数,但是运行该函数将无休止地调用其自身,这当然是不正确的。为了防止递归调用无终止地进行,必须在函数内有终止递归调用的手段。常用的办法是加条件判断,满足某种条件后就不再作递归调用,然后逐层返回。

小 试 牛 刀

任务 7-8 编写程序求解猴子吃桃问题

【任务描述】

编写 C 语言程序 c7_8.c 求解猴子吃桃问题:一只猴子摘了一些桃子,它第 1 天吃掉了其中的一半后再多吃了一个,第 2 天照此规律又吃掉了剩下桃子的一半加一个,以后每天如此,直到第 10 天早上,猴子发现只剩下 1 个桃子了,求猴子第 1 天总共摘了多少个桃子。

【程序编码】

根据问题描述可知前后相邻两天之间的桃子数存在如下关系:$x_i = x_{i-1} - (x_{i-1}/2 + 1)$,由此可以推导出 $x_{i-1} = 2(x_i + 1)$。程序 c7_8.c 采用 for 循环语句的方法实现,参考代码如表 7-13 所示。

表 7-13 程序 c7_8.c 的代码

序号	代　　码
01	# include < stdio.h >
02	main()
03	{
04	int sum = 1,i;　　　　　　　　　　　/* sum 初始值为 1,表示第 10 天的桃子数 */
05	for(i = 9;i >= 1;i--)
06	sum = (sum + 1) * 2;　　　　　/* 每次循环都得出第 i 天的桃子数 */
07	printf("First days the number of peach are % d\n",sum);
08	}
知识标签	for 循环　算术表达式　赋值表达式

如果改用函数形式进行描述,假设第 n 天吃完后剩下的桃子数为 num(n),第 $n+1$ 天吃完后剩下的桃子数为 num($n+1$),则存在以下推关系:num(n)= 2 * (num($n+1$)+1)。这种递推关系可以使用递归函数方法实现。程序 c7_8_1.c 的参考代码如表 7-14 所示。

表 7-14 程序 c7_8_1.c 的代码

序号	代　　码
01	# include < stdio.h >
02	int num(int n)
03	{
04	if(n >= 10) return 1;
05	else return(2 * (num(n + 1) + 1));
06	}
07	main()
08	{
09	printf("First days the number of peach are % d\n",num(1));
10	}
知识标签	递归函数　if-else 语句

任务 7-9 编写程序求解完全平方数问题

【任务描述】

编写 C 语言程序 c7_9.c,求解完全平方数问题:一个整数,它加上 100 后是一个完全平方数,再加上 268 又是一个完全平方数,求该数是多少?

【程序编码】

程序 c7_9.c 的参考代码如表 7-15 所示。

表 7-15 程序 c7_9.c 的代码

序号	代　　码
01	# include "math.h"
02	# include < stdio.h >
03	main()
04	{
05	long int i,x,y,z;
06	for (i = 1;i < 100000;i++)
07	{
08	x = sqrt(i + 100);　　　/ * x 为加上 100 后开方后的结果 * /
09	y = sqrt(i + 268);　　　/ * y 为再加上 268 后开方后的结果 * /
10	/ * 如果一个数的平方根的平方等于该数,这说明此数是完全平方数 * /
11	if(x * x == i + 100&&y * y == i + 268)
12	printf(" % ld\n",i);
13	}
14	}
知识标签	for 语句　if 语句　库函数

程序 c7_9.c 在 10 万以内判断,先将该数加上 100 后再开平方,再将该数加上 268 后再开平方,如果开平方后的结果满足条件:一个数的平方根的平方等于该数,则说明该数是完全平方数。

任务 7-10 编写程序求解勾股数问题

【任务描述】

编写 C 语言程序 c7_10.c,求 100 以内的所有勾股数。所谓勾股数是指能够构成直角三角形三条边的三个正整数(a、b、c)。

【程序编码】

程序 c7_10.c 的参考代码如表 7-16 所示。

表 7-16 程序 c7_10.c 的代码

序号	代 码
01	# include < stdio. h >
02	# include < math. h >
03	main( )
04	{
05	int a,b,c,count = 0;
06	printf("The number of the Pythagorean within 100:\n");
07	printf(" a b c a b c a b c a b c\n");
08	/∗ 求 100 以内勾股数 ∗/
09	for(a = 1;a <= 100;a++)
10	for(b = a + 1;b <= 100;b++)
11	{
12	c = (int)sqrt(a ∗ a + b ∗ b); /∗ 求 c 值 ∗/
13	/∗ 判断 c 的平方是否等于 a² + b² ∗/
14	if(c ∗ c == a ∗ a + b ∗ b&&a + b > c&&a + c > b&&b + c > a&&c <= 100)
15	{
16	printf(" % 4d % 4d % 4d ",a,b,c);
17	count++;
18	if(count % 4 == 0) /∗ 每输出 4 组解就换行 ∗/
19	printf("\n");
20	}
21	}
22	printf("\n");
23	}
知识标签	for 循环嵌套 if 语句 逻辑表达式 求余运算

根据"勾股数"的定义,所求三角形三边应满足条件 $a^2 + b^2 = c^2$,可以在所求范围内利用穷举法找出满足条件的数。

程序 c7_10.c 中外层 for 循环的循环变量为 a,内层 for 循环的循环变量为 b,在 a、b 值确定的前提下,第 12 行将 $a^2 + b^2$ 的平方根赋给 c,再判断 c 的平方是否等于 $a^2 + b^2$。根据"勾股数"的定义将变量定义为整型,$a^2 + b^2$ 的平方根不一定为整数,但变量 c 的数据类型为整型,将一个实数赋给一个整型变量时,可以将实数强制转换为整型(舍弃小数点后的小数部分)然后再赋值,如代码第 12 行所示。

任务 7-11 编写程序使用递归算法求阶乘

【任务描述】

编写 C 语言程序 c7_11.c 使用递归算法求阶乘。

【程序编码】

程序 c7_11.c 的参考代码如表 7-17 所示。

表 7-17　程序 c7_11.c 的代码

序号	代　　码
01	# include < stdio. h>
02	main()
03	{
04	int i;
05	int fact();
06	for(i = 0;i < 5;i++)
07	printf(" % d!= % d\n",i,fact(i));
08	}
09	int fact(j)
10	int j;
11	{
12	int sum;
13	if(j == 0)
14	sum = 1;
15	else
16	sum = j * fact(j - 1);
17	return sum;
18	}
知识标签	if-else 语句　递归函数　函数参数的类型声明

　　程序 c7_11.c 中的函数 fact()是一个递归函数,第 16 行进行了递归调用。由于 0!＝1,所以第 14 行给 sum 变量赋值为 1。第 10 行表示在函数的开始位置也可以声明其类型。

单 元 小 结

　　本单元通过渐进式的趣味数学运算的编程训练,在程序设计过程进一步巩固和应用 C 语言的三种结构,熟悉嵌套结构的应用和函数的递归调用,培养编程兴趣、拓宽编程思维、提高编程能力。同时也学会趣味数学运算的编程技巧。

单 元 习 题

一、填空题

1. 在 C 语言程序中,下面的描述正确的是(　　　)。

　　A. 函数的定义可以嵌套,但函数的调用不可以嵌套

　　B. 函数的定义不可以嵌套,但函数的调用可以嵌套

　　C. 函数的定义可以嵌套,函数的调用也可以嵌套

　　D. 函数的定义和函数的调用都不可以嵌套

2. 圆周率 pi 的近似率可用下面的公式求得：pi·pi/6 约等于 $1/(1×1)+1/(2×2)+\cdots+1/(n·n)$，由以上公式可知，若 n 取值 10000，则最后一项的值为 1E-4，认为可达到精度要求。以下程序用来求 pi 的近似值。请填空，其中函数 sqrt(a) 用于求 a 的平方根。（　　　）

```
# include < stdio. h >
# include < math. h >
main()
  {
      long i;
      float pi;
      pi = 0.0;
      for(i = 1;i < = 10000;i++)
          pi += _____;
      pi = sqrt(6.0 * pi);
      printf("pi = % 10.6lf\n",pi);
  }
```

　　A. 1/i * i　　　　　　B. 1/(i * i)　　　　　　C. 1.0/i * i　　　　D. 1.0/(i * i)

3. 以下程序的输出结果是（　　　）。

```
main()
{
   int i,j;
   for(i = 0;i < 5;i++)
   {
     for(j = 1;j < 10;j++)
        if(j == 5)   break;
     if(i < 2)        continue;
     if(i > 2)        break;
     printf(" % d,",j);
   }
   printf(" % d\n",i);
 }
```

　　A. 10,3　　　　　　B. 5,2　　　　　　C. 5,3　　　　　　D. 10,2

4. 以下程序的输出结果是（　　　）。

```
# include < stdio. h >
main()
  {
      int i,j,x = 0;
      for(i = 0;i < 2;i++)
      {
         x++ ;
         for(j = 0;j < = 3;j++)
         {
            if(j % 2)
                continue;
            x++ ;
         }
      }
  }
```

241

```
    printf("x = % d\n",x);
  }
```

A. x＝4   B. x＝8   C. x＝6   D. x＝12

二、填空题

1. 斐波纳奇数列中的头两个数是 0 和 1，从第三个数开始，每个数等于前两个数的和，即：0,1,1,2,3,5,8,13,21,…。以下程序就是求斐波纳奇数列的前 20 个数。请填空。

```
# include < stdio. h>
void main()
 {
    int f,f1,f2,i;
    f1 = 0;
    f2 = _____ ;
    printf(" % d\n % d\n",f1,f2);
    for(i = 3;i < = 30; _____ )
      {
        f = _____ ;
        printf(" % d\n",f);
        f1 = f2;
        f2 = _____ ;
      }
 }
```

2. 以下程序的功能是打印出以下这个三角形，请填空。

```
0
11
222
3333
44444
555555
6666666
77777777
888888888
9999999999
void main()
  {
    int i,j;
    for(i = 0;i < = _____ ;i++)
    {
      for(j = 0;j < _____ ;j++)
        printf( _____ );
      _____
    }
  }
```

3. 以下程序从读入的整数数据中，统计大于 0 的整数个数和小于 0 的整数个数。用输入 0 来结束输入，程序中用变量 i 统计大于 0 的整数个数，用变量 j 统计小于 0 的整数个数。请填空。

```
#include <stdio.h>
main()
  {
          _____ n,i,j;
      printf("输入非0的整数(输入0结束程序)");
      i = j = 0;
      scanf("%d",&n);
      while _____
      {
          if(n>0)
              i = _____ ;
          if(n<0)
              j = _____ ;
              _____ ;
      }
      printf("i = %4d j = %4d\n",i,j);
  }
```

4. 分析下面的程序,并写出运行结果。

```
#include <stdio.h>
long sum(int a,int b);
long factorial(int n);
main()
{
  int n1,n2;
  long a;
  scanf("%d,%d",&n1,&n2);
  a = sum(n1,n2);
  printf("%1d",a);
}
long sum(int a,int b)
{
  long c1,c2;
  c1 = factorial(a);
  c2 = factorial(b);
  return(c1 + c2);
}
long factorial(int n)
{
  long rtn = 1;
  int i;
  for(i = 1;i <= n;i++)
    rtn *= i;
  return(rtn);
}
```

运行时若输入"2,3",则输出_____。

运行时若输入"0,5",则输出_____。

单元 8　经典算法实现编程

　　一个程序应包括两方面的内容：①对数据的描述，即数据结构。②对操作的描述，即操作步骤，也就是算法。有了算法，就可以据此编写程序，在计算机上调试运行，最后得到问题的解。计算机科学家沃思提出一个公式：程序＝数据结构＋算法。算法是灵魂，解决"做什么"和"怎么做"的问题，是为解决某个特定问题而设计的确定的方法和有限的步骤，程序设计时要采用合适的算法，操作语句是算法的体现；数据结构是加工对象，是相互之间存在的一种或多种特定关系的数据元素的集合。本单元通过经典算法实现的程序设计，主要了解算法的基本概念和表示方法，经典算法的程序实现方法等。

教 学 导 航

教学目标	通过编程训练领悟编程技巧和方法，在程序编写过程中理解与掌握 C 语言的语法知识： (1) 熟悉算法的基本概念，了解算法设计的特点、类型与表示方法 (2) 熟练掌握穷举搜索法、递推法、递归法等常用的经典算法 (3) 掌握选择排序、冒泡排序等常用的排序算法 (4) 掌握顺序查找、折半查找等常用的查找算法 (5) 了解迭代法、回溯法、贪婪法等算法 (6) 熟悉 typedef 的应用 (7) 在实现各种算法过程中熟练掌握循环语句、选择语句和嵌套结构
知识要点	算法　迭代法　穷举搜索法　递推法　递归法　回溯法　贪婪法　排序算法　选择排序　冒泡排序　查找算法　顺序查找　折半查找　typedef
参考资料	(1)附录 B　C 语言的运算符；(2)附录 G　C 语言的输入/输出函数详解；(3)附录 H　在 Visual C++ 6.0 集成开发环境中创建、编译与运行 C 语言程序；(4)附录 I　C 语言的常见编程规范；(5)附录 J　C 语言程序调试常见错误信息
教学方法	任务驱动法、分组讨论法、探究学习法、理论实践一体教学法、讲授法
课时建议	8 课时

引 例 剖 析

任务 8-1　编写程序使用回溯法求解背包问题

【任务描述】

　　编写 C 语言程序 c8_1.c，使用回溯法求解背包问题：给定 n 种物品和一个背包。物品 i

的质量为 wi,其价格为 vi,背包的最大载重量为 c。编写一个程序,求解如何装载背包中的物品,使得装入背包中的物品总价值最大。

【程序编码】

程序 c8_1.c 的代码如表 8-1 所示。

表 8-1　程序 c8_1.c 的代码

序号	代　　　码
01	`# include < stdio. h >`
02	`int x[100];` /* 数组 x 用来存放路径 */
03	`int val[] = {9,10,7};` /* 存放物品的单价 */
04	`int weight[] = {3,5,2};` /* 存放物品的重量 */
05	
06	`int isOverLoad(int n,int c){` /* 判断是否超过背包的装载上限 c */
07	`    int i,w = 0;`
08	`    for(i = 0;i < n;i++)`
09	`        w = w + x[i] * weight[i];`
10	`    if(w > c)   return 1;` /* 超重 */
11	`    else return 0;`
12	`}`
13	
14	`int getVal(int n){` /* 获得某种装包方案的物品的总价值量 */
15	`    int i,v = 0;`
16	`    for(i = 0; i < n; i++)`
17	`        v = v + x[i] * val[i];`
18	`    return v;`
19	`}`
20	`knap_1(int n, int flag, int c, int * price){` /* 找到物品装包的最高价值量 */
21	`    int i,j,p;`
22	`    if(isOverLoad(n,c))   return;` /* 超过背包的装载上限 c,剪枝 */
23	`    if(n == flag){` /* 搜索完一条可能的解路径 */
24	`        p = getVal(n);` /* 获得这种装包方案的物品的总价值量 */
25	`        if( * price < p) * price = p;`
26	`        return;`
27	`    }`
28	`    for(i = 0;i < = 1;i++)`
29	`    {`
30	`        x[n] = i;`
31	`        knap_1(n + 1,flag,c,price);`
32	`    }`
33	`}`
34	`int knap_2(int n,int flag,int c,int price){` /* 找到物品装包的最佳方案 */
35	`    int i,j,p;`
36	`    if(isOverLoad(n,c))   return;` /* 剪枝 */
37	`    if(n == flag){`
38	`        p = getVal(n);`
39	`        if(price == p) {`
40	`            printf(" -------- bag --------- \n");`

续表

序号	代　　码
41	`        for(j = 0;j < n;j++)`
42	`        if(x[j] == 1){`
43	`            printf("│ │P % d:          │　│\n",j);`
44	`            printf("│ │weight: % 2d kg│　│\n",weight[j]);`
45	`            printf("│ │price: % 2d $ │　│\n",val[j]);`
46	`            }`
47	`        printf(" -------------------- \n");`
48	`        getche();`
49	`            return;`
50	`    };`
51	`    return;`
52	`    }`
53	`    for(i = 0;i <= 1;i++)`
54	`    {`
55	`        x[n] = i;`
56	`        knap_2(n + 1,flag,c,price);`
57	`    }`
58	`}`
59	`main()`
60	`{`
61	`    int price = 0,n = 3,c = 7,i;`
62	`    printf("Input the weight of each product\n");`
63	`    knap_1(0,n,c,&price);`
64	`    knap_2(0,n,c,price);`
65	`    printf("\nThe grass price : % d $ \n",price);`
66	`}`

【运行结果】

C 语言程序 c8_1.c 运行时,输入 3 件物品,物品的重量分别 3kg、5kg 和 2kg,物品对应的价值分别为 9、10、7,背包的载重量为 7kg,其运行结果如图 8-1 所示,表示装载方案为将重量为 5kg 和 2kg 的物品装入包中,总重量为 7kg,等于背包的最大载重量 7kg。总价值为 17。

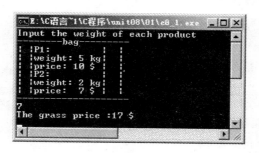

图 8-1　C 语言程序 c8_1.c 的运行结果

【指点迷津】

背包问题一个经典的算法问题,解决背包问题的方法有多种,一般常用的方法有回溯法、动态规划法、分支限界法等。程序 c8_1.c 中使用回溯法求解背包问题。

如果把 n 个物品的取舍状态用一个向量表示 $\{x1,x2,\cdots xi,xi+1,\cdots xn\}$,其中 xi 只有两种可能的取值 1 和 0。当 $xi=1$ 时,表明将第 i 个物品装入背包;当 $xi=0$ 时,表明不将第 i 个物品装入背包。背包问题所有可能的解组成一个解集合,程序 c8_1.c 要在解集合中筛选出价值总量最高的可能解。

程序 c8_1.c 中定义了 4 个函数:isOverLoad()、getVal()、knap_1()、knap_2(),其中函数 isOverLoad() 用于判断是否超过背包的装载上限 c,函数 getVal() 用于获得某种装包方案的物品的总价值量,函数 knap_1() 用于找到物品装包的最高价值量,函数 knap_2() 用于找到物品装包的最佳方案。

程序 c8_1.c 中将存放物品取舍状态的数组 x,存放每个物品价值的数组 val 和存放每个物品重量的数组 weight 都定义为外部变量,初始大小为 100,因此本程序最多可以计算 100 个物品的背包问题。

函数 isOverLoad() 的作用是判断当前的搜索路径(数组 x 中的当前状态)对应的物品重量的总和是否超过装载上界 c,如果超重则返回 1,否则返回 0。数组 x 存储的内容为物品取舍的状态,因而它对应着装入背包中的物品重量。假设数组 x 的当前状态为 $\{1,0,1,0,0,0,1,0\}$,则其对应的物品总重量为 $w=w0+w2+w6$。

函数 getVal() 的作用是返回当前背包装载方案对应的物品总价值。假设数组 x 的当前状态为 $\{1,0,1,0,0,0,1,0\}$,则其对应的物品总价值为 $v=v0+v2+v6$。

函数 knap_1() 的作用是递归回溯地搜索解集合,计算出背包可装载物品的最大价值量。其中参数 n 的作用是作为数组 x 的下标,每递归调用 knap_1() 一次,n 的值都会加 1 传递,通过这种方法在数组 x 中记录搜索的路径。flag 为物品的数量,当 n 等于 flag 时表明找到一条可能解的路径,即找到了一种可行的背包装载方案,但不一定是最佳方案。参数 c 是装载上界,一旦物品的当前重量已经超过了 c,则本次返回递归调用,相当于搜索二叉树时的剪枝操作,这样后续的分支就不再搜索了。参数 * price 为一个指针型变量,其作用是返回背包可装载物品的最大价值量。当 n 等于 flag 时表明找到了一种可行的背包装载方案,这时调用函数 getVal 获得此背包装载方案对应的物品价值总量,如果该值大于 * price,则将该价值总量赋给 * price,因此 * price 中始终存放最大的价值量。

函数 knap_2() 的作用是重新遍历搜索解集合,找到并输出与最大价值量 price 相等的装包方案。其操作与函数 knap_1() 大致相同,只是在 n 等于 flag 时判断先前计算好的最大价值量 price 是否等于 getVal() 函数获得的背包装载方案对应的物品总价值量。如果相等,则找到了一种背包装载方案,并输出该装包方案;否则继续回溯搜索。由于背包问题可能有多个解,所以要搜索遍整个解集合,寻找出物品价值总量等于 price 的背包装载方案。

编 程 实 战

任务 8-2　编写程序使用牛顿迭代法求解方程根

【任务描述】

编写 C 语言程序 c8_2.c,使用牛顿迭代法求解方程根。方程为 $ax^3 + bx^2 + cx + d = 0$,常数 a、b、c、d 从键盘输入,求 x 在 1 附近的一个实根。

牛顿迭代法的公式为:$x = x_0 - \dfrac{f(x_0)}{f'(x_0)}$,设迭代到 $|x - x_0| \leqslant 10^{-5}$ 时结束。

【程序编码】

程序 c8_2.c 的代码如表 8-2 所示。

表 8-2　程序 c8_2.c 的代码

序号	代　　　码
01	#include<stdio.h>
02	#include<math.h>
03	main()
04	{
05	float solution(float a,float b,float c,float d); 　　　　　　　　　　　　　　　　　/* 函数功能是用牛顿迭代法求方程的根 */
06	float a,b,c,d,x;　　　　　/* a、b、c、d 代表所求方程的系数,x 用来记录求得的方程根 */
07	printf("Please enter the equation coefficient:");
08	scanf("%f %f %f %f",&a,&b,&c,&d);
09	x = solution(a,b,c,d);
10	printf("The root of equation is x = %f",x);
11	}
12	float solution(float a,float b,float c,float d)
13	{
14	float x0,x = 1.5,f,fd,h;　/* f 用来描述方程的值,fd 用来描述方程求导之后的值 */
15	do
16	{
17	x0 = x;　　　　　　　　　/* 用所求得的 x 的值代替 x0 原来的值 */
18	f = a * x0 * x0 * x0 + b * x0 * x0 + c * x0 + d;
19	fd = 3 * a * x0 * x0 + 2 * b * x0 + c;
20	h = f/fd;
21	x = x0 - h;　　　　　　　/* 求得更接近方程根的 x 的值 */
22	}while(fabs(x - x0)>= 1e - 5);
23	return x;
24	}
知识 标签	新学知识:牛顿迭代法 复习知识:自定义函数　do-while 循环语句　循环条件　算术表达式　实数的指数表示法

【运行结果】

C 语言程序 c8_2.c 的运行结果如图 8-2 所示。

图 8-2　C 语言程序 c8_2.c 的运行结果

【指点迷津】

牛顿迭代法是在取根 x_0 的基础上,找到比 x_0 更接近的方程根,一步一步迭代,从而找到更接近方程根的近似根。

程序 c8_2.c 定义了一个函数 solution(),该函数用于求方程的根。

① 在 1 附近找任一实数作为 x_0 的初值,第 14 行取 1.5,即 $x=1.5$。

② 第 17 行将 x 的值赋值给 x_0,第 2 次循环时用新产生的 x 替换原来的 x_0,为下一次迭代做好准备。

③ 第 18 行用初值 x_0 代入方程中计算 $f(x_0)$;程序中用变量 f 描述方程的值。

④ 第 19 行用初值 x_0 代入 $f(x_0)$ 计算 fd,fd 用来描述方程求导之后的值。

⑤ 第 20 行计算增量 $h=f/fd$。

⑥ 第 21 行计算下一个 x,即 $x=x_0-h$。

⑦ 若 $|x-x_0|\geqslant 1e-5$ 时,则转到第②步继续执行,否则转到第⑧步。

⑧ 所求 x 就是方程 $ax^3+bx^2+cx+d=0$ 的根,将其输出。

任务 8-3　编写程序使用穷举搜索法求解换零钱问题

【任务描述】

编写 C 语言程序 c8_3.c,使用穷举搜索法求解换零钱问题,一张 100 元钞票换成面值分别为 5 元、1 元、0.5 元的三种钞票共 100 张,每种钞票至少 1 张,则每种面值的钞票各多少张? 有哪几种可能的兑换方案?

【程序编码】

程序 c8_3.c 的代码如表 8-3 所示。

表 8-3　程序 c8_3.c 的代码

序号	代　　码
01	#include<stdio.h>
02	main()
03	{
04	int i,j,k = 0;
05	for(i = 1;i<=19;i++)

续表

序号	代 码
06	`    for(j=1;j<=94-i*5;j++)`
07	`      if (5*i+1*j+0.5*(100-i-j)==100)`
08	`      {`
09	`          k++;`
10	`          printf("solution%-2d: 5yuan:%-2d,  1yuan:%-2d,  0.5yuan:%-2d\n",k,i,j,100-i-j);`
11	`      }`
12	`    printf("There are %d kinds of exchange scheme\n",k);`
13	`}`
知识标签	新学知识:穷举搜索算法 复习知识:for 循环语句 if 语句 嵌套结构 关系表达式 格式说明符

【运行结果】

C 语言程序 c8_3.c 的运行结果如图 8-3 所示。

图 8-3 C 语言程序 c8_3.c 的运行结果

【指点迷津】

根据问题描述可知,5 元、1 元和 0.5 元三种钞票每一种至少 1 张。也就说 100 元钞票如果换成面值为 5 元的钞票最多只能换 19 张,即(100-1-0.5)/5;如果换成面值为 1 元的钞票最多只能换 94 张,即(100-5-0.5)/1。5 元的钞票数和 1 元钞票数确定后,0.5 元的钞票数即为 100-i-j。兑换方案还要满足三种钞票的面值和为 100 元,即 5*i+1*j+0.5*(100-i-j)=100。

程序 c8_3.c 通过 for 循环语句实现求解,外层循环控制兑换为 5 元钞票的情况,内层循环控制兑换为 1 元钞票的情况,if 语句控制是否满足兑换条件。

任务 8-4 编写程序使用递推算法求解渔夫捕鱼问题

【任务描述】

编写 C 语言程序 c8_4.c,使用递推算法求解渔夫捕鱼问题:A、B、C、D、E 五个渔夫夜间合伙捕鱼,凌晨时都疲倦不堪,于是各自在河边的树丛中找地方睡着了。第二天日上三竿时,渔夫 A 第一个醒来,他将鱼平分为 5 份,把多余的一条扔回河中,然后拿着自己的一份回家去了。渔夫 B 第二个醒来,但不知道 A 已经拿走了一份鱼,于是他也将剩下的鱼平分为 5 份,扔掉多余的一条,然后只拿走自己的一份,接着 C、D、E 依次醒来,也都按同样的办法分鱼,问 5 个渔夫至少合伙捕了多少条鱼? 每个人醒来后所看到的鱼是多少条?

【程序编码】

程序 c8_4.c 的代码如表 8-4 所示。

表 8-4 程序 c8_4.c 的代码

序号	代　　码
01	# include < stdio. h>
02	main( )
03	{
04	int fish[6],i;
05	fish[5] = 6;
06	while(1)
07	{
08	for(i = 4; i > 0;i --)
09	{
10	if(fish[i + 1] % 4!= 0)
11	break;
12	fish[i] = fish[i + 1] * 5/4 + 1;　 / * 递推关系式 * /
13	if(fish[i] % 5!= 1)
14	break;
15	}
16	if(i == 0) break;
17	fish[5] += 5;
18	}
19	for(i = 1;i < = 5;i++)
20	printf("fish[% d] = % d\n",i,fish[i]);
21	printf("Fish which were gotten by fishers at least are % d",fish[1]);
22	}
知识标签	新学知识:递推算法 复习知识:while 循环　for 循环　嵌套结构　关系表达式　算术表达式

【运行结果】

C 语言程序 c8_4.c 的运行结果如图 8-4 所示。

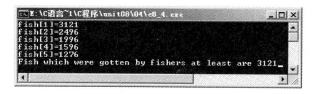

图 8-4 C 语言程序 c8_4.c 的运行结果

【指点迷津】

程序 c8_4.c 使用"递推法"来求解,递推法是利用问题本身所具有的递推公式关系来求解。所谓递推关系指的是:当得到问题规模为 $n-1$ 的解后,可以得出问题规模为 n 的解。因此,从规模为 0 或 1 的解可以依次递推出任意规模的解。

程序中定义 1 个一维数组 fish[6] 来保存每个人分鱼前鱼的总条数,A、B、C、D、E 渔夫分鱼前鱼的总条数分别存放在 fish 数组下标为 1、2、3、4、5 的元素中。

相邻两人看到的鱼的条数存在以下关系:

fish[1] = 全部的鱼
fish[2] = (fish[1] - 1)/5 * 4
fish[3] = (fish[2] - 1)/5 * 4
fish[4] = (fish[3] - 1)/5 * 4
fish[5] = (fish[4] - 1)/5 * 4
据此,得出一般的表达式为:fish[n] = (fish[n-1] - 1)/5 * 4
由可得出以下表达式:fish[n-1] = fish[n] * 5/4 + 1

分析问题后可以直观地想到,要保证鱼的数量足够 5 名渔夫分,就要保证第 5 个渔夫 E 分鱼时,剩下的鱼至少为 6 条。当然按照分鱼的规则,此时剩下的鱼的数量也可以是 11 条、16 条、21 条……则对应 E 的每次取值都可以将其他 4 个人分鱼前鱼的总数递推出来。每个人分鱼前"鱼的总数%5"都必须为 1,且 B、C、D、E 分鱼前"鱼的总数%4"必须为 0,即每次剩余的鱼必须能够平分为 4 份。

【举一反三】

如果将任务 8-4 中的问题改为递归算法求解,对应的程序 c8_4_1.c 的代码如表 8-5 所示。

表 8-5　程序 c8_4_1.c 的代码

序号	代　　码
01	# include < stdio. h >
02	int fish(int n, int x)　　　　　　　　　　/ * 分鱼递归函数 * /
03	{
04	if((x - 1) % 5 == 0)
05	{
06	if(n == 1) return 1;　　　　　　　/ * 递归出口 * /
07	else
08	return fish(n - 1,(x - 1)/5 * 4); / * 递归调用 * /
09	}
10	return 0;　　　　　　　　　　　/ * x 不是符合题意的解,返回 0 * /
11	}
12	main()
13	{
14	int i = 0,flag = 0,x;
15	do
16	{
17	i = i + 1;

序号	代　　码
18	x = i * 5 + 1;　　　　　　　　　　/* x 最小值为 6,以后每次增加 5 */
19	if(fish(5,x))　　　　　　　　　　/* 将 x 传入分鱼递归函数进行检验 */
20	{
21	flag = 1;　　　　　　　　　　/* 找到第一个符合题意的 x 则置标志位为 1 */
22	printf("Fish which were gotten by fishers at least are % d",x);
23	}
24	}
25	while(!flag);　　　　　　　　　　/* 未找到符合题意的 x,继续循环,否则退出循环 */
26	}
知识标签	递归算法　　while 循环　　for 循环　　关系表达式　　算术表达式

根据问题描述,总共将所有的鱼进行了 5 次平均分配,每次分配时的策略是相同的,即扔掉一条鱼后剩下的鱼正好分成 5 份,然后拿走自己的一份,余下其他的 4 份。

假定鱼的总数为 n,则 n 可以按照问题描述的要求进行 5 次分配,即($n-1$)必须被 5 整除,余下鱼的条数为 $4*(n-1)/5$。若 n 满足上述要求,则 n 就是问题的解。

假设 xn 为第 $n(n=1,2,3,4,5)$ 个人分鱼前鱼的总条数,则($xn-1$)$/5$ 必须为正整数,否则不符合题意。($xn-1$)$/5$ 为正整数也就是($xn-1$)%5 等于 0 必须成立。

根据问题的描述,应该有下列等式:

$$x4=4(x5-1)/5$$
$$x3=4(x4-1)/5$$
$$x2=4(x3-1)/5$$
$$x1-4(x2-1)/5$$

一旦给字 $x5$,就可以依次推算出 $x4$、$x3$、$x2$、$x1$ 的值。要保证 $x5$、$x4$、$x3$、$x2$、$x1$ 的值都满足条件"(xn-1)%5==0",此时的 $x5$ 为 5 个人合伙捕到的鱼的总条数。显然,5 个人合伙可能捕到的鱼的条数并不唯一,但问题描述中强调了"至少"合伙捕到的鱼,此时问题的答案唯一,该问题可使用递归算法求解。

任务 8-5　编写程序使用递归算法求解计算组合数

【任务描述】

编写 C 语言程序 c8_5.c,使用递归算法求解计算组合数 C_m^n。

【程序编码】

程序 c8_5.c 的代码如表 8-6 所示。

表 8-6　程序 c8_5.c 的代码

序号	代　　码
01	#include < stdio. h>
02	int cnr(int m, int n)
03	{
04	if(m == n || n == 0)
05	return 1;
06	else
07	return cnr(m－1,n) ＋ cnr(m－1,n－1);
08	}
09	main( )
10	{
11	int m,n;
12	printf("Please input m and n for C(m,n):\n");
13	scanf(" % d % d",&m, &n);
14	printf("C(% d, % d) = % d",m,n,cnr(m,n));
15	}
知识标签	新学知识: 递归函数　递归公式 复习知识: if-else 语句　逻辑表达式

【运行结果】

C 语言程序 c8_5.c 的运行结果如图 8-5 所示。

图 8-5　C 语言程序 c8_5.c 的运行结果

【指点迷津】

组合数是概述统计中的一个重要概念,组合数 C_m^n 的意义是 m 个事物中任意选取 n 个事物的选法。例如从标号为 $1\sim5$ 的小球中任意选取 2 个,则其不同选法的种类即为一个组合数,记作 C_5^2。这里要区分排列和组合概念上的不同,因此 $C_5^2=10$。

计算组合数的方法有多种,程序 c8_5.c 应用递归算法计算组合数。计算组合数递归公式为:

$$C_m^n = \begin{cases} 1 & n = m \text{ 或 } n = 0 \\ C_{m-1}^n + C_{m-1}^{n-1} & 1 < n < m \end{cases}$$

当 n 等于 m,或 n 等于 0 时,C_m^n 的值为 1,这要作为递归调用的约束条件。

程序 c8_5.c 中第 4 行为递归终止条件;第 7 行为递归调用。

任务 8-6　编写程序实现选择排序

【任务描述】

编写 C 语言程序 c8_6.c,实现数据序列{2,5,3,7,8}的选择排序,要求从大到小排列,并输出排序前、后的数列元素。

【程序编码】

程序 c8_6.c 的代码如表 8-7 所示。

表 8-7　程序 c8_6.c 的代码

序号	代　码
01	♯ include < stdio. h>
02	void selectsort(int k[ ], int n)　　　　/ ∗ 选择排序 ∗ /
03	{
04	int i, j, max;
05	for(i = 1; i < = n − 1; i++){
06	max = i;
07	for(j = i + 1; j < = n; j++)　　　/ ∗ 在后 n − i + 1 个元素中找到最大的元素位置 ∗ /
08	if(k[j] > k[max])
09	max = j;　　　　　　/ ∗ 用 max 记录下最大元素的位置 ∗ /
10	if(max != i){　　　　　/ ∗ 如果最大的元素不在后面的 n − i + 1 个元素中 ∗ /
11	k[0] = k[max];
12	k[max] = k[i];　　　　/ ∗ 元素的交换 ∗ /
13	k[i] = k[0];
14	}
15	}
16	}
17	main()
18	{
19	int i, a[6] = { − 1,2,5,3,7,8};　　/ ∗ 初始化序列, a[0]可任意置数 ∗ /
20	printf("The orginal data array is\n");
21	for(i = 1; i < 6; i++)　　　　　/ ∗ 显示原序列之中的元素 ∗ /
22	printf(" % d ", a[i]);
23	selectsort(a,5);　　　　　　/ ∗ 执行选择排序 ∗ /
24	printf("\nThe result of selection sorting for the array is\n");
25	for(i = 1; i < 6; i++)
26	printf(" % d ", a[i]);　　　　/ ∗ 输出排序后的结果 ∗ /
27	}
知识标签	新学知识: 选择排序的编程技巧 复习知识: 一维数组　函数　函数实参为数组名　函数形参为数组　for 语句　if 语句　嵌套结构

【运行结果】

C 语言程序 c8_6.c 的运行结果如图 8-6 所示。

255

图 8-6　C 语言程序 c8_6.c 的运行结果

【指点迷津】

该数据序列包含 5 个元素,可将它存放到一个含有 6 个元素的数组中,第 0 号元素可作为数据位置交换的临时变量。程序 c8_6.c 中定义了一个函数 selectsort(),该函数用于实现选择排序功能。函数中包含了两层 for 循环语句嵌套,外层循环从前往后遍历一维数组每一个元素,内层循环在后 $n-i+1$ 个元素中找到最大的元素位置,记录下最大元素的位置,然后进行元素交换。

程序 c8_6.c 中定义了一个函数 selectsort(),该函数用于实现选择排序,且为降序排列。

程序 c8_6.c 使用了选择排序方法实现数组元素由大到小的顺序排列,其基本思想是:第 i 趟排序从序列的后 $n-i+1(i=1,2,\cdots,n-1)$ 个元素中选择一个最大的元素,与该 $n-i+1$ 个元素的最前面那个元素进行位置交换,也就是与第 i 个位置上的元素进行交换,直到 $i=n-1$。直观地说,每一趟的选择排序就是从序列中未排好顺序的元素中选择一个最大的元素,将该元素与这些未排好顺序的元素的第一个元素交换位置。

程序中待排序的数据序列为{2,5,3,7,8},其中第 0 号元素不考虑,其功能是做排序时元素交换的临时变量。

第 1 趟排序,从后全部元素(后 5 个元素)中选择一个最大的元素,并将它与第 1 个元素交换位置。全部序列中最大的元素是 8,因此将 8 与第 1 个元素 2 交换位置,得到新的序列为:{(8),5,3,7,2},其中"()"表示已有序的元素。

第 2 趟排序,从后 4 个元素中选择一个最大的元素,并将它与第 2 个元素交换位置。后 4 个元素序列中最大的元素是 7,因此将 7 与第 2 个元素 5 交换位置,得到新的序列为:{(8,7),3,5,2}。

第 3 趟排序,从后 3 个元素中选择一个最大的元素,并将它与第 3 个元素交换位置。后 3 个元素序列中最大的元素是 5。因此将 5 与第 3 个元素 3 交换位置,得到新的序列为:{(8,7,5),3,2}。

第 4 趟排序,从后 2 个元素中选择一个最大的元素,并将它与第 4 个元素交换位置。后 2 个元素序列中最大的元素是 3,此时由于最大元素的位置正是第 4 个元素,所以无须进行位置交换,得到新的序列为:{(8,7,5,3),2},最后一个元素(第 5 个元素)经排序操作后自然也是最小的元素。

一个包含 n 个元素的数据序列需要 $n-1$ 趟的选择排序,因为第 n 个元素不需再选择,对升序排列时,它一定是最大的,对降序排列时,它一定是最小的。

程序 c8_6.c 实现的是由大到小的降序排列。由小到大的升序排列方式类似,其基本思想是:第 i 趟排序是从序列的后 $n-i+1(i=1,2,\cdots,n-1)$ 个元素中选择一个最小的元素,并与第 i 个位置上的元素进行交换。

任务 8-7　编写程序实现折半查找

【任务描述】

编写 C 语言程序 c8_7.c 实现折半查找,对升序排列的数据序列{5,7,8,12,15}应用折半查找法查找关键字 15。

【程序编码】

程序 c8_7.c 的代码如表 8-8 所示。

表 8-8　程序 c8_7.c 的代码

序号	代　码
01	# include < stdio. h >
02	search(int find[ ], int n, int key){
03	int low, high, mid;
04	low = 0;
05	high = n − 1;
06	while(low < = high)
07	{
08	mid = (low + high)/2;
09	if(find[mid] == key) return mid;　　　　　/ * 查找成功,返回 mid * /
10	if(key > find[mid]){
11	low = mid + 1;　　　　　　　　　　　/ * 在后半序列中查找 * /
12	}
13	if(key < find[mid]){
14	high = mid − 1;　　　　　　　　　　/ * 在前半序列中查找 * /
15	}
16	}
17	return − 1;　　　　　　　　　　　　　　　　/ * 查找失败,返回 − 1 * /
18	}
19	main()
20	{
21	int aFind[5] = {5,7,8,12,15}, i, n, flag;
22	printf("The contents of the Array aFind[5] are\n");
23	for(i = 0; i < 5; i++)
24	printf(" % d ", aFind[i]);　　　　　　　　　/ * 显示数组中的数据 * /
25	printf("\nPlease input a interger for search\n");
26	scanf(" % d", &n);　　　　　　　　　/ * 输入待查找的元素 * /
27	flag = search(aFind, 5, n);　　　　　/ * 折半查找, 返回该元素在数组中的下标 * /
28	if(− 1 != flag)　　　　　　　/ * 查找成功 * /
29	printf(" % d is at the % dth unit is array aFind \n ", n, flag);
30	else
31	printf("There is no % d in array aFind \n", n);　　　　　/ * 查找失败 * /
32	}
知识 标签	新学知识: 折半查找法的编程技巧 复习知识: 函数　函数实参为数组名　函数形参为数组　while 语句　if 语句　嵌套结构

【运行结果】

C语言程序 c8_7.c 的运行结果如图 8-7 所示。

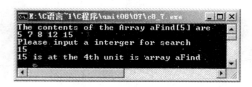

图 8-7　C 语言程序 c8_7.c 的运行结果

【指点迷津】

折半查找只能对有序的数据序列进行查找。其基本思想是减小查找序列的长度,分而治之地进行关键字的查找。其查找过程是先确定待查找数据所在的范围,然后逐渐缩小查找的范围,直到找到该数据为止,也可以没有找到待查找的关键字。

程序 c8_7.c 中定义了一个函数 search(),该函数用于实现折半查找。

对于程序 c8_7.c 中数据序列{5,7,8,12,15},该序列 5 个元素,且为升序排列,适用于使用折半查找,查找的关键字为 15,即 key=15。折半查找的执行过程如下:

设变量 low 和 high 分别存放数据序列的上界和下界,即 low=0,high=$n-1$=4。变量 mid 存放序列的中间位置,即 mid=(low+high)/2=2。这里数据序列中的第 0 号元素为 5,第 4 号元素为 15,第 2 号元素为 8。

首先将第 0 号元素与 key 进行比较,因为 key=15,大于 8,这就说明待查找的关键字一定位于 mid 和 high 之间,这是因为原数据序列是升序排列的。因此接下来的查找只需要在[mid+1,high]中进行。于是变量 low 存放 mid+1 的位置值,即 low=3,也就是第 3 号元素 12,此时 mid=(low+high)/2=3,变量 mid 存放的位置值为 3,high 保持不变。

将第 3 号元素与 key 进行比较,由于 15 大于 12,说明待查找的关键字位于 mid 和 high 之间。因此接下来的查找仍然只需在[mid+1,high]中进行。变量 low 存放 mid+1 的位置值,即 low=4,也就是第 4 号元素 15。此时 mid=(low+high)/2=4,变量 mid 存放的位置值为 4,high 保持不变。这时 low、mid 和 high 三个变量存放的位置值相同,其值都为 4。

然后再将第 4 号元素与 key 进行比较,由于二者相等,查找成功,返回 mid 的值为 4。

知 识 探 究

8.1　算法的基本概念

做任何事情都有一定的步骤和方法,为解决某个问题而设计的确定的方法和有限的步骤称为算法。算法是一个基本的概念,但也是一门深奥的学问,小到如何输出九九乘法表,如何对一组数据进行排序,大到如何控制飞行器的姿态,如何让无人机避障。

我们先分析如何求 $1 \times 2 \times 3 \times 4 \times 5$ 的值。

最原始的算法如下：

步骤 1：先求 1×2，得到结果 2。

步骤 2：将步骤 1 得到的乘积 2 乘以 3，得到结果 6。

步骤 3：将 6 再乘以 4，得 24。

步骤 4：将 24 再乘以 5，得 120。

这样的算法虽然正确，但太烦琐。

改进的算法如下。

S1：使 $t = 1$。

S2：使 $i = 2$。

S3：使 $t \cdot i$，乘积仍然放在在变量 t 中，可表示为 $t \cdot i \rightarrow t$。

S4：使 i 的值 $+1$，即 $i + 1 \rightarrow i$。

S5：如果 $i \leqslant 5$，返回重新执行步骤 S3 以及其后的 S4 和 S5；否则，算法结束。

如果计算 100！只需将 S5 的"$i \leqslant 5$"改成"$i \leqslant 100$"即可。

如果改成求 $1 \times 3 \times 5 \times 7 \times 9 \times 11$，算法也只需做如下很少的改动。

S1：$1 \rightarrow t$。

S2：$3 \rightarrow i$。

S3：$t \cdot i \rightarrow t$。

S4：$i + 2 \rightarrow i$。

S5：若 $i \leqslant 11$，返回 S3；否则，结束。

该算法不仅正确，而且是便于计算机处理的算法，因为计算机是高速运算的自动机器，实现循环轻而易举。

8.2　算法设计的特点

算法设计具有以下特点：

① 解决同一个问题，可以有不同的解题方法和步骤。

② 算法有优劣之分，有的方法只需要很少的步骤。同一个问题，根据一种好的算法编写的程序只需很短的时间（几秒钟或几分钟）就能得到正确的解，而根据一种差的算法编写的程序可能需要很长的时间（几小时或几天）才能得到最终的解。可见优秀的算法可以带来高效率。

③ 设计算法时，不仅要保证算法正确，还要考虑算法的质量。最优的算法应该是计算次数最少，所需存储空间最小，但两者却很难兼得。

④ 不是所有的算法都能在计算机上实现。有些算法设计思路很巧妙，但计算机却可能无法实现。

8.3　算法的类型与特性

1. 算法的类型

（1）数值运算算法

数据运算的目的是求数值解，例如求方程的根、求一个函数的定积分等。数值算法有现成的模型，算法比较成熟，对各种数值运算都有比较成熟的算法可供选用。

（2）非数值运算算法

非数值运算应用范围广泛，种类繁多，要求各异，难以规范化。

2. 算法的特性

算法具有以下特性：

① 有穷性。一个算法应包含有限个操作步骤且在合理的范围之内。

② 确定性。算法中的每个步骤应当是确定的、唯一的，对于相同的输入必须得出相同的执行结果。

③ 可行性。算法中的每一个步骤都应当能有效地执行，并得到确定的结果。例如，若 $b=0$，则执行 a/b 是不能有效执行的。

④ 有零个或多个输入。所谓输入是指在执行算法时需要从外界取得必要的信息。一个算法也可以没有输入。

⑤ 有一个或多个输出。算法的输出是指一个算法得到的结果。

8.4　算法的描述

1. 用自然语言描述算法

用自然语言描述算法通俗易懂，但文字冗长，含义不太严格，容易出现"歧义性"。

例如：判定 2000—2020 年这 20 年中有多少闰年，并且将结果输出，用自然语言描述该算法。

判断闰年的条件如下：

① 能被 4 整除，但不能被 100 整除的年份都是闰年。例如 2004 年。

② 能被 100 整除，又能被 400 整除的年份是闰年。例如 2000 年。

③ 不符合这两个条件的年份不是闰年。

算法设计如下：

设 year 为被检测的年份，n 为闰年总数。

S1：2000→year。

S2：若 year 不能被 4 整除，转到 S6。

S3：若 year 能被 4 整除，不能被 100 整除，则 $(n+1)→n$，然后转到 S5。

S4：若 year 能被 100 整除，又能被 400 整除，则 $(n+1)→n$，然后转到 S5。

S5：year+1→year。

S6：当 year≤2020 时，转到 S2 继续执行；如 year＞2020，转到 S7，算法停止。

S7：输出 2000—2020 年的闰年数 n。

2. 用程序框图描述算法

程序框图用一些图框直观地描述算法的处理步骤。具有直观、形象、容易理解的特点，但表示控制的箭头过于灵活，且只描述执行过程而不能描述有关数据。

常用的程序框图的基本图例如图 8-8 所示。

图 8-8　程序框图的基本图例

例如,有 40 个学生,要求输出不及格的学生的姓名和成绩。n_i 代表第 i 个学生的学号,g_i 代表第 i 个学生的成绩,用程序框图描述算法。程序框图如图 8-9 所示。

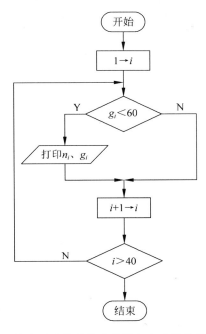

图 8-9　输出不及格的学生的姓名和成绩的程序框图

3. 用 N-S 图描述算法

N-S 图又称盒图,是直观描述算法处理过程自上而下的积木式图示。比程序框图紧凑易画,取消了流程线,限制了随意的控制转移,保证了程序的良好结构。N-S 流程图中的上下顺序就是执行的顺序,即图中位置在上面的先执行,位置在下面后执行。

例如,计算 10!,用 N-S 图描述算法。N-S 图如图 8-10 所示。

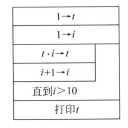

图 8-10　计算 10! 的 N-S 图

4. 用伪代码描述算法

伪代码不用图形符号,书写方便,格式紧凑,比较好懂,便于向计算机语言算法(即程序)过渡。但用伪代码写算法不如流程图直观,可能会出现逻辑上的错误。

例如:计算 10!,用伪代码描述算法。

用伪代码表示的算法的如下:

```
begin
    1→t
    1→i
    while   i<=10
        t×i→t
        i+1→i
    endwhile
```

```
    print  t
  end
```

5. 用计算机高级语言描述算法

计算机无法识别流程图和伪代码,只有用计算机语言编写的程序才能被计算机执行。在用流程图或伪代码描述出一个算法后,要将它转换成计算机语言程序。用计算机语言描述算法必须严格遵循所用语言的语法规则。

例如:计算 10!,用 C 语言描述算法。C 语言程序如下:

```
# include"stdio.h"
main()
{
  int i,t;
  t = 1;
  i = 1;
while(i < 11)
  {
    t = t * i;
    i = i + 1;
  }
printf(" % d",t);
}
```

8.5 经典算法简介

虽然设计算法尤其是设计好的算法是一件困难的工作,但是设计算法也不是没有方法可循,人们经过几十年的探讨,总结和积累了许多行之有效的方法,了解和掌握这些方法会给我们解决问题提供一些思路。经常采用的算法设计技术有:迭代法、穷举搜索法、递推法、递归法、贪婪法、回溯法、分治法、动态规划法、并行算法等,了解和借鉴这些算法设计的方法,有助于解决类似程序设计问题。这里简单介绍迭代法、穷举搜索法、递推法、递归法、回溯法、贪婪法这 6 种算法。

1. 迭代法

迭代法是用来解决数值计算问题中的非线形方程(组)求解或最优解的一种算法,以求方程(组)的近似根。

迭代法的基本思想是:从某个点出发,通过某种方式求出下一个点,此点应该离要求解的点(方程的解)更近一步,当两者之差接近到可以接受的精度范围时,就认为找到了问题的解。简单迭代法每次只能求出方程的一个解,需要人工先给出近似初值。

2. 穷举搜索法

穷举搜索法又称为枚举法,按某种顺序对所有的可能解逐个进行验证,从中找出符合条件要求的作为问题的解。此算法通常用多重循环实现,对每个变量的每个值都测试是否满足所给定的条件,是则找到了问题的一个解。这种算法简单易行,但只能用于解决变量个数有限的场合。

3. 递推法

利用问题本身具有的递推性质或递推公式求得问题的解的一种算法,从初始条件出发,逐步推出所需的结果。但是有些问题很难归纳出一组简单的递推公式。

4. 递归法

递归法的思想是：当 $N=n$ 时不能得出解的问题，设法递归转化为求 $n-1$、$n-2$、…的问题，一直到 $N=0$ 或 1 的情况。由于初始情况的解可以给出或方便得到，因此逐层得到 $N=2$、3、…、n 时的解，得到最终结果。用递归法写出的程序简单易读，但效率不如递推法高。任何可以用递推法解决的问题，可以很方便地用递归法解决，但是许多用递归法解决的问题，却不能用递推法解决。

5. 回溯法

回溯法又称为试探法，在用某种方法找出解的过程中，若中间项结果满足所解问题的条件，则一直沿这个方向搜索下去，直到无路可走或无结果，则开始回溯，改变其前一项的方向或值继续搜索。若其上一项的方向或值都已经测试过，还无路可走或无结果，则再继续回溯到更前一项，改变其方向或值继续搜索。若找到了一个符合条件的解，则停止或输出这个结果后继续搜索；否则继续回溯下去，直到回溯到问题的开始处(不能再回溯)，仍没有找到符合条件的解，则表示此问题无解或已经找到了全部的解。用回溯法可以求得问题的一个解或全部解。

6. 贪婪法

贪婪法又称为登山法，指从问题的初始解出发，一步一步接近给定的目标，并尽可能快地去逼近更好的解。贪婪法是一种不追求最优解，只希望最快得到较为满意解的方法。贪婪法不需要回溯，只能求出问题的某个解，不能求出所有的解。

平时购物找钱时，为使找回的零钱的数量最少，不考虑找零钱的所有各种方案，而是从最大面额的币种开始，按递减的顺序考虑各币种，先尽量用大面值的币种，当不足大面值币种的金额时才去考虑下一种较小面值的币种，这就是使用了贪婪法。例如 50 元可找成 20 元、20 元、10 元。

8.6　排序算法简介

1. 选择排序算法

选择排序算法(从小到大)的基本思想是，首先，选出最小的数，放在第一个位置；然后，选出第二小的数，放在第二个位置；以此类推，直到所有的数从小到大排序。选择排序是一种不稳定的排序算法，可能会打乱两个相等元素的原有顺序。

2. 冒泡排序算法

冒泡排序算法思路清晰，代码简洁。"冒泡"这个名字的由来是因为越大的元素会经由交换慢慢"浮"到数列的顶端的得名。

冒泡排序的基本思想就是不断比较相邻的两个数，让较大的元素不断地往后移。经过一轮比较，就选出最大的数；经过第 2 轮比较，就选出次大的数，以此类推。

3. 插入排序算法

插入排序算法是排序算法的一种，它不改变原有的序列(数组)，而是创建一个新的序列，在新序列上进行操作。

插入排序的基本思想是，将元素逐个添加到已经排序好的数组中去，同时要求插入的元素必须在正确的位置,这样原来排序好的数组仍然是有序的。插入排序是一种稳定的排序算法,相等元素的前后顺序不会改变。

4. 快速排序算法

快速排序算法是对冒泡法排序的一种改进,其基本思想是:将所要进行排序的数分为左右两个部分,其中一部分的所有数据都比另外一部分的数据小,然后将所得的两部分数据进行同样的划分,重复执行以上的划分操作,直到所有要进行排序的数据变为有序为止。

5. 归并排序(合并排序)算法

归并排序也称合并排序,其算法思想是将待排序序列分为两部分,依次对分得的两个部分再次使用归并排序,之后再对其进行合并。

8.7 查找算法简介

1. 顺序查找算法

顺序查找算法是一种简单的查找算法,其实现方法是从序列的起始元素开始,逐个将序列中的元素与所要查找的元素进行比较,如果序列中有元素与所要查找的元素相等,那么查找成功;如果查找到序列的最后一个元素都不存在一个元素与所要查找的元素值相等,那么表明查找失败。

2. 折半查找(二分查找)算法

折半查找也称这二分查找,该算法的基本思想是首先将所要查找序列的中间位置的数据与所要查找的元素进行比较,如果相等,则表示查找成功,否则将以该位置为基准将所要查找的序列分为左右两部分。接下来根据所要查找序列的升降序规律及中间元素与所查找元素的大小关系,来选择所要查找元素可能存在的那部分序列,对其采用同样的方法进行查找,直至能够确定所要查找的元素是否存在。这种算法的优点是查找速度快;缺点是要求所要查找的数据必须是有序序列。

8.8 C 语言的类型定义符 typedef

C 语言不仅提供了丰富的数据类型,而且还允许由用户自己定义类型说明符,也就是说允许由用户为数据类型取"别名"。类型定义符 typedef 即可用来完成此功能。例如,有整型变量 a、b,其说明如下:

```
int a,b;
```

其中 int 是整型变量的类型说明符。int 的完整写法为 integer,为了增加程序的可读性,可把整型说明符用 typedef 定义为:

```
typedef int INTEGER
```

这以后就可用 INTEGER 来代替 int 作整型变量的类型说明了。例如:

```
INTEGER a,b;
```

等效于:

```
int a,b;
```

用 typedef 定义数组、指针、结构等类型将带来很大的方便,不仅使程序书写简单,而且使意义更为明确,因而增强了可读性。

例如:

```
typedef char NAME[20];
```

表示 NAME 是字符数组类型,数组长度为 20。然后可用 NAME 说明变量,例如:

```
NAME a,s;
```

完全等效于:

```
char a[20],s[20];
```

又如:

```
typedef struct stu
{
  char name[20];
  char sex;
  float score;
} STUDENT;
```

定义 STUDENT 表示 stu 的结构类型,然后可用 STUDENT 来说明结构变量,例如:

```
STUDENT stu1,stu2;
```

typedef 定义的一般形式为:

typedef 原类型名   新类型名

有时也可用宏定义来代替 typedef 的功能,但是宏定义是由预处理完成的,而 typedef 则是在编译时完成的,后者更为灵活方便。

小 试 牛 刀

任务 8-8 编写程序使用迭代算法求解开平方运算

【任务描述】

编写 C 语言程序 c8_8.c,使用迭代算法求解开平方运算:用迭代法求解 $x=\sqrt{a}$,已知平方根的迭代运算公式为:$x_{n+1}=\dfrac{1}{2}\left(x_n+\dfrac{a}{x_n}\right)$,要求前后两次求出的 x 的差的绝对值小于 10^{-5}。

【程序编码】

程序 c8_8.c 的代码如表 8-9 所示。

表 8-9　程序 c8_8.c 的代码

序号	代　　码
01	# include "stdio. h"
02	# include "math. h"
03	double sqrt(double a){　　　　　　　　　　/* 迭代法开方运算 */
04	double s = a,x = 0.0;　　　　　　　　/* 迭代初值 */
05	while(fabs(s - x)> = 0.00001){
06	x = s;
07	s = 0.5 * (x + a / x);
08	}
09	return s;　　　　　　　　　　　　　/* 返回迭代结果 */
10	}
11	main()
12	{
13	double a,r;
14	printf("Please input a digit for squart\n");
15	scanf(" % lf",&a);
16	r = sqrt(a);
17	printf("Sqrt(% f) = % f\n",a,r);
18	}
知识标签	迭代法　函数　while 循环语句　关系表达式　算术表达式

程序 c8_8.c 应用迭代法求解平方根的问题,其理论基础是应用迭代法求解方程的根。需要注意的是,问题描述中要求前后两次求出的 x 的差的绝对值小于 10^{-5},也就是说程序的 while 循环,当 fabs(s-x)的值大于等于 10^{-5} 时循环条件成立,进入下一次循环。当 fabs(s-x)的值小于 10^{-5} 时循环条件不成立,循环结束,所以循环条件应为"fabs(s-x)> = 0.00001"。

任务 8-9　编写程序使用递归算法计算 1~n 自然数之和

【任务描述】

编写 C 语言程序 c8_9.c 使用递归算法计算 1~n 自然数之和。

【程序编码】

程序 c8_9.c 的代码如表 8-10 所示。

表 8-10　程序 c8_9.c 的代码

序号	代　　码
01	# include < stdio. h>
02	int sum(int n)
03	{
04	if(n == 1) return 1;
05	else　　return n + sum(n - 1);
06	}

序号	代 码
07	main()
08	{
09	int n;
10	printf("Please input a integer for counting 1 + 2 + … + n\n");
11	scanf(" % d",&n);
12	printf("The result of 1 + 2 + … + % d is\n % d",n,sum(n));
13	}
知识 标签	递归算法　if-else 语句

计算 n 个自然数累加求和的问题通常使用循环结构实现，程序 c8_9.c 使用递归算法实现，这里将累加求和的函数 sum() 定义为递归函数如下：

$$\text{sum}(n) = \begin{cases} 1 & n = 1 \\ n + \text{sum}(n-1) & n > 1 \end{cases}$$

这是因为 $\text{sum}(n)$ 表示计算 $1+2+3+\cdots+n$，由于求 $1+2+3+\cdots+n$ 可以转化成求 $n+(1+2+3+\cdots+n-1)=n+\text{sum}(n-1)$，同样 $1+2+3+\cdots+n-1$ 可以转化成求 $(n-1)+(1+2+3+\cdots+n-2)=n-1+\text{sum}(n-2)$，以此类推，$s(2)=2+s(1)$。当 n 为 1 时，很显然 $\text{sum}(n)=\text{sum}(1)=1$，这作为递归调用的约束条件。因此构成了递归结构。

任务 8-10　编写程序使用递归算法求幂

【任务描述】

编写 C 语言程序 c8_10.c 使用递归算法求幂，即计算 m^n。

【程序编码】

程序 c8_10.c 的代码如表 8-11 所示。

表 8-11　程序 c8_10.c 的代码

序号	代 码
01	# include < stdio. h >
02	unsigned long myPow(int m, int n)
03	{
04	unsigned long tmp;
05	if(n == 0) return 1;
06	if(n == 1) return m;
07	if(n % 2 == 0){
08	tmp = myPow(m,n/2);
09	return tmp * tmp;
10	}
11	if(n % 2 != 0)
12	return m * myPow(m,n-1);
13	}

续表

序号	代　　码	
14	main()	
15	{	
16	int m,n;	
17	printf("Please input the bottom number:");	
18	scanf("%d",&m);	/*输入底数 m*/
19	printf("Please input the exponent number:");	
20	scanf("%d",&n);	/*输入指数 n*/
21	printf("The result of power(m,n) is %ld\n",myPow(m,n));	/*输出计算结果 mn*/
22	}	
知识标签	递归算法　　if 语句　　关系表达式　　函数	

对于 m^n：当指数 n 等于 0 时，m^n 的值为 1；当指数 n 为偶数时，即指数 n 可以表示为 $2k$，这样 m^n 的值等于 $m^{2k}=(m^k)^2$；当指数 n 为奇数时，即指数 n 可以表示成 $2k+1$，则有 $m^{2k}=m \cdot m^{2k}$。则有便构成了计算整数幂的递归公式。

可以将上述描述改写成为下列的递归公式：

$$\text{pow}(m,n)=\begin{cases} 1 & n=0 \\ m & n=1 \\ \text{pow}(m,k) \cdot \text{pow}(m,k) & n=2k,k=1,2,3\cdots \\ m \cdot \text{pow}(m,2k) & n=2k+1,k=1,2,3\cdots \end{cases}$$

函数 $\text{pow}(m,n)$ 表示计算 m 的 n 次幂 m^n 的值。递归结束的条件是 n 等于 1 或 n 等于 0。

任务 8-11　编写程序实现冒泡法排序

【任务描述】

编写 C 语言程序 c8_11.c 实现冒泡法排序，有一个包含 5 个元素的数据序列{3,6,4,2,11}，要求使用冒泡法从大到小排列，并输出排序前、后的数列元素。

【编程提示】

程序 c8_11.c 的代码如表 8-12 所示。

表 8-12　程序 c8_11.c 的代码

序号	代　　码	
01	#include <stdio.h>	
02	void bubblesort(int k[],int n){	/*冒泡排序*/
03	int i,j,temp,flag = 1;	
04	for(i = 1;i <= n-1 && flag == 1;i++){	/*执行 n-1 趟排序*/
05	flag = 0;	
06	for(j = 1;j <= n-i;j++){	
07	if(k[j]<k[j+1]){	/*数据交换*/
08	temp = k[j+1];	

续表

序号	代 码
09	`                k[j + 1] = k[j];`
10	`                k[j] = temp;`
11	`                flag = 1;`
12	`            }`
13	`        }`
14	`    }`
15	`}`
16	`main()`
17	`{`
18	`    int i,a[6] = { -1,3,6,4,2,11};        /* 初始化序列,a[0]可任意置数 */`
19	`    printf("The orginal data array is\n");`
20	`    for(i = 1;i < 6;i++)                   /* 显示原序列之中的元素 */`
21	`        printf(" % d ",a[i]);`
22	`    bubblesort(a,5);                       /* 执行冒泡排序 */`
23	`    printf("\nThe result of bubble sorting for the array is\n");`
24	`    for(i = 1;i < 6;i++)`
25	`        printf(" % d ",a[i]);             /* 输出排序后的结果 */`
26	`}`
知识标签	一维数组　函数　函数实参为数组名　函数形参为数组　for 语句　if 语句　嵌套结构

程序 c8_11.c 中的数据序列{3,6,4,2,11}包含 5 个元素,可以将它存放到一个含有 6 个元素的一维数组中,第 0 号元素作为数据位置交换的临时变量使用。

冒泡排序是最为常用的一种排序方法,它是一类具有"交换"性质的排序方法。使用冒泡排序实现数列降序的基本思想为:将序列中的第 1 个元素与第 2 个元素进行比较,若前者小于后者,则将第 1 个元素与第 2 个元素进行位置交换,否则不交换;再将第 2 个元素与第 3 个元素进行比较,同样若前者小于后者,则将第 2 个元素与第 3 个元素进行位置交换,否则不交换;以此类推,直到将第 $n-1$ 个元素与第 n 个元素进行比较为止。这个过程称为第 1 趟冒泡排序。经过第 1 趟冒泡排序后,将长度为 n 的数据序列中最小的元素置于了序列的尾部,即第 n 个位置上。

然后再对剩下的 $n-1$ 个元素做同样的操作,这称为第 2 趟冒泡排序。经过了第 2 趟的冒泡排序,将剩下的 $n-1$ 个元素中最小的元素置于了数据序列的第 $n-1$ 个位置上。如此进行下去,当执行完第 $n-1$ 趟的冒泡排序后,就可以将序列中剩下的 2 个元素中的最小的元素置于了数据序列的第 2 个位置上,第 1 个位置上的元素就是该数据序列中最大的元素,这样降序的冒泡排序便完成了。

程序 c8_11.c 中定义了一个函数 bubblesort(),该函数用于实现冒泡排序,且为升序排列。

程序 c8_11.c 中数据序列{3,6,4,2,11}的冒泡排序的过程如下所示。

初始状态为:{3,6,4,2,11}
第 1 趟排序结果:{6,4,3,11,2}
第 2 趟排序结果:{6,4,11,3,2}
第 3 趟排序结果:{6,11,4,3,2}

第 4 趟排序结果：{11,6,4,3,2}

由上可知，一个包含 n 个元素的数据序列要进行 $n-1$ 趟的冒泡排序，对于降序排序来说，第 i 趟冒泡排序将第 $1 \sim n-i+1$ 个元素中最小的元素交换到第 $n-i+1$ 位置上。因此第 $n-1$ 趟冒泡排序就是将第 $1 \sim 2$ 个元素中最小的元素交换到第 2 个位置上。这种排序方法就是通过数据序列中的邻接元素之间的交换，使较大的元素逐步从数据序列的后端移到序列的前端，使较小的元素从序列的前端移到后端。

函数 bubblesort() 中定义了一个标志变量 flag。当 flag 为 1 时，说明本趟排序中仍有元素交换的动作，因此还需要进行下一趟的比较。当 flag 为 0 时，说明本趟排序中已经没有元素的交换动用，只有元素的比较，表明该数据序列已有按值有序，排序可以终止。这样通过设置标志变量 flag 可以减少排序时不必要的比较次数，提高冒泡排的效率。

任务 8-12　编写程序实现顺序查找

【任务描述】

编写 C 语言程序 c8_12.c 实现顺序查找，一个结构体数组中存放的是学生的记录，每条记录包括学号、姓名和成绩，采用顺序查找，输出学号为 14103 的学生信息。

【程序编码】

程序 c8_12.c 的代码如表 8-13 所示。

表 8-13　程序 c8_12.c 的代码

序号	代　　　码
01	#include <stdio.h>
02	typedef struct student{
03	char id[6];　　　　　　　　　　　　　　/* 学生编号 */
04	char name[10];　　　　　　　　　　　　/* 学生姓名 */
05	float score;　　　　　　　　　　　　　/* 成绩 */
06	}STU;
07	int search(STU stu[],int n,char key[]){
08	int i;
09	for(i=0; i<n; i++)
10	if(strcmp(stu[i].id,key)==0)　　　/* 查找成功 */
11	return i;
12	return -1;　　　　　　　　　　　　　　/* 查找失败 */
13	}
14	main()
15	{
16	STU stu[4] = {
17	{"14101","XiaYang",91.5},
18	{"14102","WuHao",93.0},
19	{"14103","ChenLi",81.0},
20	{"14104","LiXin",74.5}
21	};　　　　　　　　　　　　　　/* 初始化结构体数组 */
22	int addr;　　　　　　　　　　　　　　/* 要查找的记录的地址 */

续表

序号	代 码
23	addr = search(stu,4,"14103");
24	printf("ID: % s\n",stu[addr].id); /＊输出查找到的记录的信息＊/
25	printf("name: % s\n",stu[addr].name);
26	printf("score: % .1f\n",stu[addr].score);
27	}
知识 标签	顺序查找 typedef 运算符 结构体 结构体数组 函数参数为结构体数组 for 循环语句

顺序查找就是在文件的数据集合中出与给定的关键字 key 相等的数据记录。程序 c8_12.c 中的一维结构体数组包含 4 条记录，该记录的关键字是学号，所谓关键字就是每条记录的唯一标识，这里的"记录"可以理解为结构体数组中一个元素。

查找关键字为 14103 的过程是：从第 1 条记录开始，将每条记录的关键字与给定的关键字 key 进行比较。如果查找到某条记录的关键字等于 key,则查找成功,返回该记录的位置。如果所有记录的关键字都与 key 进行了比较,但都未匹配,则本次查找失败,返回失败标志－1。

程序 c8_12.c 中直接对结构体数组进行了初始化赋值,而在实际应用中,数据记录的获得一般是从文件中读取的。

单 元 小 结

本单元通过渐进式的经典算法的实现进行编程训练,在程序设计过程中认识、了解算法的基本概念和表示方法,了解、领悟,逐步掌握迭代法、穷举搜索法、递推法、递归法、回溯法、贪婪法、选择排序法、冒泡排序法、顺序查找法、折半查找法等经典算法的程序实现方法等,同时也学会经典算法实现的编程技巧。

单 元 习 题

1. 编写程序,使用递推法求斐波纳奇(Fibonacci.)数列的第 n 项。斐波纳奇数列为：$0,1,1,2,3,5,8,13,21\cdots$,即 $F(0)=0,F(1)=1$,当 $n>1$ 时,$F(n)=F(n-1)+F(n-2)$。

2. 编写程序使用递归法计算 n 的阶乘($n!$)。

3. 编写程序使用递归法求解"背包问题"。"背包问题"的描述是：有一个背包,能盛放的物品总重量为 S,设有 N 件物品,其重量分别为 $w1,w2,\cdots,wn$,希望从 N 件物品中选择若干件物品,所选物品的重量之和恰好能放入该背包,即所选物品的重量之和等于 S。

4. 编写程序使用递归算法求汉诺塔问题：即有 n 个盘子在 A 处,最上面的盘子最小,最下面的盘子最大,现在要把这 n 个盘子从 A 处搬到 C 处,可以在 B 处暂存,但任何时候不能出现大的压在小的上面的情况。

5. 编写程序使用贪婪法求解人民币的找零问题：有一张 100 元面额的纸币找成比它的面额小的纸币，最小单位是元，输出所有的换零方案。

6. 有一个已经排好序的数组，从键盘输入一个数，要求按原来的规律将它插入数组中。试编写程序实现。

单元9 硬件与嵌入式编程

　　C语言的底层编程能力很强,同时它还具有高级程序设计语言的优点,在硬件驱动程序开发和嵌入式应用程序设计等方面有很大应用。本单元通过简单嵌入式应用程序设计,学习C语言的位运算、sfr、sbit在嵌入式程序中的应用,了解嵌入式程序设计的基本方法,进一步巩固无符号整型、无符号字符型、整型数据的十六进表示方法、for循环、while循环、switch语句、if语句、if-else语句、多层嵌套结构和混合嵌套结构、指针数组、指针作函数参数等方面的知识。

教 学 导 航

教学目标	通过编程训练领悟编程技巧和方法,在程序编写过程中理解与掌握C语言的语法知识: (1)了解硬件与嵌入式编程,为下一步学习硬件与嵌入式编程奠定基础 (2)熟悉位运算的运算规则与应用编程 (3)了解Keil C51以及关键字sfr、sbit的使用方法 (4)了解单片机的特殊功能寄存器地址和GPIO(通用I/O口) (5)了解单片机的定时器/计数器及其应用编程 (6)了解单片机编程过程中延时函数的作用与实现方法 (7)通过硬件与嵌入式程序设计进一步巩固无符号整型、无符号字符型的使用方法 (8)通过硬件与嵌入式程序设计进一步巩固for循环、while循环、switch语句、if语句、if-else语句、多层嵌套结构和混合嵌套结构的使用方法 (9)通过硬件与嵌入式程序设计进一步巩固指针数组和指针作函数参数的使用方法
知识要点	位运算　sfr关键字　sbit关键字　无符号整型　无符号字符型　延时函数　特殊功能寄存器地址　GPIO口　Keil C51　定时器/计数器　for循环　while循环　switch语句　if语句　if-else语句　多层嵌套结构　混合嵌套结构　指针数组　指针作函数参数
参考资料	(1)附录B　C语言的运算符;(2)附录C　C语言的数据类型;(3)附录K　8051系列单片机简介;(4)附录L　Keil C51使用简介
教学方法	任务驱动法、分组讨论法、探究学习法、讲授法、理论实践一体教学法
课时建议	6课时

引 例 剖 析

任务 9-1 编写程序实现数字秒表功能

【任务描述】

编写 C 语言程序 c9_1.c 实现数字秒表功能。

【程序编码】

程序 c9_1.c 的代码如表 9-1 所示。

表 9-1 程序 c9_1.c 的代码

序号	代 码
01	#include < reg51.h>　　　　　// 包含 51 单片机寄存器定义的头文件
02	//数码管显示 0～9 的段码表
03	unsigned char code Tab[10] = {0xc0,0xf9,0xa4,0xb0,0x99,0x92,0x82,0xf8,0x80,0x90};
04	unsigned char int_time;　　　　//记录中断次数
05	unsigned char second;　　　　　//存储秒
06	/ⅹⅹⅹ
07	函数功能:快速动态扫描延时,延时约 0.6 毫秒
08	ⅹⅹⅹ /
09	void delay(void)
10	{
11	unsigned char i;
12	for(i = 0;i < 200;i++)
13	;
14	}
15	/ⅹⅹⅹ
16	函数功能:显示秒
17	入口参数:k
18	出口参数:无
19	ⅹⅹⅹ /
20	void DisplaySecond(unsigned char k)
21	{
22	P2 = 0xfb;　　　　　　　　//P2.6 引脚输出低电平,DS6 点亮
23	P0 = Tab[k/10];　　　　　//显示十位
24	delay();　　　　　　　　//调用延时函数
25	P2 = 0xf7;　　　　　　　//P2.7 引脚输出低电平,DS7 点亮
26	P0 = Tab[k % 10];　　　　//显示个位
27	delay();　　　　　　　　//调用延时函数
28	P2 = 0xff;　　　　　　　//关闭所有数码管
29	}
30	void main(void)　　　　　　　//主函数
31	{
32	TMOD = 0x01;　　　　　　　//使用定时器 T0

续表

序号	代　　码
33	`THO = (65536 - 46080)/256;` 　　//将定时器计时时间设定为 46080 微秒。1 毫秒 = 1000 微秒
34	`TLO = (65536 - 46080) % 256;`
35	`EA = 1;` 　　　　　　　　　　//开启总中断
36	`ETO = 1;` 　　　　　　　　　//允许定时器 TO 中断
37	`TRO = 1;` 　　　　　　　　　//启动定时器 TO 开始运行
38	`int_time = 0;` 　　　　　　//中断次数初始化
39	`second = 0;` 　　　　　　　//秒初始化
40	`while(1)`
41	`{`
42	`DisplaySecond(second);` 　　//调用秒的显示子程序
43	`}`
44	`}`
45	`// ***************************************************`
46	`//函数功能：定时器 TO 的中断服务程序`
47	`// ***************************************************`
48	`void interserve(void) interrupt 1 using 1`
49	`{`
50	`TRO = 0;` 　　　　　　　　　//关闭定时器 TO
51	`int_time ++;` 　　　　　　//每来一次中断,中断次数 int_time 自动加 1
52	`if(int_time == 20)` 　　　//够 20 次中断,即 1 秒钟进行一次检测结果采样
53	`{`
54	`int_time = 0;` 　　　　　//中断次数清 0
55	`second++;` 　　　　　　　//秒加 1
56	`if(second == 60)`
57	`second = 0;` 　　　　　//秒等于 60 就返回 0
58	`}`
59	`THO = (65536 - 46080)/256;` 　　//重新给计数器 TO 赋初值
60	`TLO = (65536 - 46080) % 256;`
61	`TRO = 1;` 　　　　　　　　　//启动定时器 TO
62	`}`

【指点迷津】

　　单片机的定时器/计数器(timer/counter,T/C)广泛用于计数、延时、测量频率、脉宽等。当然 T/C 是加 1 计数的,不支持减 1 计数。定时器实际上也是工作在计数方式下,只不过对固定频率的脉冲计数;由于脉冲周期固定,由计数值可以计算出时间,有定时功能。当 T/C 工作在定时器时,对振荡源 12 分频的脉冲计数,即每个机器周期计数值加 1,计数频率 = 当前单片机工作频率/12。当单片机工作在 12MHz 时,计数频率 = 1MHz,单片机每 1 微秒计数值加 1。

　　程序 c9_1.c 各行代码的具体说明详见程序中的注释内容。这里只对定时器的计数初值的计算方式进行简单介绍。

　　由于单片机的晶振频率是 11.0592MHz,时钟周期就是 1/11059200,机器周期是 12/11059200。

　　假设当前单片机的机器周期是 T_c,定时时间为 T,T/C 的初值为 X,那么计算公式如下:

$$X = 2^n - T/T_c$$
$$TH_X = X/256$$
$$TL_X = X\%256$$

单片机的一个机器周期＝12/工作频率，那么当前单片机的机器周期＝$12/11059200\,\text{Hz}$，16 位定时器最大定时器间隔为 $2^{16}\,\text{ms}$，即为 $65536\,\text{ms}$。

由于需要定时时间为 $50\,\text{ms}$，即 $T = 0.05\,\text{s}$，那么 $X = 2^n - T/T_c = 2^n - 0.05/T_c = 2^{16} - 0.05 \times 11059200/12 = 65536 - 552960/12 = 65536 - 46080$，$TH_X = X/256 = (65536 - 46080)/256$，$TL_X = X\%256 = (65536 - 46080)\%256$。

16 位定时器的溢出值是 65536（因 65535 再加 1 才是溢出），于是我们就可以这样操作，先给 TH_0 和 TL_0 一个初始值，让它们经过 46080 个机器周期后正好达到 65536，也就是溢出，溢出后可以通过检测 $TF0$ 的值得知，正好是 $0.05\,\text{s}$。

编 程 实 战

任务 9-2 编写程序控制第一盏 LED 灯亮

【任务描述】

编写 C 语言程序 c9_2.c 控制第一盏 LED 灯亮。

【程序编码】

程序 c9_2.c 的代码如表 9-2 所示。

表 9-2 程序 c9_2.c 的代码

序号	代 码
01	#include＜reg51.h＞　　　//包含 51 单片机寄存器定义的头文件
02	void main(void)
03	{
04	P1 = 0xfe;　　　　　//P1 = 1111 1110B,即 P1.0 输出低电平
05	}
知识标签	新学知识：51 单片机　I/O 口整型数据的十六进制表示方法 复习知识：#include 命令　头文件

【指点迷津】

程序 c9_2.c 中第 1 行包含相应的头文件 reg51.h，"P1"的声明可以在头文件 reg51.h 中找到。

P1 被赋值为 0xfe，即对应 P1 口的输出逻辑值为 0xfe，其二进制表示为 1111 1110，即除了最后一位是逻辑"0"之外，其余 7 位都逻辑值 1。在 I/O 电平输出中，"0"代表输出低电平；"1"代表输出高电平。如果输出低电平，则 LED 灯点亮，如果输出高电平，则 LED 灯熄灭。第 1 位为 0 表示 P1.0 输出低电平,第 1 盏 LED 灯会点亮。

任务 9-3　编写程序控制一盏 LED 灯闪烁

【任务描述】

编写 C 语言程序 c9_3.c 控制一盏 LED 灯闪烁。

【程序编码】

程序 c9_3.c 的代码如表 9-3 所示。

表 9-3　程序 c9_3.c 的代码

序号	代　　码
01	♯ include < reg51.h>　　　//包含单片机寄存器的头文件
02	/**********************************
03	函数功能:延时一段时间
04	**********************************/
05	void delay(void)　　　　//两个 void 类型代表的内容分别为无须返回值,没有参数传递
06	{
07	unsigned int i;　　　　//定义无符号整数,最大取值范围为 65535
08	for(i = 0;i < 20000;i++)　//20000 次空循环
09	;　　　　　　　　　　　//什么也不做,等待一个机器周期
10	}
11	/***********************************
12	函数功能:主函数 (C 语言规定必须有也只能有 1 个主函数)
13	***********************************/
14	void main(void)
15	{
16	while(1)　　　　　　　//无限循环
17	{
18	P1 = 0xfe;　　　　　//P1 = 1111 1110B,P1.0 输出低电平
19	delay();　　　　　　//延时一段时间
20	P1 = 0xff;　　　　　//P1 = 1111 1111B,P1.0 输出高电平
21	delay();　　　　　　//延时一段时间
22	}
23	}
知识标签	新学知识:延时函数　　输入/输出口的赋值　　无符号整型 复习知识:51 单片机　　I/O 口　　头文件　　整型数据的十六进制表示方法　　　　while 循环

【指点迷津】

程序 c9_3.c 中定义了一个延时函数 delay(),该函数采用 for 循环的方法实现延时操作。main()函数中通过 while(1)循环实现无限循环功能。while 语句中第 18 行将对应的 P1 口的输出逻辑值设置为 0xfe,即 P1.0 输出低电平,第 1 盏灯点亮;第 19 行调用延时函数延时一段时间,第 20 行将对应的 P1 口的输出逻辑值设置为 0xff,即 P1.0 输出高电平,第 1 盏灯熄灭,第 21 行调用延时函数延时一段时间。接着进入下一个循环,再一次点亮第 1

盏。如此反复,第一盏 LED 灯就会出现闪烁效果。

任务 9-4　编写程序用右移运算控制流水点亮 8 盏 LED 灯

【任务描述】

编写 C 语言程序 c9_4.c,用右移运算控制流水点亮 8 盏 LED 灯。

【程序编码】

程序 c9_4.c 的代码如表 9-4 所示。

表 9-4　程序 c9_4.c 的代码

序号	代　　码
01	#include<reg51.h>　　　　　　　//包含单片机寄存器的头文件
02	/******************************
03	函数功能:延时一段时间
04	****************************** /
05	void delay(void)
06	{
07	unsigned int n;
08	for(n = 0;n < 30000;n++)
09	;
10	}
11	/******************************
12	函数功能:主函数
13	****************************** /
14	void main(void)
15	{
16	unsigned char i;
17	while(1)
18	{
19	P1 = 0xff;
20	delay();
21	for(i = 0;i < 8;i++)　　　　　//设置循环次数为 8
22	{
23	P1 = P1 >> 1;　　　　　　//每次循环 P1 的各二进位右移 1 位,高位补 0
24	delay();　　　　　　　　//调用延时函数
25	}
26	}
27	}
知识标签	新学知识:右移运算　　无符号字符型
	复习知识:I/O 口　　整型数据的十六进制表示方法　　延时函数　　循环嵌套　　无符号整型

【指点迷津】

　　如程序第 19 行所示,P1 的输出逻辑值为 0xff,二进制表示为 11111111,所有位输出高电平,8 盏 LED 灯都不亮。main 函数中的 for 循环中,第 1 次循环时,表达式 P1>>1 表示

0xff 进行右移运算,右移 1 位后变成 01111111,第 1 位逻辑值为"0",对应的 1 盏 LED 点亮。第 2 次循环,表达式 P1>>1 表示 01111111 进行右移 1 位运算,其结果为 00111111,第 1、2 位逻辑值为"0",对应 2 盏 LED 点亮。第 3 次循环,第 1～3 位逻辑值为"0",对应的 3 盏 LED 点亮。如此反复,第 8 次循环时,第 1～8 位逻辑值为"0",对应的 8 盏 LED 都点亮,此时 for 循环结束,回到外层 while 循环执行其第 1 位语句,重新将 P1 的输出逻辑值设置为 0xff,即所有 8 盏 LED 灯都熄灭。

【举一反三】

程序 c9_4.c 中的右移运算改为左移运算也能实现流水点亮 8 盏 LED 灯的效果,对应的程序 c9_4_1.c 的代码如表 9-5 所示。

表 9-5　程序 c9_4_1.c 的代码

序号	代　　码
01	#include<reg51.h>　　　　　　//包含单片机寄存器的头文件
02	/******************************
03	* 函数名称:Delay
04	* 输入:无
05	* 输出:无
06	* 功能:延时一小段时间
07	******************************/
08	void Delay(void)　　　　　　　//延时函数(100ms)
09	{
10	unsigned char i,j;　　　　//声明变量 i、j
11	for(i=0;i<130;i++)　　　　//进行循环操作,以达到延时的效果
12	for(j=0;j<255;j++)
13	;
14	}
15	/******************************
16	* 函数名称:main
17	* 输入:无
18	* 输出:无
19	* 功能:函数主体
20	******************************/
21	void main(void)
22	{
23	unsigned char i;
24	while(1)　　　　　　　　　//进入死循环
25	{
26	P2=0xff;　　　　　　　　//P2 口置高电平即所有 LED 灯熄灭
27	Delay();　　　　　　　　//延时
28	for(i=0;i<8;i++)　　　　//进入 for 循环
29	{
30	P2=(1<<i);　　　　　//进入位移操作,熄灭相对应位的 LED
31	Delay();　　　　　　//延时
32	}
33	}
34	}
知识 标签	新学知识:左移运算 复习知识:I/O 口延时函数　　无符号字符型　　输入/输出口的赋值

程序 c9_4_1.c 定义了一个函数 Delay(),该函数的作用是延时,通过 for 嵌套循环进行空操作,以达到一定的延时效果。代码中第 26 行 P2 口的值为 0xff,即 P2 口置高电平,所有 LED 灯熄灭。

main 函数的 for 循环,通过右移运算(1<<i)不断改变 P2 口的值。当 i 为 0 时,P2 的值为 00000001,此时第 1 盏 LED 灯熄灭,其余的 LED 灯是亮的;当 i 为 1 时,P2 的值为 00000010,此时第 2 盏 LED 灯熄灭,其余的 LED 灯是亮的;当 i 为 2 时,P2 的值为 00000100,此时第 3 盏 LED 灯熄灭;如此反复,当 i 为 7 时,P2 的值为 10000000,此时第 8 盏 LED 灯熄灭,当 i 为 8 时,for 循环结束,回到外层 while 循环执行其第 1 位语句,重新将 P1 的输出逻辑值设置为 0xff,即所有 8 盏 LED 灯都熄灭。

任务 9-5 编写程序用 swtich 语句控制 8 盏 LED 灯的点亮状态

【任务描述】

编写 C 语言程序 c9_5.c,用 swtich 语句控制 8 盏 LED 灯的点亮状态。

【程序编码】

程序 c9_5.c 的代码如表 9-6 所示。

表 9-6 程序 c9_5.c 的代码

序号	代 码
01	# include < reg51.h> //包含单片机寄存器的头文件
02	sbit S1 = P1^4; //将 S1 位定义为 P1.4
03	/ *
04	函数功能: 延时一段时间
05	* /
06	void delay(void)
07	{
08	unsigned int n;
09	for(n = 0;n < 10000;n++)
10	;
11	}
12	/ *
13	函数功能: 主函数
14	* /
15	void main(void)
16	{
17	unsigned char i;
18	i = 0; //将 i 初始化为 0
19	while(1)
20	{
21	if(S1 == 0) //如果 S1 键按下
22	{
23	delay(); //延时一段时间
24	if(S1 == 0) //如果再次检测到 S1 键被按下
25	i++; //i 自增 1

序号	代　　码
26	if(i == 9)　　　　　　//如果 i = 9,重新将其置为 1
27	i = 1;
28	}
29	switch(i)　　　　　　　//使用多分支选择语句
30	{
31	case 1: P0 = 0xfe;　　//第 1 盏 LED 亮,11111110
32	break;
33	case 2: P0 = 0xfd;　　//第 2 盏 LED 亮,11111101
34	break;
35	case 3:P0 = 0xfb;　　//第 3 盏 LED 亮,11111011
36	break;
37	case 4:P0 = 0xf7;　　//第 4 盏 LED 亮,11110111
38	break;
39	case 5:P0 = 0xef;　　//第 5 盏 LED 亮,11101111
40	break;
41	case 6:P0 = 0xdf;　　//第 6 盏 LED 亮,11011111
42	break;
43	case 7:P0 = 0xbf;　　//第 7 盏 LED 亮,10111111
44	break;
45	case 8:P0 = 0x7f;　　//第 8 盏 LED 亮,01111111
46	break;
47	default:　　　　　　//默认值,关闭所有 LED,11111111
48	P0 = 0xff;
49	}
50	}
51	}
知识 标签	新学知识: S1 按键 复习知识: switch 语句　if 语句　while 语句　for 语句　break 语句　输入/输出口的赋值

【指点迷津】

while 循环一次,i 的值改变一次,switch 语句执行一次,改变 P0 的输出逻辑值,点亮一盏 LED 灯,如此不断重复。

任务 9-6　编写程序用 while 语句控制 LED 灯的亮灭

【任务描述】

编写 C 语言程序 c9_6.c 用 while 语句控制 LED 灯的亮灭,要求分别有 0、1、2、3、4、5、6、7、8 盏 LED 灯熄灭。

【程序编码】

程序 c9_6.c 的代码如表 9-7 所示。

表 9-7 程序 c9_6.c 的代码

序号	代 码
01	#include<reg51.h>　　　　　　//包含单片机寄存器的头文件
02	/***********************************
03	函数功能：延时约 60ms（3 * 100 * 200 = 60000μs）
04	*********************************** /
05	void delay(void)
06	{
07	unsigned char m,n;
08	for(m = 0;m<100;m++)
09	for(n = 0;n<200;n++)
10	;
11	}
12	/***********************************
13	函数功能：主函数
14	*********************************** /
15	void main(void)
16	{
17	unsigned char i;
18	while(1)　　　　　　　//无限循环
19	{
20	i = 0;　　　　　　//将 i 初始化为 0
21	while(i<0xff)　　　//当 i 小于 0xff(255)时执行循环体
22	{
23	P0 = i;　　　　　//将 i 送 P0 口显示
24	delay();　　　　　//延时
25	i++;　　　　　　//i 自增 1
26	}
27	}
28	}
知识标签	新学知识：十六进制表示的整型数据的关系运算 复习知识：while 语句　for 语句　嵌套结构

【指点迷津】

程序 c9_6.c 中的 main 函数使用了 while 循环的嵌套结构，内层 while 循环中，控制 i 值从 0 开始递增到 255，从而控制分别有 0、1、2、3、4、5、6、7、8 盏 LED 灯熄灭，同时还依次控制 8 盏 LED 灯有序依次熄灭。

任务 9-7　编写程序使用指针数组控制 8 盏 LED 灯的流水点亮

【任务描述】

编写 C 语言程序 c9_7.c，使用指针数组控制 8 盏 LED 灯的流水点亮。

【程序编码】

程序 c9_7.c 的代码如表 9-8 所示。

表 9-8　程序 c9_7.c 的代码

序号	代　　码
01	＃include＜reg51.h＞
02	/＊＊＊＊＊＊＊＊＊＊＊＊＊＊＊＊＊＊＊＊＊＊＊＊＊＊＊＊＊
03	函数功能：延时约 150ms（3＊200＊250＝150 000μs＝150ms
04	＊＊＊＊＊＊＊＊＊＊＊＊＊＊＊＊＊＊＊＊＊＊＊＊＊＊＊＊＊ /
05	void delay150ms(void)
06	{
07	unsigned char m,n;
08	for(m＝0;m＜200;m++)
09	for(n＝0;n＜250;n++)
10	;
11	}
12	/＊＊＊＊＊＊＊＊＊＊＊＊＊＊＊＊＊＊＊＊＊＊＊＊＊＊＊＊＊
13	函数功能：主函数
14	＊＊＊＊＊＊＊＊＊＊＊＊＊＊＊＊＊＊＊＊＊＊＊＊＊＊＊＊＊ /
15	void main(void)
16	{
17	unsigned char code Tab[ ]＝{0xfe,0xfd,0xfb,0xf7,0xef,0xdf,0xbf,0x7f};
18	unsigned char ＊p[ ]＝{&Tab[0],&Tab[1],&Tab[2],&Tab[3],&Tab[4],&Tab[5],&Tab[6],&Tab[7]};
19	unsigned char i;　　　　　//定义无符号字符型数据
20	while(1)
21	{
22	for(i＝0;i＜8;i++)
23	{
24	P0＝＊p[i];
25	delay150ms();
26	}
27	}
28	}
知识标签	一维字符数组　一维指针数组　整型数据的十六进制表示方法　循环嵌套结构　指针运算

【指点迷津】

程序 c9_7.c 中第 22～26 行 for 循环，使用取值运算符"＊"依次从一维数组取出元素值，然后赋给 P0，从而控制 8 盏 LED 灯的流水点亮。一维数组 Tab 定义时加关键字 code 可以大大节约单片机的存储空间。

任务 9-8　编写程序使用指针作函数参数控制 LED 灯的流水点亮

【任务描述】

编写 C 语言程序 c9_8.c，使用指针作函数参数控制 LED 灯的流水点亮。

【程序编码】

程序 c9_8.c 的代码如表 9-9 所示。

表 9-9　程序 c9_8.c 的代码

序号	代　　　码
01	#include < reg51.h >
02	/**
03	函数功能：延时约 150ms
04	**/
05	void delay(void)
06	{
07	unsigned char m,n;
08	for(m = 0;m < 200;m++)
09	for(n = 0;n < 250;n++)
10	;
11	}
12	/**
13	函数功能：流水点亮 P0 口 8 位 LED
14	**/
15	void led_flow(unsigned char * p)　　　　　//形参为无符号字符型指针
16	{
17	unsigned char i;
18	while(1)
19	{
20	i = 0;　　　　　　　　　　　//将 i 置为 0,指向数组第一个元素
21	while(* (p + i)!= '\0')　　　//只要没有指向数组的结束标志
22	{
23	P0 = * (p + i);　　　　　//取指针所指变量(数组元素)的值,送 P0 口
24	delay();　　　　　　　　//调用延时函数
25	i++;　　　　　　　　　　//指向下一个数组元素
26	}
27	}
28	}
29	/**
30	函数功能：主函数
31	**/
32	void main(void)
33	{
34	unsigned char code Tab[ ] = { 0xFE,0xFD,0xFB,0xF7,0xEF,0xDF,0xBF,0x7F,
35	0x7F,0xBF,0xDF,0xEF,0xF7,0xFB,0xFD,0xFE,
36	0xFF,0xFE,0xFC,0xFB,0xF0,0xE0,0xC0,0x80,
37	0x00,0xE7,0xDB,0xBD,0x7E,0xFF,0xFF,0x3C,
38	0x18,0x0,0x81,0xC3,0xE7,0xFF,0xFF,0x7E　　};
39	//流水灯控制码
40	unsigned char * pointer;
41	pointer = Tab;
42	led_flow(pointer);
43	}
知识标签	指针作函数参数　　指针运算　　一维字符数组　　整型数据的十六进制表示方法　　循环嵌套结构

【指点迷津】

程序 c9_8.c 中第 41 行将一维字符数组 Tab 的首地址赋值指针变量 pointer, 第 42 行使用指针作函数实参调用函数 led_flow()。

第 23 行取指针所指变量(数组元素)的值, 送 P0 口, 通过(p+i)移动指针位置, 使指针指向一维数组不同的数组元素, 从而获取不同的值, 控制 LED 的流水点亮。

任务 9-9　编写程序使用 LED 数码显示器循环显示数字 0～9

【任务描述】

编写 C 语言程序 c9_9.c, 用 LED 数码显示器循环显示数字 0～9。

【程序编码】

程序 c9_9.c 的代码如表 9-10 所示。

表 9-10　程序 c9_9.c 的代码

序号	代　　码
01	# include < reg51.h>　　　　　　　　　// 包含 51 单片机寄存器定义的头文件
02	/**
03	函数功能: 延时函数, 延时一段时间
04	**/
05	void delay(void)
06	{
07	unsigned char i, j;
08	for(i = 0; i < 255; i++)
09	for(j = 0; j < 255; j++)
10	;
11	}
12	/**
13	函数功能: 主函数
14	**/
15	void main(void)
16	{
17	unsigned char i;
18	unsigned char code Tab[10] = {0xc0, 0xf9, 0xa4, 0xb0, 0x99, 0x92, 0x82, 0xf8, 0x80, 0x90};
19	P2 = 0xfe;　　　　　　　　//P2.0 引脚输出低电平, 数码显示器 DS0 接通电源工作
20	while(1)　　　　　　　　　//无限循环
21	{
22	for(i = 0; i < 10; i++)
23	{
24	P0 = Tab[i];　　　　　//让 P0 口输出数字的段码
25	delay();　　　　　　　//调用延时函数
26	}
27	}
28	}
知识标签	无符号字符类型　　无符号字符数组　　for 循环语句　　嵌套结构

【指点迷津】

程序 c9_9.c 中一维数组 Tab 的元素值为数码管显示 0～9 的段码表,定义一维数组时前面加关键字 code,可以大大节约单片机的存储空间。

程序中第 19 行代码将 0xfe(11111110B)送 P2 口,使 P2.0 引脚输出低电平,让数码显示器 DS0 接通电源工作。第 22～26 行的 for 循环依次取 Tab 数组的每个元素的值送 P0 口,控制 LED 数码显示器依次显示数字 0～9。外层的 while 循环控制 LED 数码显示器循环显示数字 0～9。

知 识 探 究

9.1　C 语言的位运算

前面各个单元中介绍的各种运算都是以字节作为最基本位进行的。但在很多系统程序中常要求在位(bit)一级进行运算或处理。C 语言提供了位运算的功能,这使得 C 语言也能像汇编语言一样用来编写系统程序。

C 语言提供了六种位运算符:&(按位与)、(按位或)、^(按位异或)、~(按位取反)、<<(按位左移)和>>(接位右移)。

1. 按位与运算

按位与运算符"&"是双目运算符,其功能是参与运算的两数各对应的二进位进行与运算,只有对应的两个二进位均为 1 时,结果位才为 1,否则为 0。参与运算的数以补码方式出现,正数的补码和原码相同;负数的补码是将该数绝对值的二进制数按位取反再加 1。

例如:128 & 2 对应的算式如下:

```
    10000000   (128 的二进制补码)
&   00000010   (1 的二进制补码)
    00000000   (0 的二进制补码)
```

即:128 & 2 = 0。

按位与运算通常用来对某些位清 0 或保留某些位。例如把 a 的高八位清 0,保留低八位,可作 a&255 运算(255 的二进制数为 0000000011111111)。

2. 按位或运算

按位或运算符"|"是双目运算符,其功能是参与运算的两数各对应的二进位进行或运算。只要对应的两个二进位有一个为 1 时,结果位就为 1。参与运算的两个数均以补码出现。

例如:128|2 对应的算式如下:

```
    10000000
|   00000010
    10000010   (十进制为 130)
```

即:128|2=130。

3. 按位异或运算

按位异或运算符"^"是双目运算符,其功能是参与运算的两数各对应的二进位进行异或运算,当两对应的二进位相异时,结果为 1。参与运算数仍以补码出现。

例如:128 ^ 2 对应的算式如下:

```
    10000000
^   00000010
    10000010    (十进制为 130D,十六进制为 82H)
```

即:128 ^ 2＝130。

4. 求反运算

求反运算符"～"为单目运算符,具有右结合性,其功能是对运算数的各二进位按位求反。

例如:～2 按 8 位进行运算的算式如下:

```
～(00000010)
    11111101    (十进制为 253D,十六进制为 FDH)
```

说明:这里为简化计算过程,只按 1 字节,即 8 位进行运算,2 字节的运算方法类似。

5. 左移运算

左移运算符"＜＜"是双目运算符,其功能是把"＜＜"左边的运算数的各二进位全部左移若干位,由"＜＜"右边的数指定移动的位数,高位丢弃,低位补 0。

例如:1＜＜2。

表示把 1 的各二进位向左移动 2 位,即将 8 位二进制数 00000001 的各进位向左移动 2 位,变成 00000100(十进制为 4)。

6. 右移运算

右移运算符"＞＞"是双目运算符,其功能是把"＞＞"左边的运算数的各二进位全部右移若干位,"＞＞"右边的数指定移动的位数。

例如:4＞＞2。

表示把 4 的各二进位向右移动 2 位,即将 8 位二进制数 00000100 的各进位向右移动 2 位 00000001,变成(十进制为 1)。

说明:对于有符号数,右移时,符号位将随同移动。当为正数时,最高位补 0,而为负数时,符号位为 1,最高位是补 0 或是补 1 取决于编译系统的规定。

9.2 嵌入式程序中 sfr 的使用

字节寄存器的地址是单个字节的,分析如下所示的定义代码。

```
sfr P0 = 0x80;
```

sfr 这个关键字不是标准 C 的保留字,而是 Keil 特有的关键字,其作用是定义一个单片机特殊功能寄存器(special function register)。51 单片机内部有很多个小模块,每个模块拥有唯一编号,同时每个模块都有 8 个控制开关。其中 P0 就是一个功能模块,其编号为 0x80,可以通过设置 P0 内部的 8 个开关,来让单片机的 P0 这 8 个 I/O 口输出高电平或者低电平的。而 51 单片机内部有很多寄存器,如果我们想使用,必须提前使用 sfr 进行声明。

不过 Keil 软件已经把所有这些声明都预先写好并保存到一个专门的寄存器地址的头文件中,如果我们要用,只要在文件开头添加一行类似#include<reg52.h>的代码来包含该头文件即可,不需要逐一去写了。

定义单片机特殊功能寄存器的格式如下:

sfr 变量名 = 地址值;

例如:

```
sfr TL0 = 0x8A;
sfr TH0 = 0x8C;
```

9.3　嵌入式程序中 sbit 的使用

8051 系列单片机的并行口有 P0、P1、P2、P3 四个,每个 P 口本身又有 8 个控制端口总共有 32 个 I/O 口(IO,Input 和 Output,分别是输入和输出)。

sbit 是 C51 扩展的变量类型,用于定义特殊功能寄存器的位变量,说明所定义的类型为位。例如 sbit LED=P1^0;这里表示定义单片机 I/O 口 P1.0 的别名为 LED,定义一个数据中的其中 1 位,这样要对 P1.0 控制时直接写 LED=1 或者 LED=0,就可以让灯亮或者灭。

分析如下所示的定义代码:

```
sbit P0_0 = 0x80;
sbit P0_1 = 0x81;
sbit P0_2 = 0x82;
sbit P0_3 = 0x83;
sbit P0_4 = 0x84;
sbit P0_5 = 0x85;
sbit P0_6 = 0x86;
sbit P0_7 = 0x87;
```

这个 sbit,就是对刚才所说的 SFR 里面的 8 个开关中的一个进行定义。P0 口所在的地址是 0x80,从 0～7 一共有 8 个 I/O 口控制位。

在 Keil 开发环境中,利用 sbit 能够访问 RAM 中的可寻址位或 SFR 中的可寻址位。如果直接写成 P0.1,C 编译器并不能识别,而且 P0.1 也不是一个合法的 C 语言变量名,所以得给它另起一个合法的名字,例如 P0_1,可是 P0_1 是不是就是 P0.1 呢? C 编译器可不这么认为,所以必须给它们建立联系,这里使用 Keil 的关键字 sbit 来定义。经过定义后,以后只要在程序里写 P0_1 就代表了 P0.1 口,也就是说我们给 P0.1 又取了一个合法的名字叫做 P0_1。

sbit 有如下三种使用方法。

① sbit 位变量名=地址值;

例如:"sbit P0_1=0x81;",其中 0x81 是 P0.1 的位地址值。

② sbit 位变量名=SFR 名称^变量位地址值;

例如:"sbit P0_1=P0^1;",即定义 P0_1 代表 P0 口的第 2 位,以便进行位操作,对 P0_1 赋值,也就是对 P0 口的第 2 位进行操作。这里不是异或运算而是指的 P0.1 口。其中 P0

必须事先使用 sfr 定义好。

③ sbit 位变量名＝SFR 地址值^变量位地址值。

例如：“sbit P0_1＝0X80^1;”,即定义 P0_1 代表 P0 口的第 2 位,以便进行位操作,其中 0x80 就是 P0 的地址值。

我们使用 sfr 的时候,必须要根据单片机使用手册中规定的地址去写寄存器地址。而使用 sbit 的时候,就可以直接将一个字节其中某一位取出来即可。例如：“sbit P0_7＝P0^7;”与“sbit P0_7＝0x87;”都是定义用符号 P0_7 来表示 P0 的第 8 位,即 P0.7 引脚,以便进行位操作。

小 试 牛 刀

任务 9-10　编写程序控制单盏 LED 灯的亮与灭

【任务描述】

编写 C 语言程序 c9_10.c,控制单盏 LED 灯的亮与灭,要求每 500ms 分别亮、灭各一次。

【程序编码】

程序 c9_10.c 的代码如表 9-11 所示。

表 9-11　程序 c9_10.c 的代码

序号	代　　码
01	♯ include＜reg51.h＞
02	sbit LED0 = P2^0;　　　　　　　　　//定义位变量 LED0
03	/*******************************
04	* 函数名称:Delay
05	* 输入:无
06	* 输出:无
07	* 功能:延时一小段时间
08	*******************************/
09	void Delay(void)　　　　　　　　　//延时函数(延时 500ms)
10	{
11	unsigned char i,j;　　　　　　//声明变量 i,j
12	for(i = 0;i＜255;i++)　　　　//进行循环操作,以达到延时的效果
13	for(j = 0;j＜255;j++);
14	for(i = 0;i＜255;i++)　　　　//进行循环操作,以达到延时的效果
15	for(j = 0;j＜255;j++);
16	for(i = 0;i＜255;i++)　　　　//进行循环操作,以达到延时的效果
17	for(j = 0;j＜140;j++);
18	
19	}
20	/*******************************
21	* 函数名称:main
22	* 输入:无

续表

序号	代 码
23	* 输出：无
24	* 功能：函数主体
25	********************************* /
26	void main(void)
27	{
28	P2 = 0xFF; //P2 口置高电平即所有 LED 灯熄灭
29	while(1) //进入死循环
30	{
31	LED0 = 1; //LED0 灭
32	Delay(); //延时
33	LED0 = 0; //LED0 亮
34	Delay(); //延时
35	}
36	}
知识标签	sfr 关键字　　sbit 关键字　　按位异或运算　　整型数据的十六进制表示方法　　while 语句　　for 语句

程序 c9_10.c 中的 Delay()函数主要起延时的作用，通过 for 循环进行控制，以达到一定的延时效果。

P2 为 sfr 名称，已经在头文件中定义好了，程序 c9_10.c 中第 1 行包含相应的头文件 reg51.h 即可。

程序中第 2 行"sbit LED0＝P2^0;"定义了一个位变量 LED0，代表 P2 口的第 1 位，在后面的程序中写 LED0，就代表了 P0.0 口，也就是说我们给 P0.0 又取了一个更形象的名字叫做 LED0。

在 I/O 电平输出中，"0"代表输出低电平；"1"代表输出高电平。如果输出低电平，则 LED 灯点亮；如果输出高电平，则 LED 灯熄灭。

程序中第 28 行对 P2 赋值为 0xff，二进制表示则为 11111111，即 P2 的 I/O 口全部输出高电平，即全部 LED 灯熄灭。

main()函数中的 while(1)循环为一个死循环。在 while 循环中，LED0 是通过 sbit 来定义的，即 LED0＝P2^0，即 LED0 变量只对 P2 的第 1 个 LED 灯进行操作。当 LED0＝1 时，P2 口当前值为 11111111，即第 1 盏 LED 灯熄灭；当 LED0＝0 时，P2 口当前值为 11111110，即第 1 盏 LED 灯点亮。

任务 9-11　编写程序使用 P3 口控制流水点亮 8 盏 LED 灯

【任务描述】

编写 C 语言程序 c9_11.c，使用 P3 口控制流水点亮 8 盏 LED 灯。

【程序编码】

程序 c9_11.c 的代码如表 9-12 所示。

表 9-12　程序 c9_11.c 的代码

序号	代　　码
01	# include < reg51.h>　　　　　//包含单片机寄存器的头文件
02	/ *
03	函数功能：延时一段时间
04	* /
05	void delay(void)
06	{
07	unsigned char i, j;
08	for(i = 0; i < 250; i++)
09	for(j = 0; j < 250; j++)
10	;
11	}
12	/ *
13	函数功能：主函数
14	* /
15	void main(void)
16	{
17	while(1)
18	{
19	P3 = 0xfe;　　　　　　　　//第一个灯亮,11111110
20	delay();　　　　　　　　　//调用延时函数
21	P3 = 0xfd;　　　　　　　　//第二个灯亮,11111101
22	delay();　　　　　　　　　//调用延时函数
23	P3 = 0xfb;　　　　　　　　//第三个灯亮,11111011
24	delay();　　　　　　　　　//调用延时函数
25	P3 = 0xf7;　　　　　　　　//第四个灯亮,11110111
26	delay();　　　　　　　　　//调用延时函数
27	P3 = 0xef;　　　　　　　　//第五个灯亮,11101111
28	delay();　　　　　　　　　//调用延时函数
29	P3 = 0xdf;　　　　　　　　//第六个灯亮,11011111
30	delay();　　　　　　　　　//调用延时函数
31	P3 = 0xbf;　　　　　　　　//第七个灯亮,10111111
32	delay();　　　　　　　　　//调用延时函数
33	P3 = 0x7f;　　　　　　　　//第八个灯亮,01111111
34	delay();　　　　　　　　　//调用延时函数
35	}
36	}
知识标签	while 语句　整型数据的十六进制表示方法　for 语句　延时函数

　　程序 c9_11.c 中 while 循环一次,依次让不同的值送到 P3 口,同时调用延时函数,从而实现隔一段时间使不同的 LED 灯点亮的效果。

任务 9-12　编写程序使用字符型数组控制 8 盏 LED 灯的流水点亮

【任务描述】

编写 C 语言程序 c9_12.c,使用字符型数组控制 8 盏 LED 的流水点亮。

【程序编码】

程序 c9_12.c 的代码如表 9-13 所示。

表 9-13　程序 c9_12.c 的代码

序号	代　　码
01	# include < reg51.h >　　　　　　　　　//包含单片机寄存器的头文件
02	/ ************************************
03	函数功能: 延时约 60ms (3 * 100 * 200 = 60000μs)
04	************************************ /
05	void delay60ms(void)
06	{
07	unsigned char m,n;
08	for(m = 0;m < 100;m++)
09	for(n = 0;n < 200;n++)
10	;
11	}
12	/ ************************************
13	函数功能: 主函数
14	************************************ /
15	void main(void)
16	{
17	unsigned char i;
18	unsigned char code Tab[ ] = {0xfe,0xfd,0xfb,0xf7,0xef,0xdf,0xbf,0x7f}; 　　　　　　　　　　　　　　//定义无符号字符型数组
19	while(1)
20	{
21	for(i = 0;i < 8;i++)
22	{
23	P0 = Tab[i];　　　　　　　　//依次引用数组元素,并将其送往 P0 口
24	delay60ms();　　　　　　　　//调用延时函数
25	}
26	}
27	}
知识标签	无符号字符型数组　 for 语句　 while 语句　 嵌套结构　 延时函数

程序 c9_12.c 中第 18 行代码定义了一个无符号字符型数组,第 21～25 行的 for 语句依次引用数组元素的值,并将其送 P0,同时调用延时函数,从而实现控制 8 盏 LED 灯的流水点亮效果。

单 元 小 结

本单元通过渐进式的硬件与嵌入式的编程训练,在程序设计过程中认识、了解、领悟、逐步掌握 C 语言的位运算、sfr、sbit 在嵌入式程序中的应用,了解嵌入式程序设计的基本方法,进一步巩固无符号整型、无符号字符型、整型数据的十六进表示方法、for 循环、while 循环、switch 语句、if 语句、if-else 语句、多层嵌套结构和混合嵌套结构、指针数组、指针作函数参数等方面的知识。

1. 关于位运算的小结

① 位运算是 C 语言的一种特殊运算功能,它是以二进制位为单位进行运算的。位运算符只有逻辑运算和移位运算两类。位运算符可以与赋值符一起组成复合赋值符。例如 &=、|=、^=、>>=、<<= 等。

② 利用位运算可以完成汇编语言的某些功能,例如置位、移位、清零等。还可以进行数据的压缩存储和并行运算。

2. C 语言预处理指令的小结

① 预处理指令是以 ♯ 号开头的代码行,♯ 号必须是该行除了任何空白字符外的第一个字符。♯ 后是指令关键字,在关键字和 ♯ 号之间允许存在任意个数的空白字符。整行语句构成了一条预处理指令,该指令将在编译器进行编译之前对源代码做某些转换。部分预处理命令如表 9-14 所示。

表 9-14　部分预处理命令列表

预处理命令	说　明
♯	空指令,无任何效果
♯ include	包含一个源代码文件
♯ define	定义宏
♯ undef	取消已定义的宏
♯ if	如果给定条件为真,则编译其后面的代码
♯ ifdef	如果宏已经定义,则编译其后面的代码
♯ ifndef	如果宏没有定义,则编译其后面的代码
♯ endif	结束一个 ♯ if-♯ else 条件编译块

② 预处理功能是 C 语言特有的功能,它是在对源程序正式编译前由预处理程序完成的。编程者在程序中用预处理命令来调用这些功能。

③ 宏定义可以带有参数,宏调用时是以实参代换形参。而不是“值传送”。

④ 为了避免宏代换时发生错误,宏定义中的字符串应加括号,字符串中出现的形式参数两边也应加括号。

⑤ 文件包含是预处理的一个重要功能,它可用来把多个源文件连接成一个源文件进行编译,结果将生成一个目标文件。

⑥ 条件编译允许只编译源程序中满足条件的程序段,使生成的目标程序较短,从而减少了内存的开销并提高了程序的效率。

⑦ 使用预处理功能便于程序的修改、阅读、移植和调试，也便于实现模块化程序设计。

单 元 习 题

一、单选题

1. 以下运算符中优先级最低的是（　　　）。

  A. ！（逻辑非）   B. <<（左移）   C. &（按位与）   D. ^（）按位异或

2. 以下程序中 x 的二进制值是（　　　）。

```
char a = 3, b = 6, x;
x = a^b<<2;
```

  A. 00011011   B. 00010100   C. 00011100   D. 00011000

3. 以下语句的输出结果是（　　　）。

```
printf("%d\n",~9);
```

  A. 0   B. −9   C. −10   D. −8

4. 若有定义 char ch；则 ch & 127 的运算结果的第 8 位（最左边的一位）的值为（　　　）。

  A. 无定值   B. 根据 ch 值而定

  C. 0   D. 1

5. (127^120)<<2 的运算结果是（　　　）。

  A. 10010011   B. 00011100   C. 00111000   D. 11111000

6. 设机器字长为 16 位，表达式～000011 的八进制值是（　　　）。

  A. 0   B. 1111100   C. 177766   D. 177774

7. 以下程序输出的结果是（　　　）。

```
main()
 {
   char x = 040;
   printf("%d\n",x = x<<1);
 }
```

  A. 100   B. 160   C. 120   D. 64

二、填空题

1. 设 a＝00101101，若想通过 a^b 运算使 a 的高 4 位取反，低 4 位不变，则 b 的二进制数应是_____。

2. a 为任意整数，运用位运算，能将变量 a 中的各二进制位均置成 1 的表达式是_____。

3. 运用位运算，能将变量 ch 中的大写字母转换成小写字母的表达式是_____。

4. 表达式～(−1)&&−1 的值是_____。

附录 A C 语言中的保留字

C89 标准有 32 个保留字；C99 标准增加了 5 个保留字，分别是 restrict、inline、_Bool、_Complex 和_Imaginary，共有 37 个保留字。C11 标准在 C99 的基础上又增加了 1 个保留字_Generic，共有 38 个保留字。

1. 数据类型保留字

C11 标准规定数据类型保留字共有 17 个，如表 A-1 所示。

表 A-1 C11 标准的数据类型保留字

数据类型保留字	含　　义
short	声明短整型变量或函数
int	声明整型变量或函数
long	声明长整型变量或函数
float	声明单精度浮点型变量或函数
double	声明双精度浮点型变量或函数
char	声明字符型变量或函数
unsigned	声明无符号类型变量或函数
signed	声明有符号类型变量或函数
void	声明函数无返回值或无参数，声明无类型指针
struct	声明结构体变量或函数
union	声明共用数据类型
enum	声明枚举类型
typedef	声明数据类型的别名
_Bool	布尔型(只可容纳 0、1 值)
_Complex	复数类型
_Imaginary	纯虚数类型
_Generic	泛型

2. 存储类保留字

存储类保留字共有 4 个，如表 A-2 所示。

表 A-2 存储类保留字

存储类保留字	含　　义	存储类保留字	含　　义
auto	声明自动变量	extern	声明一个外部变量
static	声明静态变量	register	声明寄存器变量

3. 类型限定保留字

类型限定保留字共有 3 个，如表 A-3 所示。

表 A-3　类型限定保留字

数据类型保留字	含　义
const	声明只读变量
restrict	它只可以用于限定和约束指针，并表明指针是访问一个数据对象的唯一且初始的方式
volatile	说明变量在程序执行中可被隐含地改变

4. 流程控制保留字

流程控制保留字共有 13 个，如表 A-4 所示。

表 A-4　流程控制保留字

流程控制保留字	含　义
if	条件语句
switch	多路选择语句
case	switch 语句的分支标记
for	for 循环语句
do	do-while 循环语句
while	while 循环语句
inline	内敛函数，在 C++ 中用的多，它是宏定义的一种优化实现方式
else	条件语句否定分支（与 if 连用）
default	多路选择语句中的"其他"分支
break	跳出当前循环或 switch 结构
continue	结束当前循环，开始下一轮循环
return	函数返回语句
goto	无条件跳转语句

5. 运算符保留字

运算符保留字只有 1 个，即 sizeof，用于计算数据类型的长度。

附录 B　C 语言的运算符

C 语言的运算符以及其优先级和结合性如表 B-1 所示。

表 B-1　C 语言的运算符及其优先级和结合性

优先级	运算符	运算符名称或含义	使 用 形 式	结合方向	运算符特点
1	( )	圆括号	(表达式)、函数名(形参表)	左到右	
	[ ]	数组下标	数组名[常量表达式]		
	->	指向结构体或共用体成员运算符	变量名->成员名		
	.	结构体或共用体成员运算符	变量名.成员名		
2	!	逻辑非	!表达式	右到左	单目运算符
	~	按位取反	~表达式		
	—	负号	—表达式		
	++	自增	++变量名、变量名++		
	——	自减	——变量名、变量名——		
	*	指针	*指针变量		
	&	取地址	&变量名		
	(类型)	强制类型转换	(数据类型)表达式		
	sizeof	长度(字节数)运算	sizeof(表达式)		
3	*	乘法	表达式1*表达式2	左到右	双目运算符
	/	除法	表达式1/表达式2		
	%	求余数(取模)	整型表达式%整型表达式		
4	+	加法	表达式1+表达式2		
	—	减法	表达式1—表达式2		
5	<<	左移	变量<<表达式		
	>>	右移	变量>>表达式		
6	>	大于	表达式1>表达式2		
	>=	大于等于	表达式1>=表达式2		
	<	小于	表达式1<表达式2		
	<=	小于等于	表达式1<=表达式2		
7	==	等于	表达式1==表达式2		
	!=	不等于	表达式1!=表达式2		
8	&	按位与	表达式1&表达式2		
9	^	按位异或	表达式1^表达式2		
10	|	按位或	表达式1|表达式2		
11	&&	逻辑与	表达式1&&表达式2		
12	||	逻辑或	表达式1||表达式2		

续表

优先级	运算符	运算符名称或含义	使 用 形 式	结合方向	运算符特点
13	?:	条件运算	表达式1? 表达式2:表达式3	右到左	三目运算符
14	=	赋值	变量=表达式	右到左	双目运算符
	/=	除后赋值	变量/=表达式		
	*=	乘后赋值	变量*=表达式		
	%=	取模后赋值	变量%=表达式		
	+=	加后赋值	变量+=表达式		
	-=	减后赋值	变量-=表达式		
	<<=	左移后赋值	变量<<=表达式		
	>>=	右移后赋值	变量>>=表达式		
	&=	按位与后赋值	变量&=表达式		
	^=	按位异或后赋值	变量^=表达式		
	|=	按位或后赋值	变量|=表达式		
15	,	逗号运算	表达式1,表达式2,……	左到右	

说明:

① 同一优先级的运算符,运算次序由结合方向所决定。

② 运算符的基本优先级为:! ＞算术运算符＞关系运算符＞&&＞||＞赋值运算符。

附录 C C 语言的数据类型

1. C 语言的数据类型

C 语言的数据类型如表 C-1 所示。

表 C-1 C 语言的数据类型

基本分类	细 分 类 型	说　　　　明
基本类型	数值类型（分为整型和浮点型）	基本数据类型其值不可以再分解为其他类型
	字符类型（char）	
构造类型	数组	构造数据类型是根据已定义的一个或多个数据类型用构造的方法来定义的。也就是说，一个构造类型的值可以分解成若干个"成员"或"元素"。每个"成员"都是一个基本数据类型或又是一个构造类型
	结构体（struct）	
	共用体（union）	
	枚举类型（enum）	
指针类型		指针是一种特殊的，同时又是具有重要作用的数据类型。其值来表示某个变量在内存储器中的地址
空类型（void）		调用函数值时，通常应向调用者返回一个函数值，这个返回的函数值是具有一定数据类型的，应在函数定义及函数说明中给予说明。但是，也有一类函数，调用后并不需要向调用者返回函数值，这种函数可以定义为"空类型"，其类型说明符为 void

2. C 语言的基本类型

C 语言的基本类型又称为"简单类型"，分为字符型、整型、浮点型和布尔类型 4 种，是程序中使用的最基本的数据类型，其中布尔类型是 C99 标准新增加，本书暂时不介绍，这里只对整型、浮点型和字符型三种基本类型进行说明。

（1）整型

C 语言中常用的整型可分为三种：短整型 shor int、普通整型 int 和长整型 long int，如表 C-2 所示。

表 C-2 C 语言的整型类型

数 据 类 型		类型说明符	存储长度	数 值 范 围
短整型	有符号	［signed］short ［int］	2 字节	$-2^{15} \sim (2^{15}-1)$，即 $-32768 \sim 32767$
	无符号	unsignedshort ［int］		$0 \sim (2^{16}-1)$，即 $0 \sim 65535$
普通整型	有符号	［signed］int	2 字节或 4 字节	$-2^{15} \sim (2^{15}-1)$ 或 $-2^{31} \sim (2^{31}-1)$
	无符号	unsigned［int］		$0 \sim (2^{16}-1)$ 或 $0 \sim (2^{32}-1)$
长整型	有符号	［signed］long ［int］	4 字节	$-2^{31} \sim (2^{31}-1)$
	无符号	［unsigned］long ［int］		$0 \sim (2^{32}-1)$

（2）浮点型

浮点型包括实浮点类型和复数类型，这里主要讨论实浮点类型，分为单精度、双精度和长双精度三种，如表 C-3 所示。

表 C-3　实浮点类型

数 据 类 型	类型说明符	存 储 长 度	数 的 范 围	精　　　度
单精度	float	4 字节	$10^{-37} \sim 10^{38}$	6～7 位有效数字
双精度	double	8 字节	$10^{-307} \sim 10^{308}$	15～16 位有效数字
长双精度	long double	16 字节	$10^{-4931} \sim 10^{4932}$	18～19 位有效数字

（3）字符型

C99 标准中字符型有三种：char、signed char 和 unsigned char，如表 C-4 所示。

表 C-4　C 语言的字符类型

类型说明符	存 储 长 度	取 值 范 围
char		$-128 \sim 127$
signed char	1 字节	$-128 \sim 127$
unsigned char		$0 \sim 255$

附录 D　C 语言的转义字符

　　所有的 ASCII 码都可以用"\"加数字(一般是 8 进制数字)来表示。而 C 语言中定义了一些字母前加"\"来表示常见的那些不能显示的 ASCII 字符,如\0、\t、\n 等,就称为转义字符,因为"\"后面的字符,都不是它本来的 ASCII 字符意思了。

　　C 语言的转义字符及其含义如表 D-1 所示。

表 D-1　C 语言的转义字符及其含义

转义字符	含义	ASCII 码值(十进制)
\a	响铃(BEL)	007
\b	退格(BS),将当前位置移到前一列	008
\f	换页(FF),将当前位置移到下页开始位置	012
\n	换行(LF),将当前位置移到下一行开始位置	010
\r	回车(CR),将当前位置移到本行开始位置	013
\t	水平制表(HT),跳到下一个 Tab 位置	009
\v	垂直制表(VT),竖向跳格	011
\\	代表一个反斜线字符'\'	092
\'	代表一个单引号(撇号)字符	039
\"	代表一个双引号字符	034
\0	空字符(NULL)	000
\?	表示一个问号字符	063
\ddd	1~3 位八进制数所代表的任意字符	三位八进制
\xhh	1~2 位十六进制所代表的任意字符	二位十六进制

说明:

① 在 C 语言程序中,通常使用转义字符表示不可打印的字符。

② 注意区分斜杠"/"与反斜杠"\",这里不可互换。

③ 转义字符只能是小写字母,每个转义符只能看作一个字符。

④ 垂直制表"\v"和换页符"\f"对屏幕没有任何影响,但会影响打印机执行相应的操作。

附录 E　ASCII 编码表

ASCII 编码表如表 E-1 所示。

表 E-1　ASCII 编码表

ASCII 编码	字符	ASCII 编码	字符	ASCII 编码	字符	ASCII 编码	字符
0	NUL	32	SPACE	64	@	96	`
1	SOH	33	!	65	A	97	a
2	STX	34	"	66	B	98	b
3	ETX	35	#	67	C	99	c
4	EOT	36	$	68	D	100	d
5	EDQ	37	%	69	E	101	e
6	ACK	38	&.	70	F	102	f
7	BEL	39	'	71	G	103	g
8	BS	40	(	72	H	104	h
9	HT	41	)	73	I	105	i
10	LF	42	*	74	J	106	j
11	VT	43	+	75	K	107	k
12	FF	44	,	76	L	108	l
13	CR	45	−	77	M	109	m
14	SO	46	.	78	N	110	n
15	SI	47	/	79	O	111	o
16	DLE	48	0	80	P	112	p
17	DC1	49	1	81	Q	113	q
18	DC2	50	2	82	R	114	r
19	DC3	51	3	83	S	115	s
20	DC4	52	4	84	T	116	t
21	NAK	53	5	85	U	117	u
22	SYN	54	6	86	V	118	v
23	ETB	55	7	87	W	119	w
24	CAN	56	8	88	X	120	x
25	EM	57	9	89	Y	121	y
26	SUB	58	:	90	Z	122	z
27	ESC	59	;	91	[	123	{
28	FS	60	<	92	\	124	|
29	GS	61	=	93	]	125	}
30	RS	62	>	94	^	126	~
31	US	63	?	95	_	127	DEL

附录 F　C 语言的常用库函数

　　库函数并不是 C 语言的一部分,它是由编译系统根据用户的需要编制并提供给用户使用的一组程序。每一种 C 编译系统都提供了一批库函数,不同的编译系统所提供的库函数的数目和函数名以及函数功能是不完全相同的。ANSI C 标准提出了一批建议提供的标准库函数。它包括了目前多数 C 编译系统所提供的库函数,但也有一些是某些 C 编译系统未曾实现的。考虑到通用性,本附录列出 ANSI C 建议的常用库函数。

　　由于 C 语言库函数的种类和数目很多,除了以下各个表格中列出的库函数,还有屏幕和图形函数、时间日期函数、与系统有关的函数等,每一类函数又包括各种功能的函数。限于篇幅,本附录不能全部介绍,只从教学需要的角度列出最基本的。读者在编写 C 语言程序时可根据需要,查阅有关系统的函数使用手册。

1. C 语言的常用函数库

C 语言的常用函数库及对应的头文件如表 F-1 所示。

表 F-1　C 语言的常用函数库及对应的头文件

序号	库类别	头文件	功　能　说　明
1	输入/输出	stdio.h	用于处理包括文件、控制台等各种输入输出设备,各种函数以"流"的方式实现
2	数学函数	math.h	定义了各种数学计算函数
3	字符串处理	string.h	定义了对字符串进行合并、比较等操作
4	字符处理	ctype.h	用于对单个字符进行处理,包括字符的类别测试和字符的大小写转换等
5	实用工具程序	stdlib.h	定义了一些编程所必需的函数
6	日期和时间	time.h	定义了时间和日期处理函数
7	错误处理	errno.h	定义了通过错误码来回报错误信息的宏
8	地区化	local.h	用于处理不同国家的语言差异
9	信号处理	signal.h	用于处理那些在程序执行过程中发生例外的情况
10	可变参数处理	stdarg.h	用于实现诸如 printf、scanf 等参数数量可变的函数

2. C 语言的数学函数

C 语言的数学函数如表 F-2 所示,使用数学函数时,应该在源文件中使用预编译命令:

```
# include < math. h>
```

或

```
# include "math. h"
```

表 F-2　C 语言的数学函数

函数名	函 数 原 型	功　　能	返　回　值
acos	double acos(double x);	计算 arccos x 的值,其中 $-1<=x<=1$	计算结果
asin	double asin(double x);	计算 arcsin x 的值,其中 $-1<=x<=1$	计算结果
atan	double atan(double x);	计算 arctan x 的值	计算结果
atan2	double atan2(double x,double y);	计算 arctan x/y 的值	计算结果
cos	double cos(double x);	计算 cos x 的值,其中 x 的单位为弧度	计算结果
cosh	double cosh(double x);	计算 x 的双曲余弦 cosh x 的值	计算结果
exp	double exp(double x);	求 e^x 的值	计算结果
fabs	double fabs(double x);	求 x 的绝对值	计算结果
floor	double floor(double x);	求出不大于 x 的最大整数	该整数的双精度实数
fmod	double fmod(double x,double y);	求整除 x/y 的余数	返回余数的双精度实数
log	double log(double x);	求 ln$x$ 的值	计算结果
log10	double log10(double x);	求 log10x 的值	计算结果
pow	double pow(double x,double y);	求 x^y 的值	计算结果
sin	double sin(double x);	求 sin x 的值,其中 x 的单位为弧度	计算结果
sinh	double sinh(double x);	计算 x 的双曲正弦函数 sinh x 的值	计算结果
sqrt	double sqrt (double x);	计算一个非负实数的平方根	计算结果
tan	double tan(double x);	计算 tan x 的值,其中 x 的单位为弧度	计算结果
tanh	double tanh(double x);	计算 x 的双曲正切函数 tanh x 的值	计算结果

3. C 语言的字符函数

C 语言的字符函数如表 F-3 所示,在使用字符函数时,应该在源文件中使用预编译命令:

```
# include <ctype.h>
```

或

```
# include "ctype.h"
```

表 F-3　C 语言的字符函数

函数名	函 数 原 型	功　　能	返　回　值
isalnum	int isalnum(int ch);	检查 ch 是否为字母或数字	是字母或数字返回 1,否则返回 0
isalpha	int isalpha(int ch);	检查 ch 是否为字母	是字母返回 1,否则返回 0
iscntrl	int iscntrl(int ch);	检查 ch 是否为控制字符(其 ASCII 码在 0 和 0xlF 之间)	是控制字符返回 1,否则返回 0
isdigit	int isdigit(int ch);	检查 ch 是否为数字	是数字返回 1,否则返回 0
isgraph	int isgraph(int ch);	检查 ch 是否为可打印字符(其 ASCII 码在 0x21 和 0x7e 之间),不包括空格	是可打印字符返回 1,否则返回 0
islower	int islower(int ch);	检查 ch 是否为小写字母(a～z)	是小字母返回 1,否则返回 0
isprint	int isprint(int ch);	检查 ch 是否为可打印字符(其 ASCII 码在 0x21 和 0x7e 之间),不包括空格	是可打印字符返回 1,否则返回 0
ispunct	int ispunct(int ch);	检查 ch 是否为标点字符(不包括空格)即除字母、数字和空格以外的所有可打印字符	是标点返回 1,否则返回 0

函数名	函 数 原 型	功　　能	返　回　值
isspace	int isspace(int ch);	检查 ch 是否为空格、跳格符(制表符)或换行符	是则返回 1,否则返回 0
isupper	int isupper(int ch);	检查 ch 是否为大写字母(A~Z)	是大写字母返回 1,否则返回 0
isxdigit	int isxdigit(int ch);	检查 ch 是否为一个 16 进制数字(即 0~9,或 A 到 F,a~f)	是则返回 1,否则返回 0
tolower	int tolower(int ch);	将 ch 字符转换为小写字母	返回 ch 对应的小写字母
toupper	int toupper(int ch);	将 ch 字符转换为大写字母	返回 ch 对应的大写字母

4. C 语言的字符串函数

C 语言的字符串函数如表 F-4 所示。使用字符串函数时,应该在源文件中使用预编译命令:

＃include < string.h>

或

＃include "string.h"

表 F-4　C 语言的字符串函数

函数名	函 数 原 型	功　　能	返　回　值
memchr	void memchr(void * buf,char ch,unsigned count);	在 buf 的前 count 个字符里搜索字符 ch 首次出现的位置	返回指向 buf 中 ch 的第一次出现的位置指针。若没有找到 ch,返回 NULL
memcmp	int memcmp(void * buf1,void * buf2,unsigned count);	按字典顺序比较由 buf1 和 buf2 指向的数组的前 count 个字符	若 buf1<buf2,为负数;若 buf1=buf2,返回 0;若 buf1>buf2,为正数
memcpy	void * memcpy(void * to,void * from,unsigned count);	将 from 指向的数组中的前 count 个字符复制到 to 指向的数组中。from 和 to 指向的数组不允许重叠	返回指向 to 的指针
memove	void * memove(void * to,void * from,unsigned count);	将 from 指向的数组中的前 count 个字符移动到 to 指向的数组中。from 和 to 指向的数组不允许重叠	返回指向 to 的指针
memset	void * memset(void * buf,char ch,unsigned count);	将字符 ch 复制到 buf 指向的数组前 count 个字符中	返回 buf
strcat	char * strcat(char * str1,char * str2);	把字符 str2 接到 str1 后面,取消原来 str1 最后面的串结束符"\0"	返回 str1
strchr	char * strchr(char * str,int ch);	找出 str 指向的字符串中第一次出现字符 ch 的位置	返回指向该位置的指针,如找不到,则应返回 NULL
strcmp	int * strcmp(char * str1,char * str2);	比较字符串 str1 和 str2	若 str1<str2,为负数;若 str1=str2,返回 0;若 str1>str2,为正数
strcpy	char * strcpy(char * str1,char * str2);	把 str2 指向的字符串复制到 str1 中去	返回 str1
strlen	unsigned intstrlen(char * str);	统计字符串 str 中字符的个数(不包括终止符"\0")	返回字符个数

函数名	函数原型	功　　能	返　回　值
strncat	char * strncat(char * str1,char * str2,unsigned count);	把字符串 str2 指向的字符串中最多 count 个字符连到串 str1 后面,并以 NULL 结尾	返回 str1
strncmp	int strncmp(char * str1, * str2,unsigned count);	比较字符串 str1 和 str2 中至多前 count 个字符	若 str1<str2,为负数;若 str1=str2,返回 0;若 str1>str2,为正数
strncpy	char * strncpy(char * str1, * str2,unsigned count);	把 str2 指向的字符串中最多前 count 个字符复制到字符串 str1 中去	返回 str1
strnset	void * setnset(char * buf,char ch,unsigned count);	将字符 ch 复制到 buf 指向的数组前 count 个字符中	返回 buf
strset	void * setset(void * buf,char ch);	将 buf 所指向的字符串中的全部字符都变为字符 ch	返回 buf
strstr	char * strstr(char * str1, * str2);	寻找 str2 指向的字符串在 str1 指向的字符串中首次出现的位置	返回 str2 指向的字符串首次出向的地址。否则返回 NULL

5. C 语言的输入/输出与文件函数

C 语言的输入/输出与文件函数如表 F-5 所示,在使用输入/输出与文件函数时,应该在源文件中使用预编译命令:

```
# include < stdio.h>
```

或

```
# include "stdio.h"
```

表 F-5　C 语言的输入输出与文件函数

函数名	函数原型	功　　能	返　回　值
clearerr	void clearer(FILE * fp);	清除文件指针错误指示器	无
close	int close(int fp);	关闭文件(非 ANSI 标准)	关闭成功返回 0,不成功返回 -1
creat	int creat(char * filename,int mode);	以 mode 所指定的方式建立文件(非 ANSI 标准)	成功返回正数,否则返回 -1
eof	int eof(int fp);	判断 fp 所指的文件是否结束	文件结束返回 1,否则返回 0
fclose	int fclose(FILE * fp);	关闭 fp 所指的文件,释放文件缓冲区	关闭成功返回 0,不成功返回非 0
feof	int feof(FILE * fp);	检查文件是否结束	文件结束返回非 0,否则返回 0
ferror	int ferror(FILE * fp);	测试 fp 所指的文件是否有错误	无错返回 0,否则返回非 0
fflush	int fflush(FILE * fp);	将 fp 所指的文件的全部控制信息和数据存盘	存盘正确返回 0,否则返回非 0
fgets	char * fgets(char * buf,int n,FILE * fp);	从 fp 所指的文件读取一个长度为 (n-1) 的字符串,存入起始地址为 buf 的空间	返回地址 buf。若遇文件结束或出错则返回 EOF

续表

函数名	函 数 原 型	功　能	返　回　值
fgetc	int fgetc(FILE * fp);	从 fp 所指的文件中取得下一个字符	返回所得到的字符,出错返回 EOF
fopen	FILE * fopen (char * filename, char * mode);	以 mode 指定的方式打开名为 filename 的文件	成功,则返回一个文件指针,否则返回 0
fprintf	int fprintf (FILE * fp, char * format,args,…);	把 args 的值以 format 指定的格式输出到 fp 所指的文件中	实际输出的字符数
fputc	int fputc(char ch,FILE * fp);	将字符 ch 输出到 fp 所指的文件中	成功则返回该字符,出错返回 EOF
fputs	int fputs(char str,FILE * fp);	将 str 指定的字符串输出到 fp 所指的文件中	成功则返回 0,出错返回 EOF
fread	int fread (char * pt, unsigned size,unsignedn,FILE * fp);	从 fp 所指定文件中读取长度为 size 的 n 个数据项,存到 pt 所指向的内存区	返回所读的数据项个数,若文件结束或出错则返回 0
fscanf	int fscanf (FILE * fp, char * format,args,…);	从 fp 指定的文件中按给定的 format 格式将读入的数据送到 args 所指向的内存变量中(args 是指针)	以输入的数据个数
fseek	int fseek(FILE * fp,long offset, int base);	将 fp 指定文件的位置指针移到 base 所指的位置为基准、以 offset 为位移量的位置	返回当前位置,否则返回 −1
ftell	long ftell(FILE * fp);	返回 fp 所指定文件中的读写位置	返回文件中的读写位置,否则返回 0
fwrite	int fwrite (char * ptr, unsigned size,unsigned n,FILE * fp);	把 ptr 所指向的 n * size 个字节输出到 fp 所指向的文件中	写到 fp 文件中的数据项的个数
getc	int getc(FILE * fp);	从 fp 所指向的文件中的读出下一个字符	返回读出的字符,若文件出错或结束则返回 EOF
getchar	int getchar();	从标准输入设备中读取下一个字符	返回字符,若文件出错或结束则返回 −1
gets	char * gets(char * str);	从标准输入设备中读取字符串存入 str 指向的数组中,gets 函数并不以空格作为字符串输入结束的标志,而只以回车符作为输入结束	成功返回 str,否则返回 NULL
open	int open(char * filename,int mode);	以 mode 指定的方式打开已存在的名为 filename 的文件(非 ANSI 标准)	返回文件号(正数),如打开失败则返回 −1
printf	int printf(char * format,args,…);	在 format 指定的字符串的控制下,将输出列表 args 输出到标准设备	输出字符的个数,若出错则返回负数
prtc	int prtc(int ch,FILE * fp);	把一个字符 ch 输出到 fp 所指的文件中	输出字符 ch,若出错则返回 EOF
putchar	int putchar(char ch);	把字符 ch 输出到 fp 标准输出设备	返回换行符,若失败则返回 EOF

307

函数名	函数原型	功　能	返　回　值
puts	int puts(char * str);	把 str 指向的字符串输出到标准输出设备,将"\0"转换为回车符	返回回车符,若失败则返回 EOF
putw	int putw(int w,FILE * fp);	将一个整数 i(即一个字)写到 fp 所指的文件中(非 ANSI 标准)	返回读出的字符,若文件出错或结束则返回 EOF
read	int read(int fp,char * buf,unsigned count);	从 fp 所指定的文件中读 count 个字节到由 buf 指示的缓冲区(非 ANSI 标准)	返回真正读出的字节个数,如文件结束返回 0,出错返回－1
remove	int remove(char * fname);	删除以 fname 为文件名的文件	成功返回 0,出错返回－1
rename	int remove(char * oname,char * nname);	把 oname 所指的文件名改为由 nname 所指的文件名	成功返回 0,出错返回－1
rewind	void rewind(FILE * fp);	将 fp 指定的文件指针置于文件头,并清除文件结束标志和错误标志	无
scanf	int scanf(char * format,args,…);	从标准输入设备按 format 指示的格式字符串规定的格式,输入数据给 args 所指示的单元,args 为指针	读入并赋给 args 数据个数。如文件结束返回 EOF,若出错返回 0
write	int write (int fd, char * buf, unsigned count);	从 buf 指示的缓冲区输出 count 个字符到 fd 所指的文件中(非 ANSI 标准)	返回实际写入的字节数,如出错返回－1

6. C 语言的动态存储分配函数

C 语言的动态存储分配函数如表 F-6 所示。在使用动态存储分配函数时,应该在源文件中使用预编译命令:

＃include＜stdlib.h＞

或

＃include "stdlib.h"

表 F-6　C 语言的动态存储分配函数

函数名	函数原型	功　能	返　回　值
callloc	void * calloc(unsigned n,unsigned size);	分配 n 个数据项的内存连续空间,每个数据项的大小为 size	分配内存单元的起始地址。如不成功,则返回 0
free	void free(void * p);	释放 p 所指内存区	无
malloc	void * malloc(unsigned size);	分配 size 字节的内存区	所分配的内存区地址,如内存不够,则返回 0
realloc	void * realloc(void * p,unsigned size);	将 p 所指的已分配的内存区的大小改为 size。size 可以比原来分配的空间大或小	返回指向该内存区的指针。若重新分配失败,则返回 NULL

7. C 语言的其他函数

有些函数由于不便归入某一类,所以单独列出,如表 F-7 所示。使用这些函数时,应该在源文件中使用预编译命令:

```
# include < stdlib. h >
```

或

```
# include "stdlib. h"
```

表 F-7 C 语言的其他函数

函数名	函 数 原 型	功　　　能	返　回　值
abs	int abs(int num);	计算整数 num 的绝对值	返回计算结果
labs	long labs(long num);	计算 long 型整数 num 的绝对值	返回计算结果
exit	void exit(int status);	中止程序运行,将 status 的值返回调用的过程	无
atof	double atof(char * str);	将 str 指向的字符串转换为一个 double 型的值	返回双精度计算结果
atoi	int atoi(char * str);	将 str 指向的字符串转换为一个 int 型的值	返回转换结果
atol	long atol(char * str);	将 str 指向的字符串转换为一个 long 型的值	返回转换结果
itoa	char * itoa (int n, char * str, int radix);	将整数 n 的值按照 radix 进制转换为等价的字符串,并将结果存入 str 指向的字符串中	返回一个指向 str 的指针
ltoa	char * ltoa (long n, char * str, int radix);	将长整数 n 的值按照 radix 进制转换为等价的字符串,并将结果存入 str 指向的字符串	返回一个指向 str 的指针
rand	int rand();	产生 0 到 RAND_MAX 之间的伪随机数。RAND_MAX 在头文件中定义	返回一个伪随机(整)数
random	int random(int num);	产生 0 到 num 之间的随机数	返回一个随机(整)数
randomize	void randomize();	初始化随机函数,使用时包括头文件 time. h	

附录 G　C 语言的输入/输出函数详解

1. C 语言的格式输出函数 printf()

printf 函数称为格式输出函数,其名称的最末一个字母 f 即为"格式"(format)之意。其功能是按用户指定的格式,把指定的数据显示到显示器屏幕上。

(1) printf 函数调用的一般形式

printf 函数是一个标准库函数,它的函数原型在头文件"stdio. h"中。但作为一个特例,不要求在使用 printf 函数之前必须包含 stdio. h 文件。

printf 函数调用的一般形式为:

printf("格式控制字符串",输出列表);

其中"格式控制字符串"用于指定输出格式,格式控制串可由格式字符串和非格式字符串两种组成。格式字符串是以％开头的字符串,在％后面跟有各种格式字符,以说明输出数据的类型、形式、长度、小数位数等。例如:"％d"表示按十进制整型输出;"％ld"表示按十进制长整型输出;"％c"表示按字符型输出等。

非格式字符串原样输出,在显示中起提示作用。输出表列中给出了各个输出项,要求格式字符串和各输出项在数量和类型上应该一一对应。

(2) 格式字符串

C 语言中格式字符串的一般形式为:

％[标志字符][输出最小宽度][精度][长度格式符]类型。

其中方括号[]中的项为可选项。

各项的意义分别介绍如下。

① 类型

类型字符用以表示输出数据的类型,printf 函数类型格式符和含义如表 G-1 所示。

表 G-1　printf 函数类型格式符和含义

类型格式字符	含　义	类型格式字符	含　义
d	以十进制形式输出带符号整数(正数不输出符号)	e 或 E	以指数形式输出单、双精度实数
o	以八进制形式输出无符号整数(不输出前缀 0)	g 或 G	以％f 或％e 中较短的输出宽度输出单、双精度实数
x 或 X	以十六进制形式输出无符号整数(不输出前缀 0x)	c	输出单个字符
u	以十进制形式输出无符号整数	s	输出字符串
f	以小数形式输出单、双精度实数		

② 标志字符

标志字符为一、十、♯ 和空格四种，其作用如表 G-2 所示。

表 G-2　标志字符及其说明

标志字符	说　　明
一	结果左对齐，右边填空格
十	输出符号（正号或负号）
空格	输出值为正时冠以空格，为负时冠以负号
♯	对 c、s、d、u 类型格式符无影响；对 o 类型格式符，在输出时加前缀 o；对 x 类型格式符，在输出时加前缀 0x；对 e、g、f 类型格式符当结果有小数时才给出小数点

③ 输出最小宽度

用十进制整数来表示输出的最少位数。若实际位数多于定义的宽度，则按实际位数输出，若实际位数少于定义的宽度则补以空格或 0。最小宽度的计算应包含小数点。

④ 精度

精度格式符以"."开头，后跟十进制整数，其意义是如果输出数字，则表示小数的位数；如果输出的是字符串，则表示输出字符的个数；若实际位数大于所定义的精度数，则截去超过的部分。

⑤ 长度格式符

长度格式符为 h、l 两种，h 表示按短整型量输出，l 表示按长整型量输出。

2. C 语言的格式输入函数 scanf()

scanf 函数称为格式输入函数，即按用户指定的格式从键盘上把数据输入到指定的变量之中。

（1）scanf 函数的一般形式

scanf 函数是一个标准库函数，它的函数原型在头文件"stdio. h"中。与 printf 函数相同，C 语言也允许在使用 scanf 函数之前不必包含 stdio. h 文件。scanf 函数的一般形式为：

scanf("格式控制字符串",地址表列);

其中，格式控制字符串的作用与 printf 函数相同，但不能显示非格式字符串，也就是不能显示提示字符串。地址表列中给出各变量的地址。地址是由地址运算符"&"后跟变量名组成的。

例如：&x、&y 分别表示变量 x 和变量 y 的地址。该地址就是编译系统在内存中给 x、y 变量分配的地址。应该把变量的值和变量的地址这两个概念区别开来，变量的地址是 C 编译系统分配的，用户不必关心具体的地址是多少。

（2）变量的地址和变量值的关系

在赋值表达式中给变量赋值，例如："x＝5;"，则 x 为变量名，5 是变量的值，&x 是变量 x 的地址。

但在赋值号左边是变量名，不能写地址，而 scanf 函数在本质上也是给变量赋值，但要求写变量的地址，如 &x。这两者在形式上是不同的。& 是一个取地址运算符，&x 是一个表达式，其功能是求变量的地址。

分析以下 C 语言程序代码：

```
# include < stdio. h >
main(){
  int a,b;
  printf("input a,b\n");
  scanf("%d%d",&a,&b);
  printf("a = %d,b = %d",a,b);
}
```

在上述代码中,由于 scanf 函数本身不能显示提示串,故先用 printf 语句在屏幕上输出提示,请用户输入 a、b、c 的值。执行 scanf 语句,等待用户输入。在 scanf 语句的格式串中由于没有非格式字符在"%d%d"之间作输入时的间隔,因此在输入时要用一个以上的空格或回车键作为每两个输入数之间的间隔。例如:

7 8

或者

7
8

(3) 格式字符串

格式字符串的一般形式为:

%[*][输入数据宽度][长度格式符]类型

其中有方括号[]的项为任选项。各项的意义分别介绍如下。

① 类型

表示输入数据的类型,scanf 函数格式符和含义如表 G-3 所示。

表 G-3　scanf 函数格式符和含义

类型格式字符	含　义	类型格式字符	含　义
d	输入十进制整数	f 或 e	输入实型数(用小数形式或指数形式)
o	输入八进制整数	c	输入单个字符
x	输入十六进制整数	s	输入字符串
u	输入无符号十进制整数		

② "*"字符

用于表示该输入项读入后不赋值给相应的变量,即跳过该输入值。例如:

scanf("%d%*d%d",&a,&b);

当输入值为"1 2 3"时,把 1 赋值给 a,2 被跳过,3 赋值给 b。

③ 输入数据宽度

用十进制整数指定输入的宽度(即字符数)。例如:

scanf("%5d",&a);

输入 12345678 时,只把 12345 赋予变量 a,其余部分被截去。

scanf("％4d％4d",&a,&b);

输入 12345678 时,将把 1234 赋予 a,而把 5678 赋予 b。

④ 长度格式符

长度格式符为 l 和 h,l 表示输入长整型数据(例如％ld)和双精度浮点数(例如％lf)。h 表示输入短整型数据。

(4) 使用 scanf 函数的注意事项

① scanf 函数中没有精度控制,例如:"scanf("％5.2f",&a);"是非法的。不能企图用此语句输入小数为两位的实数。

② scanf 中要求给出变量地址,如给出变量名则会出错。例如:"scanf("％d",a);"是非法的,应改为"scnaf("％d",&a);"才是合法的。

③ 在输入多个数值数据时,若格式控制串中没有非格式字符作输入数据之间的间隔符则可用空格、Tab 或回车作间隔。C 编译在碰到空格、Tab、回车或非法数据(例如对"％d"输入"12A"时,A 即为非法数据)时即认为该数据结束。

④ 在输入字符数据时,若格式控制串中无非格式字符,则认为所有输入的字符均为有效字符。

⑤ 如果格式控制串中有非格式字符则输入时也要输入该非格式字符。

例如:

scanf("％d,％d,％d",&a,&b,&c);

其中用非格式符","作间隔符,故输入时应为:5,6,7。

scanf("a=％d,b=％d,c=％d",&a,&b,&c);

则输入应为:a=5,b=6,c=7。

⑥ 如输入的数据与输出的类型不一致时,虽然编译能够通过,但会影响输出结果。

3. C 语言的字符输出函数 putchar( )

putchar 函数是字符输出函数,其功能是在显示器上输出单个字符。其一般形式为:

putchar(字符变量);

例如:

```
putchar('A');        /* 输出大写字母 A */
putchar(x);          /* 输出字符变量 x 的值 */
putchar('\101');     /* 也是输出字符 A */
putchar('\n');       /* 换行 */
```

对控制字符则执行控制功能,不在屏幕上显示。

使用本函数前必须要用文件包含命令 #include<stdio.h>或 #include "stdio.h"。

4. C 语言的键盘输入函数 getchar( )

getchar 函数的功能是从键盘上输入一个字符。其一般形式为:

getchar();

通常把输入的字符赋予一个字符变量,构成赋值语句,例如:

313

```
char c;
c = getchar();
```

使用 getchar 函数还应注意几个问题：getchar 函数只能接受单个字符，输入数字也按字符处理；输入多于一个字符时，只接收第一个字符；使用本函数前必须包含文件"stdio. h"。

5. C 语言的字符串输出函数 puts( )

puts 函数用于把字符数组中的字符串输出到显示器。即在屏幕上显示该字符串。其一般形式为：

puts(字符数组名)

例如：

```
# include"stdio. h"
main(){
    char c[ ] = "Happy\nbirthday ";
    puts(c);
}
```

从程序中可以看出 puts 函数中可以使用转义字符，因此输出结果成为两行。puts 函数完全可以由 printf 函数取代，当需要按一定格式输出时，通常使用 printf 函数。

6. C 语言的字符串输入函数 gets( )

gets 函数从标准输入设备键盘上输入一个字符串，该函得到一个函数值，即为该字符数组的首地址。其一般形式为：

gets (字符数组名)

例如：

```
# include"stdio. h"
main(){
    char st[15];
    printf("input string:\n");
    gets(st);
    puts(st);
}
```

可以看出当输入的字符串中含有空格时，输出仍为全部字符串。说明 gets 函数并不以空格作为字符串输入结束的标志，而只以回车作为输入结束。

附录 H 在 Visual C++ 6.0 集成开发环境中创建、编译与运行 C 语言程序

在 Visual C++ 6.0 集成开发环境中创建、编译与运行 C 语言程序的步骤如下：

(1) 启动 Microsoft Visual C++ 6.0，打开其主窗口，如图 H-1 所示。

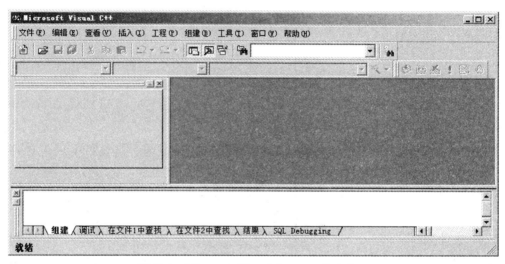

图 H-1　Microsoft Visual C++ 6.0 的主窗口

(2) 在 Microsoft Visual C++ 6.0 的主窗口中选择"文件"菜单中的"新建"命令，在打开的"新建"对话框中，在该对话框中选择"文件"选项卡，在"文件"选项卡下选中 C++ Source File，并在右侧的"文件名"文本框中输入 C 语言程序的文件名，例如 example. c，注意扩展名为". C"，在"位置"文本框中输入或选择建立文件的路径，如图 H-2 所示，然后单击"确定"按钮。

(3) 在打开的工作窗口中输入 C 源程序，如图 H-3 所示，然后单击"保存"按钮 🖫，对 C 语言程序进行保存。

(4) C 语言程序输入完成后，选择"组建"菜单下的"编译[example. c]"菜单命令，或者单击编译工具栏中的编译按钮 🗐，或者直接按 Ctrl+F7 组合键，如图 H-4 所示。

C 源程序编译结束后，将自动生成一个项目文件，提示信息对话框如图 H-5 所示，单击"是"按钮即可，并将此 C 语言程序包含在该项目中，同时给出编译信息。 如图 H-6 所示。

(5) 如果 C 语言程序编译出现了错误，则先进行修改，再重新编译，直到编译正确为止。

(6) 选中"组建"菜单下的"执行[example. exe]"菜单命令，或者单击编译工具栏中的"执行"按钮 ❗，或者直接按 Ctrl+F5 组合键，如图 H-7 所示。

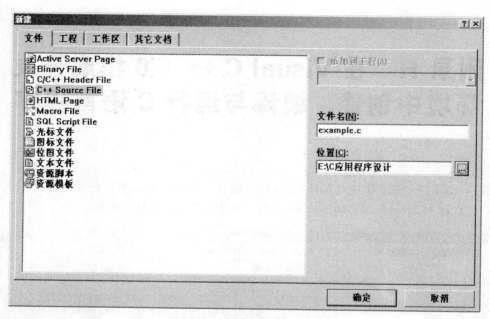

图 H-2　"新建"对话框中的"文件"选项卡

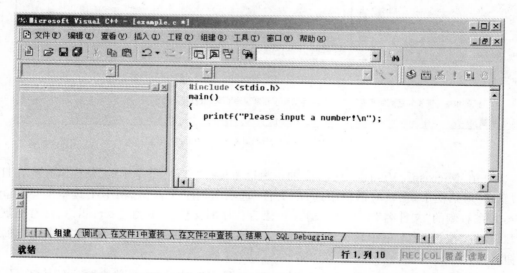

图 H-3　在 Microsoft Visual C++ 6.0 的工作窗口输入 C 语言程序

图 H-4　在 Microsoft Visual C++ 6.0 主窗口的"组建"菜单中选择"编译"命令

图 H-5　创建项目文件的提示信息对话框

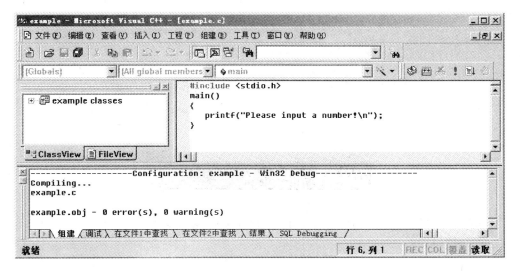

图 H-6　C 语言程序编译完成

图 H-7　在 Microsoft Visual C++ 6.0 主窗口的"组建"菜单中选择"执行"命令

　　将会出现一个对话框，如图 H-8 所示，单击"是"按钮，将会自动生成一系列相关文件，如图 H-9 所示。

　　同时自动打开一个模拟 DOS 状态的窗口，运行结果将显示在该窗口中，如图 H-10 所示。

　　显示运行结果的窗口中 Please input a number! 是 C 语言程序输出语句输出的信息，而 Press any key to continue 是 VC 6.0 自动添加的等待信息，待看清楚输出结果后按任意键，程序运行结束，该运行窗口关闭。

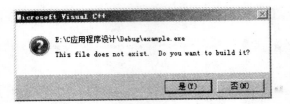

图 H-8　创建 example.exe 文件的提示信息对话框

图 H-9　C 语言执行后生成的一系列相关文件

图 H-10　example.C 语言程序的运行结果

附录I C语言的常见编程规范

对于C语言的初学者来说,编写一个十几行的小程序,上机调试时有时竟然出现了多个错误,甚至验证本书中的某个程序时,按照本书编写的程序原样输入也会出现许多错误或警告,常常不是漏了分号便是漏了逗号,或者是括号不配对、字母的大小写不区分。出现这种状况的主要原因之一是程序编写不规范。

编程规范总的要求是有利于提高程序的质量,减少程序的bug;有利于提高编程的效率,减少时间的浪费;有利于提高程序的可读性,减少将来维护的困难。有些规范也不能用对与错来评价,也许是一种约定。在此以C语言程序编写为代表,结合作者的教学经验加以说明。以下十项规范不一定很完善,但绝对是学生最容易犯错的地方。

1. 程序的版式追求清晰、美观

程序的版式虽然不会影响程序的功能,但会影响程序的可读性。

(1) 合理地加入空行,各函数之间、功能相对独立的程序段之间适当加入空行。

(2) 适当地加入空格,关键字之后、二元运算符的前后应加一个或几个空格。

(3) 每一个变量的定义、每一条语句各占一行,便于识别和加入注释。

(4) 变量赋初值应符合就近原则,定义变量的同时赋以初值。

(5) 选择结构的if、else、switch和循环结构的for、while、do等关键字加上其后的条件、括号独占一行,执行语句每一条语句各占一行,执行语句不论多少行都加"{ }",并且"{"或"}"独占一行,以防括号遗漏或不配对。

(6) 多层嵌套结构的各层应缩进左对齐,每一层的"{ }"应严格左对齐,其内的执行语句向右缩进2~3格且左对齐,这样嵌套结构的层次关系一目了然,便于理解,也便于修改。

(7) else应与其配对的if左对齐,以免产生歧义。如要隔层配对一定要加"{ }"。

(8) 修饰符 *、& 应紧靠变量名,以免引起误解。

(9) 代码行、表达式不宜太长,不要超出人的视力控制范围。

(10) 适当加入注释,便于理解代码。

2. 标识符的命名要合适

对于简单的程序,变量、函数、类的命名无关紧要,但对于一个软件项目,许多人共同完成软件开发,应制定统一规范的命名规则。

(1) 变量名、函数名、类名等应做到见名知其义,尽量使用英文字母,避免使用汉语拼音命名,如长度用len,堆栈用stack,队列用queue,数据域用data,指针域用next等。

(2) 全局变量、静态变量、局部变量、符号常量的标识符应明显加以区别,全局变量可以加前缀"g_",静态变量可以加前缀"s_";局部变量不加前缀,符号常量全使用大写字母。

(3) 指针变量名、返回指针的函数名加前缀"p_"。

(4) 注意字母的大小写,除了符号常量、自定义数据类型名、类名可以全部用大写字母,其他的命名一般用小写字母,有时也允许大小写混用,但要符合所用的程序语言或开发工具的要求。

3. 数学表达式与程序表达式不要混为一谈

(1) 数学表达式允许使用"≤、≥、≠、="，而程序表达式应写成"<=、>=、!=、= ="。如果把"x==1"写成"x=1"，也就是把关系表达式写成了赋值表达式，该表达式如果作循环结构的条件，就会造成死循环。

(2) 数学表达式允许使用"$a < x < b$"的形式，虽然 C 语言也允许使用，但含义完全不同，如果 x 的值为 5，那么表达式"$3 < x < 4$"的值为 1，而不是 0。应写成(a<x)&&(x<b)的形式才合理。

4. 运算符优先级要主动控制

由于 C/C++语言的运算符丰富，结合性也较复杂，尽量避免使用其默认的优先级，人为地使用括号表达编程者的本意，对于复杂的表达式，运算符很多时，能避免产生歧义。

5. 变量类型、函数类型、函数的参数类型要合理控制

(1) 表达式成员类型不同时，应显式加以转换，同时要注意 C 语言与 C++的转换形式不同，C 语言的强制类型转换形式为(类型名)(表达式)，C++的类型转换还有另一种形式，即类型名不需加括号。

(2) 函数定义和声明时应加类型。C 语言中不加类型说明的函数，自动按整型处理，有时编程的原意并不是定义为整型，而是遗漏了类型名。对返回值为整型、无返回值要加区别，不要省略返回值的类型，对于无返回值也应加 void。

(3) 指针变量和指针所指向的变量的类型要加以区别，定义指针变量时的类型是指针变量所指向变量的类型，而不是指针变量自己的类型，指针变量存储地址值，其类型一般为整型。

(4) 不指向任何变量的指针变量与通用指针变量要加以区别，不指向任何变量的指针变量即为空指针，其值为 NULL，类型应明确，而通用指针变量可存储各种类型变量的地址值，定义时的类型为 void。

6. 变量的类型和精度要心中有数

(1) 整型数据除以整型数据，结果也应是整型数据，对于类似"1/(int)n"形式的表达式，结果一定是 0，如果本义是求实型结果，应写成"1.0/n"的形式。

(2) 求余运算符两边的运算量只能为整型数据，如果是求实型数据的余数，应进行显式转换。

(3) 对于小于 1 的实型数据，用格式符"%d"输出时结果是 0，应改用格式符"%f"或"%lf"。

(4) 避免将一个很大的单精度数和一个很小的数直接相加或相减，由于单精度变量只能保证 7 位有效数字，超出 7 位的数字无实际意义，与很小的数进行运算后，小的数将被忽略。

(5) 避免由于实型数据精度有限而产生的误差，计算诸如"1.0/3×3"的表达式，由于实型数据的有效数字有限，使得计算结果并不等于 1。

7. 关系表达式中的"= =、!="要合理使用

C 语言一般使用任何零值表示逻辑假，非零值表示逻辑真，指针变量的零值用符号常量 NULL 表示。如果变量值与零值比较，即表达式为"x==0"的形式，要注意与变量的类型

匹配。

(1) 变量类型为整型时可写成"x＝＝0"或"x!＝0"的形式。

(2) 变量类型为实型时不要写成"x＝＝0.0"或"x!＝0.0"的形式,由于实型数据的有效位数有限,存在存储误差,对于"x＝＝0.0"也许永远不会成立,应写成类似"x≤＝1e－6"的形式。

(3) 变量作为选择结构或循环结构的某种标识,应写成 if(x)或 if(!x)的形式。

(4) 指针变量与零值比较时,应写成"p＝NULL"或"p!＝NULL"的形式。

8. 内存使用不要放任自流

(1) 用 malloc 申请内存之后,应检查内存分配是否成功,防止使用指针值为 NULL 的内存。

(2) 变量申请动态内存后应及时赋初值,防止将未被初始化的变量做有值的变量使用。

(3) 用 malloc 申请的内存,用完后应使用 free 释放内存,以免造成内存浪费。

(4) 用 free 释放内存后,应将指针设置成 NULL,防止产生指向"垃圾"内存的"野指针"。

9. 指针常量不要当作指针变量使用

C/C++程序中的指针和数组有些场合可以相互替换,数组名可以当数组的首地址使用,指向数组首地址的指针变量也可以当作数组名使用,但两者不等价。数组名只是对应着数组所占用内存的第一块内存区域,其值在生命期内保持不变,而数组元素的内容可以改变。指针变量可以指向数组的不同元素对应的内存块,是可变的,而数组名不能当作变量使用。

10. 使用直观的符号常量表示程序中多次出现的数字或字符串

符号常量是一种标识符,它的值在运行期间保持不变。使用符号常量可以增强程序的可读性,保持输入的一致性、正确性,要改变符号常量对应值,使用符号常量可以"一改全改"。

附录 J　C 语言程序调试常见错误信息

C 语言程序调试过程中常见的错误提示信息如表 J-1 所示。

表 J-1　C 语言程序调试常见的错误提示信息

英 文 信 息	中 文 含 义
Array bound missing] in function xxx	函数 xxx 中的数组界限符"]"丢失
Bad file name format in include directive	包含指令（include 行）中文件名个数错
Case outside of switch in function xxx	函数 xxx 中 case 出现在 switch 外
Case ststement missing : in function xxx	函数 xxx 中 case 常量表达式后缺少冒号
Compound statement missing } in function xxx	函数 xxx 中复合语句缺少"}"
Declaration missing；in function xxx	函数 xxx 中说明语句中默认"；"
Declaration syntax error in function xxx	函数 xxx 中说明语法错误
Default outside of switch　in function xxx	函数 xxx 中 default 出现在 switch 外
Do statement must have while in function xxx	函数 xxx 中 do 语句必须有 while
Do-while statement missing (/)/; in function xxx	函数 xxx 中 do-while 语句缺少"（"或"）"
Expression syntax in function xxx	函数 xxx 中表达式语法错误
For statement missing (/); in function xxx	函数 xxx 中 for 语句缺少"（"或"）"或"；"
Function call mising) in function xxx	函数 xxx 中函数调用缺少"）"
If statement missing (/) in function xxx	函数 xxx 中 if 语句缺少"（"或"）"
Illegal character ' # '(0x23) on function xxx	函数 xxx 中出现非法字符"#"(0x23)
Incorrect use of default in function xxx	函数 xxx 中 default 使用不正确
Invalid macro argument separator in function xxx	函数 xxx 中带参数的宏参数之间的分隔符错误
Invalid use of arrow in function xxx	函数 xxx 中"→"指向运算符错误
Invalid use of dot in function xxx	函数 xxx 中"."成员运算符错误
Lvalue required in function xxx	函数 xxx 中赋值操作符左边不是变量
Misplaced break in function xxx	函数 xxx 中 break 的位置错
Misplaced decimal point in function xxx	函数 xxx 中小数点的位置错
Misplaced else directive in function xxx	函数 xxx 是 #else 的位置错
Misplaced else in function xxx	函数 xxx 中 else 的位置错
Pointer required on left side of→in function xxx	函数 xxx 中→左边无结构成员
Switch statement missing (/) in function xxx	函数 xxx 中 switch 语句缺少"（"或"）"
Type mismatch in parameter 'yyy' in call to 'zzz'	在调用 zzz 时参数 yyy 不匹配
Undefined symble 'yyy' in function xxx	函数 xxx 中符号 yyy 未定义
Unexpected end of file in comment started on line 'n'	第 n 行的注释意外结束
Unterminated string or character constant	未终结的字符或字符串常量,通常少右引号
While statement missing (/)in function xxx	函数 xxx 中 while 语句缺少"（"或"）"
Wrong number of argument in call 'yyy' in function xxx	函数 xxx 中调用 yyy 时参数个数错

C 语言程序调试过程中常见的警告提示信息如表 J-2 所示。

表 J-2 C 语言程序调试过程中常见的警告提示信息

英 文 信 息	中 文 含 义
code has no effect in function xxx	函数 xxx 中代码无效
Nonportable pointer assignment in function xxx	函数 xxx 中产生不可移植的指针比较
Parameter 'yyy' is never used in function xxx	函数 xxx 中参数 yyy 没有使用
Possible use of 'yyy' before definition in function xxx	函数 xxx 中可能 yyy 未被定义就使用
Rediclaration of 'yyy' in function xxx	函数 xxx 中重复定义变量 yyy
'yyy' is assigned a value which is never used in function xxx	函数 xxx 中变量 yyy 被赋予了一个值但未被使用

附录 K 8051 系列单片机简介

单片机(又称为微控制器)是在一块硅片上集成了各种部件的微型计算机,这些部件包括中央处理器(CPU)、数据存储器(RAM)、程序存储器(ROM)、定时器/计数器和各种 I/O 接口电路。单片机广泛应用于家用电器、仪器仪表、医用设备、航空航天、设备智能化管理及过程控制等诸多领域。

1. 8051 系列单片机的主要特点

8051 是 MCS-51 系列单片机的一种产品,MCS-51 系列单片机是 Intel 公司推出的通用型单片机,其基本型产品是 8051、8031 和 8751,这 3 种产品只是片内程序存储器的制造工艺不同。Atmel 公司的 8 位单片机有 AT 89、AT 90 两个系列,AT 89 系列是 8 位 Flash 单片机,与8051 系列单片机相兼容,AT 90 系列单片机(也称为 AVR 单片机)是增强 RISC 结构的单片机。

2. 8051 系列单片机的基本结构

8051 系列单片机内部结构可以分为 CPU、存储器、并行口、串行品、定时器/计数器和中断逻辑等部分。8051 系列单片机在物理上有 4 个存储空间:片内程序存储器和片外程序存储器,片内数据存储器和片外数据存储器。8051 系列单片机内有 256 字节数据存储器 RAM 和 4KB 的程序存储器 ROM,各自拥有 64KB 的寻址范围。64KB 的程序存储器(ROM)空间中,有 4KB 地址区对于片内 ROM 和片外 ROM 是公用的,这 4KB 地址为0000H~0FFFH,而 1000H~FFFFH 地址区为外部 ROM 专用。程序存储器的某些单元是保留给系统使用的,0000H~0002H 单元是所有执行程序的入口地址,即单片机上电后,CPU 总是从 0000H 单元开始执行。数据存储器 RAM 也有 64 寻址区,在地址上与 ROM 是重叠的,8051 通过不同的信号来连通 ROM 或 RAM。

8051 RAM 的 256 字节被划分为 2 个区域:00H~7FH 是真正的 RAM 区,可以读/写各种数据;而 80H~FFH 是专门用于特殊功能寄存器(special function register,SFR)。对于 8051 安排了 51 个特殊功能寄存器,对于 8052 则安排了 26 个特殊功能寄存器。每个寄存器为 8 位,即一个字节。对于 128 字节 RAM 的 8051 系列单片机来说,真正让用户使用的 RAM 只有 80 字节,即 30H~7FH。

特殊功能寄存器也称为专用寄存器,专用于控制、管理片内逻辑部分、并行 I/O 口,串行 I/O 口、定时器/计数器、中断系统等功能模块的工作。在 8051 系列单片机中,将各个专用寄存器与片内 RAM 统一编址的,又可以作为直接寻址字节。部分特殊功能寄存器的符号和地址分配如表 K-1 所示。

8051 系列单片机有 32 根输入/输出线,组成 4 个 8 位并行输入/输出接口,分别为 P0口、P1 口、P2 口和 P3 口。这 4 个接口可以并行输入/输出 8 位数据,也可以按位使用,即每一根输入/输出线都能够独立地用作输入或输出。这 4 个口的差别就是 P0、P2、P3 都还有第二功能,而 P1 只能做普通的 I/O 口来使用。P0 口的地址为 80H、P1 口的地址为 90H、P2 口的地址为 A0H、P3 口的地址为 B0H。

表 K-1　部分特殊功能寄存器的符号和地址分析

特殊功能寄存器	符号	地址	特殊功能寄存器	符号	地址
P0 口	P0	80H	定时器/计数器控制	TCON	88H
P1 口	P1	90H	定时器/计数器方式控制	TMOD	89H
P2 口	P2	A0H	定时器/计数器 0 低字节	TL0	8AH
P3 口	P3	B0H	定时器/计数器 0 高字节	TH0	8CH
堆栈指针	SP	81H	定时器/计数器 1 低字节	TL1	8BH
数据指针低字节	DPL	82H	定时器/计数器 1 高字节	TH1	8DH
数据指针高字节	DPH	83H	串行控制	SCON	98H
程序状态字	PSW	D0H	串行数据缓冲器	SBUF	99H
累加器	A	E0H	中断允许控制	IE	A8H
B 寄存器	B	F0H	中断优先级控制	IP	B8H

3. 8051 系列单片机的内部资源

8051 系列单片机至少有 2 个 16 位内部定时器/计数器,提供了 3 个定时器,其中 2 个基本定时器/计数器分别是定时器/计数器 0 和定时器/计数器 1,它们既可以编程为定时器使用,也可以编程为计数器使用。

8051 系列单片机的串行数据缓冲器占用 RAM 地址为 99H,实际上在单片机内部有两个数据缓冲器,即发送缓冲器和接收缓冲器,它们都以 SBUF 来命名,只根据对 SBUF 特殊功能寄存器读/写操作,单片机会自动切换发送缓冲器或接收缓冲器。

例如,SBUF＝0x01,该操作为写操作,数值 0x01 会被装载到发送缓冲器。再例如,Temp＝SBUF,该操作为读操作,接收缓冲器的内容会被赋值给 Temp 变量。

8051 系列单片机中断系统的功能有 5 个中断源,2 个中断优先级,从而实现二级中断嵌套,每一个中断源的优先级可由程序设定。与中断系统工作有关的特殊功能寄存器有中断允许控制寄存器 IE、中断优先级控制寄存器 IP 以及定时器/计数器控制寄存器 TCON 等。

4. GPIO 简介

GPIO 即通用 I/O 口,通过设置 P0、P1、P2、P3,就可控制对应 I/O 口外围引脚的输出逻辑电平,输出"0"或"1"。这样我们就可以通过程序来控制 I/O 口,输出各种类型的逻辑信号。

8051 系列单片机的并行口有 P0、P1、P2、P3,由于 P0 口是地址/数据总线口,P2 口是高 8 位地址线,P3 口具有第二功能,这样,完全可以作为双向 I/O 口应用的就只有 P1 了。由于 8051 系列单片机的外部 RAM 和 I/O 是统一编址的。因此,可以把单片机外部 64 字节 RAM 空间的一部分作为拓展外围 I/O 口的地址空间。这样单片机就可以像访问外部 RAM 存储器单元那样访问外部的 P0 口接口芯片,对 P0 口进行读/写操作。

8051 单片机 PDIP-40 的封装图如图 K-1 所示。

5. 发光二极管简介

LED(light-emitting diode),即发光二极管,俗称 LED 灯,它的种类很多,参数也不尽相同,普通的贴片发光二极管通常的正向导通电压为 1.8～2.2V,工作电流一般在 1～20mA。8 盏 LED 灯与单片机的连接电路示意图如图 K-2 所示。

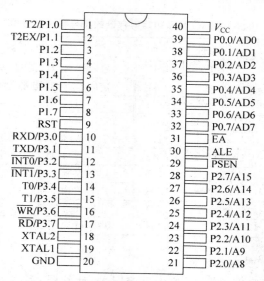

图 K-1　8051 单片机 PDIP-40 的封装图

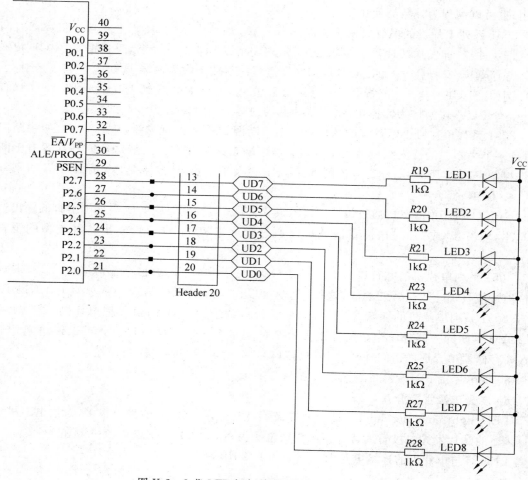

图 K-2　8 盏 LED 灯与单片机的连接电路示意图

单片机控制 LED 灯的闪烁,采用灌电流方式实现,点亮其中某一盏 LED 灯只需要对 P2 口的某一位输出低电平即可。例如,第一盏 LED 灯亮,其余 LED 灯灭,相对应的 P2 的输出逻辑值为 0xFE,0xFE＝11111110B,除了最后一位是"0"之外,其余 7 位都是"1"。如果在亮和灭中间加个延时,反复不停地点亮和熄灭 LED 灯,就成了闪烁了。

附录 L　Keil C51 使用简介

硬件驱动与嵌入式程序开发一般需要两个软件，其中一个是编程软件，一个是烧写软件。编程软件通常使用 Keil μVision4 的 51 版本，也叫做 Keil C51。烧写软件通常使用 STC-ISP，该软件是宏晶科技公司推出的一款 STC 单片机专用串口 ISP 下载编程软件。这里主要介绍 Keil C51 编程软件，STC-ISP 烧写软件请参考相关书籍或网站。

Keil C51 是 Keil Sofware 公司（一家业界领先的微控制器 MCU 软件开发工具的独立供应商）出品的 51 系列兼容单片机 C 语言软件开发系统，Keil C51 软件提供了丰富的库函数和功能强大的集成开发调试环境，提供了包括 C 编译器、宏汇编、连接器、库管理和一个功能强大的仿真调试器等的完整开发方案，通过一个集成开发环境（μVision）将这些部分组合在一起。Keil C51 编译器自 1988 年引入市场以来成为事实上的行业标准。

Keil C51 的使用简单介绍如下。

1. 启动 Keil 软件

Keil 软件正确安装且注册完成后，双击桌面的 KeilL 图标，会弹出如图 L-1 所示的启动界面。

图 L-1　Keil 软件的启动界面

然后自动进入 Keil 的集成开发环境，如图 L-2 所示。

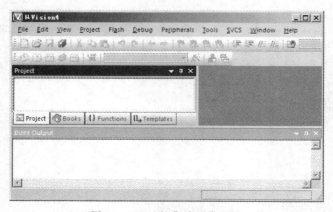

图 L-2　Keil 的集成开发环境

2．创建工程

在 Keil 的集成开发环境中，在 Project 菜单中单击 New μVision Project 命令，然后打开一个 Create New Project 对话框，在该对话框的"文件名"输入框中输入工程名称，这里输入 example09，如图 L-3 所示。

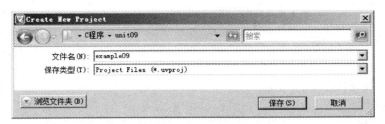

图 L-3　Create New Project 对话框

然后单击"保存"按钮，接着弹出 Select Device for Target 'Target 1...'对话框，在该对话框的 Data base 列表框中展开 Atmel，然后选择 AT89C52，如图 L-4 所示。

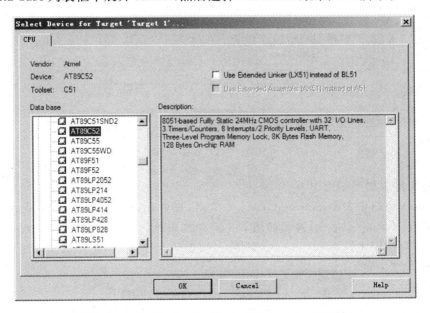

图 L-4　Select Device for Target 'Target 1...'对话框

然后单击 OK 按钮，接着弹出如图 L-5 所示的提示信息对话框，单击"是"按钮，系统自动创建一个工程。

图 L-5　提示信息对话框

这样一个工程就建立好了,如果我们单击"Target 1"左边的加号"＋",会出现刚才加入的初始化文件 STARTUP. A51,该文件是一个包含启动代码的汇编文件,如图 L-6 所示。

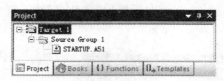

图 L-6   创建一个工程且加入初始化文件

3. 编写 C 语言程序

(1) 新建文件

工程创建完成之后,我们要建立编写代码的文件,在 Keil 开发环境下,在 File 菜单中单击 New,新建一个默认名称为 Text1 的文件,也就是我们编写 C 语言程序的平台。然后在 File 菜单中选择 Save 命令或者在工具栏中直接单击快捷按钮 ,弹出 Save As 对话框,在该对话框的"文件名"输入框中输入文件名,这里输入 mymain. c,如图 L-7 所示。然后单击"保存"按钮保存文件即可。

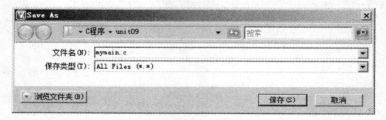

图 L-7   Save As 对话框

(2) 将文件添加到工程中

在 Project 窗口中右击 Source Group 1 节点,在弹出的快捷菜单中选择 Add Files to Group 'Source Group 1'命令,弹出如图 L-8 所示的 Add Files to Group 'Source Group 1'到对话框,在该对话框中选择 mymain. c 文件后,单击 Add 按钮,将选中的文件添加工程中。

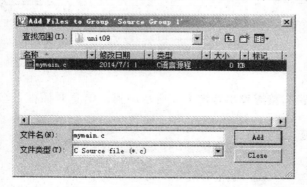

图 L-8   Add Files to Group 'Source Group 1'对话框

然后单击 Close 按钮关闭该对话框,这时可以看到在 Source Group 1 节点又多了一个 mymain. c 文件,如图 L-9 所示。

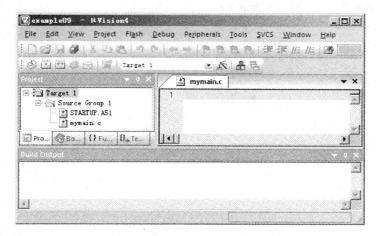

图 L-9 将文件添加到工程中

（3）编写代码

在 mymain.c 编辑窗口中输入 C 语言程序代码，如图 L-10 所示。

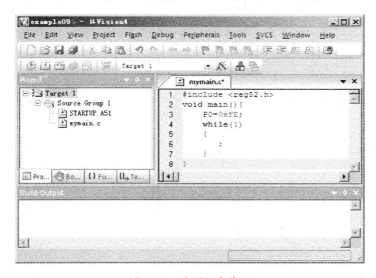

图 L-10 编写程序代码

（4）生成 HEX 文件的相关设置

在工程窗口中右击 Target 1，在弹出的快捷菜单中选择 Options for Target 'Target 1'
命令，或者在工具栏中直接单击快捷按钮 Target Options... ，在弹出的 Options for
Target 'Target 1'对话框切换到 Output 选项卡，然后选中 Create HEX File 复选框，如图 L-11
所示，设置完成后单击 OK 按钮即可。

（5）编译 C 语言程序

在 Project 菜单中选择 Rebuild all target files 命令，或者直接在工具栏中单击 Rebuild
按钮，就开始对程序进行编译了。编译完成后，在 Keil 开发环境下方的 Build Output 窗
口中会显示相应的编译提示，如图 L-12 所示。

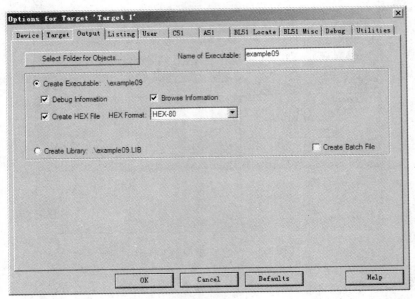

图 L-11 Options for Target 'Target 1'对话框

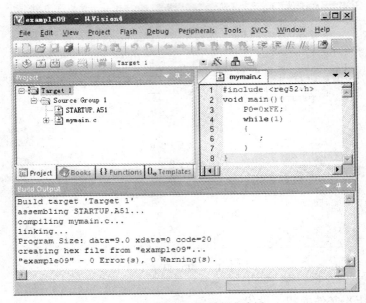

图 L-12 C 语言程序完成编译

　　编译信息中,"data=9.0"指的是程序中使用了单片机内部的 256 字节 RAM 资源中的 9 个字节,"code=20"的意思是使用了 flash 资源 8KB 代码中的 20 个字节。

　　提示信息"-0 Error(s),0 warning(s)"表示刚才编写的程序编译过程中没有出现错误和警告,表示程序编译成功了。提示信息 creating hex file from "example09"...表示从当前工程中生成了一个 HEX 文件,我们要烧写到单片机上的就是这个 HEX 文件。如果程序编译过程中出现了错误和警告信息,那么 Error 和 warning 就不会是 0,我们需要对程序进行检查,找出问题,解决好了再进行编译并产生 HEX 文件即可。

参 考 文 献

[1] 周雅静.C语言程序设计实用教程[M].北京：清华大学出版社,2009.

[2] 张璇,张研研.C语言简明教程[M].北京：清华大学出版社,2009.

[3] 彭四伟.C语言程序设计[M].北京：清华大学出版社,2002.

[4] 何钦铭.C语言程序设计经典实验案例集[M].北京：高等教育出版社,2012.

[5] 乌云高娃,沈翠新,杨淑萍.C语言程序设计(第2版)[M].北京：高等教育出版社,2012.

[6] 赵克林,游祖元.C语言实例教程[M].重庆：西南师范大学出版社,2006.

[7] 温子祺,刘志峰,冼安胜.51单片机C语言创新教程[M].北京：北京航空航天大学出版社,2011.

[8] 明日科技.C语言经典编程282例[M].北京：清华大学出版社,2013.

[9] 杨峰.妙趣横生的算法(C语言实现)[M].北京：清华大学出版社,2010.

[10] 贾蓓,郭强,刘占敏.C语言趣味编程100例[M].北京：清华大学出版社,2014.